U0574998

人工智能概论

王　栋　卢湖川　主编

科学出版社

北京

内 容 简 介

本书介绍了人工智能(AI)的核心技术、应用实践及伦理治理,旨在使读者初步认识人工智能。书中阐述了 AI 的起源、发展历程及关键技术,展示了 AI 在各个领域的应用与技术突破。通过分析机器学习、深度学习和预训练模型,帮助读者理解 AI 如何从基础算法发展到复杂的智能系统。同时,本书还介绍了多模态 AI、生成式 AI 和智能机器人,展示了 AI 模型的不断进步以及 AI 模型如何深刻改变人们的生活。通过对 AI 在科学研究和交叉学科应用方面的讨论,揭示了 AI 赋能各行各业的巨大潜力。最后,本书探讨了人工智能的伦理与治理问题,强调技术突破背后必须关注的社会责任与道德考量。

本书可作为普通高等学校人工智能通识课教材,也可作为人工智能入门读物,供对人工智能感兴趣的读者阅读和参考。

图书在版编目(CIP)数据

人工智能概论 / 王栋,卢湖川主编. -- 北京 : 科学出版社,2025. 2. -- ISBN 978-7-03-081286-5

Ⅰ. TP18

中国国家版本馆 CIP 数据核字第 2025QX9064 号

责任编辑:潘斯斯 / 责任校对:王 瑞
责任印制:师艳茹 / 封面设计:蓝正设计

科学出版社 出版
北京东黄城根北街 16 号
邮政编码:100717
http://www.sciencep.com

保定市中画美凯印刷有限公司印刷
科学出版社发行 各地新华书店经销

*

2025 年 2 月第 一 版 开本:787×1092 1/16
2025 年 8 月第三次印刷 印张:17 3/4
字数:410 000

定价:59.80 元
(如有印装质量问题,我社负责调换)

本书编委会

主 编：王 栋 卢湖川

编 委（按拼音排序）：

贾 旭　李 伦　刘 洋

刘嵘明　吕 恒　马广义

史彦军　王 波　王立君

王一帆　袁旭亮　张 磊

张 璐　张平平

前　言

回望人类历史，每一次技术革命都推动了生产力的质变，改变了社会结构与人们的生活方式。从蒸汽机引领的工业革命，到计算机催生的信息革命，如今我们正站在人工智能(AI)革命浪潮的风口之上，AI 已逐步成为驱动未来社会进步的核心引擎。它以前所未有的速度渗透至各个学科与专业领域，成为促进知识更新与技能升级的关键要素。在这一进程中，各学科的学习者不仅聚焦于 AI 技术本身，更热衷于将其应用到学术研究、技术开发及行业实践之中，有力地推动了跨学科的融合与创新。

本书正是在这一背景下应运而生的，旨在为读者提供人工智能的初步认知。通过循序渐进的内容与多学科交叉的视角，帮助读者了解 AI 的核心技术，并掌握其在实际场景中的应用。

全书分为 8 章，涵盖 AI 的核心领域、技术方法、应用场景及伦理治理。

第 1 章介绍人工智能的基本概念，并概述其从萌芽阶段到当前蓬勃发展所经历的发展历程。重点探讨自然语言处理、计算机视觉与智能机器人等核心技术，展示 AI 在 ChatGPT 与自动驾驶等前沿应用中的变革性影响。

第 2 章深入探讨机器学习，包括从基础线性模型到神经网络的演变，分析无监督学习、深度学习与预训练模型的最新进展及应用。

第 3 章聚焦多模态人工智能，探讨如何结合语言、图像和声音等多种信息模态，提升 AI 的感知与理解能力，展示语音助手、智能翻译和图像生成等技术的应用。

第 4 章剖析生成式人工智能，解析生成式模型在文本、图像、视频和 3D 内容等领域的应用，展示部分市场主流生成式大模型的创新潜力，并介绍提示工程在生成式模型中的重要作用。

第 5 章介绍智能机器人技术，涵盖无人机、自动驾驶汽车、工业机器人与具身机器人等领域的技术进展与应用前景。

第 6 章分析人工智能如何驱动科学研究，展示其在数学、化学、生物和材料科学等基础学科中的应用，协助科学家解决复杂任务。

第 7 章探讨人工智能在化学化工、生物科学与工程、智能制造和智能建造等交叉学科中的应用，通过分析典型案例，探讨促进产业升级与智能化转型的方法和路径。

第 8 章讨论人工智能伦理与治理，分析数据隐私、算法透明性、公平性与安全性等问题，并介绍全球治理实践，激发读者对 AI 与社会关系的深层思考。

由于编者水平有限，书中难免存在不妥之处，敬请读者批评指正。

编　者

2024 年 11 月

目　　录

人工智能简介

1.1　人工智能概述

人工智能(artificial intelligence，AI)是模拟人类智能行为与思维的技术集合，它通过学习、推理与自我优化来执行任务。在人工智能的发展历程中，智能形态的分类与演进是一个核心议题。过去，人们普遍将人工智能的智能形态划分为三个层次：计算智能、感知智能和认知智能。这三个层次不仅代表了人工智能发展的不同阶段，也体现了从低级到高级、从简单到复杂的递进关系。

1997 年，IBM "深蓝"计算机击败国际象棋世界冠军加里·卡斯帕罗夫(Garry Kasparov)，这不仅是人类与机器智慧碰撞的里程碑，更是人工智能发展史上的重要突破。IBM "深蓝"计算机的核心技术基于"暴力穷举"与"极小极大算法"的结合，通过计算所有可能的棋步并评估其优劣，从而在对手的最佳回应下制定出最优策略。这一技术突破不仅展现了计算机在复杂策略游戏中的卓越能力，也标志着人工智能在决策制定程序方面迈出了重要一步。IBM "深蓝"计算机与卡斯帕罗夫的对弈在全球范围内引起了巨大轰动。这一事件不仅提升了人工智能的知名度和影响力，更激发了公众对人工智能未来发展的广泛关注和期待。人们开始意识到，人工智能技术在某些领域已经具备了与人类智慧相媲美的能力，这引发了关于人工智能与人类关系、伦理道德等方面的深入讨论。

IBM "深蓝"计算机的成功为计算机棋类程序的发展奠定了坚实基础。随着技术的不断进步，人工智能在棋类比赛中的表现愈发出色。例如，后来的 AlphaGo 在围棋这一更为复杂的策略游戏中战胜了人类世界冠军，进一步证明了人工智能在决策制定和策略规划方面的强大实力。这些成就不仅推动了人工智能技术的快速发展，也为人工智能在更多领域的应用提供了可能。随着技术的不断进步和应用领域的不断拓展，人工智能必将在未来发挥更加重要的作用，为人类社会的发展和进步贡献更多智慧和力量。

然而，计算智能仅仅是人工智能发展的初级阶段。随着技术的不断进步，人们开始探索更高层次的智能形态——感知智能。感知智能是人工智能的中间层次，它赋予了机器视觉、听觉、触觉等感知能力，使机器能够与外部世界进行交互。作为人工智能领域的一个重要分支，感知人工智能改变了人类与机器的交互方式，提升了机器对外部世界的理解和适应能力。

在视觉感知方面，感知智能取得了显著的进展。自动驾驶汽车通过激光雷达、摄像头等先进的感知设备，结合复杂的人工智能算法，能够实时捕捉和分析道路信息，如车辆、行人、交通信号等，从而做出准确的驾驶决策。此外，人脸识别技术和医疗影像分析也在视觉感知领域发挥着重要作用，它们通过深度学习（deep learning）等算法，能够高效地识别和分析人脸特征与医学影像特征，为身份验证和疾病诊断提供了有力支持。

在听觉感知方面，感知智能同样展现出了强大的能力。语音识别技术通过捕捉和分析人类语音信号，实现了人机之间的语音交互，使得机器能够理解并回应人类的指令。同时，音频分析技术也在娱乐、教育等领域发挥着重要作用，它通过分析音频信号的特征，为用户提供了更加个性化的服务和体验。除了视觉和听觉感知，感知智能在触觉感知方面也取得了一定的突破。机器人触觉传感器能够感知机器人与外部环境之间的接触信息，如压力、温度等，这些信息被用于机器人的运动控制和物体抓取等方面，提高了机器人的操作精度和安全性。

此外，智能穿戴设备通过内置的传感器和算法，实时监测用户的生理参数，如心率、血压等，为用户提供了个性化的健康管理和运动建议。更进一步地，感知智能还在多模态感知与环境理解方面取得了重要进展。通过结合多种感知方式，如视觉、听觉、触觉等，感知智能实现了对外部环境的全方位感知和理解。这种能力在智能家居、智能安防等领域发挥着重要作用，提高了系统的安全性和智能化水平。

人们所追求的更高层次的智能形态是认知智能。认知智能代表了人工智能的高级层次，它涉及机器的理解、思考和推理能力。与计算智能和感知智能相比，认知智能更加注重机器对语言、概念的理解以及逻辑推理的能力。作为人工智能的高级形态，认知智能正以前所未有的速度推动着信息技术的革新与应用。在这一领域，自然语言处理（natural language processing，NLP）和知识图谱等代表性技术，共同引领着认知智能技术的飞速发展。

自然语言处理技术，作为连接人类与机器之间的桥梁，通过对人类语言的深度解析与理解，实现了从信息抽取、文本分类到机器翻译、语音识别、文本生成等一系列复杂任务的自动化处理。这一技术的突破，不仅极大地提高了信息处理的效率和准确性，更为人机交互带来了前所未有的便捷性和自然性。它使得机器能够更准确地理解人类意图，为人们提供更加个性化、智能化的服务，从而极大地扩展了人工智能的应用场景和影响力。

与此同时，知识图谱作为认知智能技术的另一大支柱，以其强大的知识表示和推理能力，为智能系统提供了丰富的语义信息和上下文理解。通过将现实世界中的实体、概念、属性以及它们之间的关系以图形化的方式表示出来，知识图谱构建了一个结构化的知识网络。这个网络不仅包含了大量的常识性知识，还能够根据具体的应用场景和需求，动态地扩展和更新知识内容。基于知识图谱的智能系统，能够利用这些结构化的知识进行更加精准的语义搜索、智能问答、推荐系统以及决策支持等任务，从而实现了从数据智能向知识智能的跨越。

因此，人工智能的智能形态从计算智能到感知智能再到认知智能，不仅代表了技术的不断进步和演进，也体现了人们对智能的深入理解和追求。计算智能为人工智能的发展奠定了坚实的基础；感知智能则使机器能够与外部世界进行交互，拓展了人工智能的应用范围；而认知智能则代表了人工智能发展的最高境界，它使得机器能够像人类一样进行理解和思考。未来，随着技术的不断进步和创新，我们有理由相信，人工智能将会迎来更加广阔的发展前景和更加深入的应用领域。

1.2　人工智能的发展历程

1.2.1　萌芽阶段

人工智能的萌芽阶段从 1943 年持续至 20 世纪 60 年代。这一阶段人工智能经历了诸多重要事件并取得了一定的突破。1950 年，英国数学家、逻辑学家艾伦·麦席森·图灵（Alan Mathison Turing）发表了划时代的论文《计算机器与智能》（*Computing Machinery and Intelligence*），提出了著名的"图灵测试"构想，即如果机器能与人类进行无法区分的对话，则认为它具有智能。随后，他又发表了《机器能思考吗？》（*Can Machines Think*?）一文，这两篇论文及"图灵测试"强有力地证明了机器具有智能的可能性，并对后续发展做出了大胆预测，图灵也因此被誉为"人工智能之父"。

1956 年 8 月，在美国达特茅斯学院举行的一场由约翰·麦卡锡（John McCarthy）、马文·明斯基（Marvin Minsky）、克劳德·香农（Claude Shannon）、艾伦·纽厄尔（Allen Newell）和赫伯特·西蒙（Herbet Simon）等科学家参与的会议上，"人工智能"的概念被首次明确提出，标志着人工智能作为一门学科的诞生。此次会议后，"让机器模仿人类学习及其他智能"成为人工智能的根本目标。人工智能迅速引起了广泛关注，学者们对其前景持乐观态度，认为具有完全智能的机器将在不久的将来实现。这一时期，人类在搜索与推理、自然语言处理、机器视觉、自动控制等领域取得了显著成就。

1957 年，弗兰克·罗森布拉特（Frank Rosenblatt）在一台 IBM-704 计算机上模拟实现了名为"感知机"的神经网络模型，这是最简单形式的应用于二分类任务的前馈式人工神经网络（artificial neural network，ANN），尽管单层感知机存在局限性，但它激发了人们对神经网络的研究和探索，为后来的深度学习算法奠定了基础。

1958 年，大卫·克劳斯（David Cox）提出了逻辑回归（logistic regression，LR）模型，这是一种类似于感知机结构的线性分类判别模型，但采用了不同的激活函数，目标为极大化正确分类概率。

1967 年，托马斯·M. 科沃（Thomas M. Cover）等对伊夫林·菲克斯（Evelyn Fix）等提出的 K 最近邻（k-nearest neighbors，KNN）算法进行了详细的阐述和扩展，并发表了关于 KNN 算法的重要论文。该算法通过找到训练数据集中与新输入实例最邻近的 K 个实例，来确定新实例的类别。

1968 年，爱德华·A. 费根鲍姆（Edward A. Feigenbaum）提出了首个专家系统 DENDRAL，并对知识库给出了初步定义，这孕育了后来的第二次人工智能浪潮。专家系统是 AI 的一个重要分支，其使用人类专家推理的计算机模型来处理复杂问题。同年，美国斯坦福国际咨询研究所研发成功了世界上第一台智能机器人 Shakey，它具备一定程度的人工智能，能够自主进行感知、环境建模、行为规划并执行任务，标志着智能机器人技术的重大突破。

综上所述，从 1950 年的"图灵测试"到 1968 年的 Shakey 机器人，人工智能领域在起步发展期取得了诸多重要突破和成就，为后续的发展奠定了坚实基础。

1.2.2 早期发展阶段

人工智能的早期发展阶段处于 20 世纪 70 年代。这一时期，随着计算机技术的局限性逐渐显现，人工智能领域经历了一段曲折而富有启示性的历程，人工智能的发展遭遇了前所未有的挑战，进入了"第一个冬日"。

在 20 世纪 60 年代末至 70 年代初，尽管人工智能在搜索与推理、自然语言处理、机器视觉等领域取得了初步成果，但计算机硬件的限制开始成为其进一步发展的瓶颈。当时的计算机器内存有限，处理速度缓慢，无法满足复杂算法和高强度计算的需求。这使得人工智能系统只能采用固定指令来解决特定问题，缺乏自我学习和适应变化的能力。随着问题的复杂性增加，人工智能系统逐渐显得力不从心。

然而，在人工智能遭遇寒冬的同时，科研人员并没有放弃探索和创新。他们开始反思人工智能的发展路径，寻找突破计算机硬件限制的新方法。这种背景下，一系列重要的科研成果应运而生，为人工智能的未来发展奠定了坚实的基础。

1974 年，哈佛大学保罗·沃伯斯(Paul Werbos)博士在其论文中首次提出了通过误差反向传播(back propagation，BP)来训练人工神经网络的算法。该算法的基本思路是，计算误差的梯度，然后将梯度反向传播到网络的每一层。随后更新模型的权重，进而降低学习误差，使模型能够更好地拟合学习目标。BP 算法的出现，为人工神经网络的学习和优化提供了新的思路，使得神经网络能够处理更加复杂的问题。然而，由于当时计算机技术的限制和人们对神经网络理解的不足，BP 算法并未立即引起足够的重视和应用。尽管如此，BP 算法的提出仍然具有重要意义。它揭示了神经网络学习的本质规律，为后来的深度学习算法提供了理论基础。随着计算机技术的不断进步和人们对神经网络认识的深入，BP 算法逐渐被广泛应用于各种领域，成为人工智能领域的重要工具之一。

除了 BP 算法之外，20 世纪 70 年代还涌现了许多其他重要的科研成果。例如，专家系统作为一种基于规则的人工智能系统，开始在某些领域取得应用成果。这些系统通过模拟人类专家的推理过程，能够解决一些复杂的决策问题。虽然当时的专家系统还存在许多局限性，但它们为后来的智能决策系统提供了有益的启示。

此外，在自然语言处理领域，科研人员也开始探索更加高效的算法和模型。他们试图通过构建更加复杂的语言模型和知识库，来提高自然语言处理系统的性能。这些努力为后来的自然语言理解和生成技术奠定了重要基础。

总的来说，20 世纪 70 年代是人工智能领域反思和调整的重要时期。虽然这一时期遭遇了前所未有的挑战和困难，但科研人员并没有放弃探索和创新。他们通过反思人工智能的发展路径和寻找突破计算机硬件限制的新方法，为人工智能的未来发展奠定了坚实的基础。这些努力不仅推动了人工智能技术的不断进步，也为人类社会的可持续发展注入了新的活力。

1.2.3　应用发展阶段

人工智能的应用发展阶段处于 20 世纪 80 年代。在科技发展的历史长河中，20世纪 80 年代，人工智能进入了一个全新的应用发展高潮。这一时期，人工智能不仅从理论研究走向了实际应用，还实现了从一般推理策略探讨到运用专门知识的重大突破。这些变革不仅推动了人工智能技术的飞速发展，也为后续的研究和应用奠定了坚实的基础。

20 世纪 80 年代初，专家系统作为一种模拟人类专家知识和经验的人工智能系统，开始流行。专家系统能够依据一组从专门知识中推演出的逻辑规则，在某一特定领域回答或解决问题。由于专家系统仅限于一个很小的知识领域，从而避免了常识问题的复杂性，其简单的设计又使其能够较为容易地实现编程或修改。专家系统的兴起，掀起了人工智能领域的"知识革命"。这一革命的核心在于，专家系统能够存储丰富的知识，并通过逻辑推理来解决问题。因此，知识库系统和知识工程成为这一时期人工智能研究的主要方向。专家系统的应用，如医疗诊断、金融分析、故障诊断等，实现了人工智能从理论研究到实际应用的重大跨越。

与专家系统并行的是机器学习（machine learning，ML）领域的复苏。特别是神经网络，这一在 20 世纪 60 年代曾一度陷入低谷的技术，在 80 年代开始慢慢复苏。1980年，在美国卡内基梅隆大学召开了第一届机器学习国际研讨会，这标志着机器学习研究已在全世界范围内兴起。在这一时期，神经网络的研究取得了重要进展。1982 年，大卫·马尔（David Marr）出版了《视觉》（Vision）一书，提出了计算机视觉（computer vision，CV）的概念，并构建了系统的视觉理论。同年，约翰·J. 霍普菲尔德（John J. Hopfield）发明了霍普菲尔德网络，这是最早的循环神经网络（recurrent neural network，RNN）。霍普菲尔德神经网络模型的出现，振奋了神经网络领域的研究者，为人工智能领域的机器学习、联想记忆、模式识别等提供了新的思路和方法。

1985 年，朱迪亚·珀尔（Judea Pearl）提出了贝叶斯网络，这是一种模拟人类推理过程中因果关系的不确定性处理模型。贝叶斯网络通过有向无环图来表示随机变量之间的条件依赖关系，为人工智能领域的因果推理和反事实推理提供了有力的工具。

1986 年，杰弗里·辛顿（Geoffrey Hinton）等提出了多层感知机（multi-layer perceptron，MLP）与反向传播（BP）训练相结合的理念。这一方法解决了单层感知机不能做非线性分类的问题，开启了神经网络新一轮的研究高潮。反向传播算法通过计算误差的梯度来更新神经网络的权重，从而实现了对复杂函数的逼近和分类。这一算法的出现，推动了神经网络在图像识别、语音识别、自然语言处理等领域的发展与应用。

1989 年，杨立昆（Yann LeCun）结合反向传播算法与权值共享的卷积神经层，发明了卷积神经网络（convolutional neural network，CNN）。卷积神经网络通过卷积层和池化层（pooling layer）来提取图像中的局部特征，并通过全连接层（fully connected layer，FC layer）来输出分类结果。这一网络结构在图像识别领域取得了显著的效果，并被成功应用到美国邮局的手写字符识别系统中。

20 世纪 80 年代是人工智能领域的一个重要发展阶段。这一时期，专家系统的流行、机器学习的复苏、贝叶斯网络与多层感知机的提出以及卷积神经网络的诞生等事件共同推动了人工智能技术的快速发展和应用。这些成就不仅为人工智能的未来发展奠定了坚实基础，也为人类社会的进步和发展注入了新的活力。

1.2.4　稳步发展阶段

人工智能的稳步发展阶段处于 20 世纪 90 年代至 2010 年。这一阶段，人工智能领域经历了一段平稳而快速发展的时期。随着互联网技术的迅速崛起，信息交流与数据处理的效率得到了前所未有的提升，这为人工智能的创新研究提供了强有力的支持。人工智能技术在此期间逐步走向实用化，并在多个领域取得了显著的进步。

1995 年，人工智能领域迎来了重要技术创新。科琳娜·科尔特斯 (Corinna Cortes) 和弗拉基米尔·N. 瓦普尼克 (Vladimir N. Vapnik) 提出了连接主义经典的支持向量机 (support vector machine，SVM)。SVM 是一种基于统计学习理论的机器学习算法，特别适用于解决小样本、非线性及高维模式识别问题。它通过找到一个最优的超平面来区分不同类别的数据点，从而在分类任务中表现出色。SVM 不仅适用于分类问题，还可以推广应用到函数拟合等其他机器学习问题中，为后续的机器学习研究提供了新的思路和方法。

1997 年，塞普·霍克赖特 (Sepp Hochreiter) 和于尔根·施密德胡贝 (Jürgen Schmidhuber) 提出了长短期记忆 (long short-term memory，LSTM) 神经网络。LSTM 神经网络是一种特殊结构的循环神经网络 (RNN)，通过引入遗忘门、输入门和输出门等机制，解决了传统 RNN 在长序列训练过程中容易出现的梯度消失问题。LSTM 神经网络的提出，为 RNN 在语音识别、自然语言处理等领域的应用提供了新的可能，推动了 RNN 技术的进一步发展。同年，IBM "深蓝" 计算机与国际象棋世界冠军卡斯帕罗夫之间的历史性国际象棋比赛吸引了全世界的目光。经过多轮激战，IBM "深蓝" 计算机最终战胜了卡斯帕罗夫，这一胜利标志着人工智能在复杂游戏领域取得了重大突破。IBM "深蓝" 计算机的胜利不仅展示了人工智能在战略思考、评估和决策等方面的能力，还推动了人工智能技术在其他领域的应用和发展。

进入 21 世纪，人工智能领域继续保持着快速发展的势头。2001 年，约翰·D. 拉弗蒂 (John D. Lafferty) 等首次提出了条件随机场 (conditional random field，CRF) 模型。CRF 模型是一种基于贝叶斯理论框架的判别式概率图模型，它在给定条件随机场 $P(Y \mid X)$ 和输入序列 x 的情况下，求解条件概率最大的输出序列 y^*。CRF 模型在自然语言处理领域中的分词 (word segmentation，WS)、命名实体识别 (named entity recognition，NER) 等任务中表现出色，为后续的自然语言处理研究提供了新的工具和方法。

2006 年，杰弗里·辛顿和鲁斯兰·萨拉赫丁诺夫 (Ruslan Salakhutdinov) 正式提出了深度学习的概念。深度学习是一种基于人工神经网络的研究方法，该方法通过使用多个隐藏层网络结构，可以学习到数据内在信息的高阶表示。深度学习的提出，为机器学习领域带来了新的研究思路和方法，推动了后续神经网络技术的发展。深度学习的兴起得益于计算能力的提升和大数据的普及。随着计算机硬件的不断升级和大数据技术的快速发展，深度学习模型得以在更大的数据集上进行训练，从而取得更好的性能。深度学习在图像识别、语音识别、自然语言处理等领域取得了显著的成果，推动了人工智能技术的进一步发展和应用。

2010 年，潘嘉林（Sinno Jialin Pan）和杨强（Qiang Yang）发表了一篇关于迁移学习（transfer learning，TL）的调研论文。迁移学习是一种机器学习算法，它利用已有的知识（如训练好的网络权重）来学习新的知识以适应特定目标任务。迁移学习的核心是找到已有知识和新知识之间的相似性，从而实现知识的迁移和共享。

20 世纪 90 年代至 2010 年，是人工智能领域平稳发展且取得显著成果的时期。在这一阶段，人工智能技术从初步革新到深化拓展，再到深度学习和迁移学习的兴起，经历了多次重要的变革和发展。这些变革不仅推动了人工智能技术的进一步发展和完善，还为后续的人工智能研究和应用奠定了坚实的基础。展望未来，随着技术的不断进步和应用领域的不断拓展，人工智能将继续在各个领域发挥重要作用，为人类社会的发展和进步贡献更多的智慧和力量。

1.2.5　蓬勃发展阶段

自 2011 年以来，随着大数据、云计算、互联网、物联网（internet of things，IoT）等信息技术的迅猛发展，人类社会正式步入了一个全新的数字化时代。在这个时代背景下，泛在感知数据和图形处理器等计算平台为人工智能（AI）技术的飞跃奠定了坚实的基础。特别是以深度神经网络（deep neural network，DNN）为代表的人工智能技术，在这一时期实现了前所未有的技术突破，大幅跨越了科学与应用之间的鸿沟，推动了人工智能技术的全面爆发式增长。

2011 年，IBM 公司研发的 Watson 问答机器人成为全球瞩目的焦点。2012 年，杰弗里·辛顿和亚历克斯·克里热夫斯基（Alex Krizhevsky）设计的 AlexNet[1]神经网络模型在 ImageNet[2]竞赛中大放异彩。这是历史上首次有模型在 ImageNet 数据集上表现出如此出色的性能，它不仅在图像分类任务中取得了优异的成绩，还引爆了全球范围内对神经网络的研究热情。AlexNet 作为一个经典的卷积神经网络（CNN）模型，它在数据、算法及算力层面均有较大的改进。通过创新地应用 Data Augmentation、ReLU、Dropout 和 LRN 等方法，AlexNet 显著提高了模型的泛化能力和鲁棒性。同时，使用 GPU 加速网络训练，使得模型的训练速度得到了大幅提升。AlexNet 的成功不仅推动了计算机视觉领域的发展，也为深度学习技术的广泛应用奠定了坚实的基础。

2013 年，Google 的托马斯·米科洛夫（Tomas Mikolov）提出了经典的 Word2Vec[3]模型，用于学习单词的分布式表示。这一模型因其简单高效而引起了工业界和学术界的广泛关注。2014 年，伊恩·古德费洛（Ian Goodfellow）及约书亚·本吉奥（Yoshua Bengio）等提出了生成对抗网络[4]（generative adversarial network，GAN）。这一模型被誉为近年来最酷炫的神经网络之一，它在图像生成、视频合成等领域取得了显著的成果。GAN 是基于强化学习（reinforcement learning）思路设计的，由生成（generator，G）网络和判别（discriminator，D）网络两部分组成。生成网络构成一个映射函数 $G: Z{\rightarrow}X$，将输入的噪声 Z 映射到输出的伪造数据 X 上。判别网络则用于判别输入数据是来自真实数据集还是生成网络生成的数据。在训练过程中，生成网络和判别网络相互博弈、共同进步，最终使得生成网络能够生成逼真的伪造数据。GAN 的提出不仅推动了生成式模型的发展,还为图像编辑、风格迁移等任务提供了新的思路和方法。同时,GAN 在医学图像处理、虚拟现实(virtual reality,VR)等领域也展现出了巨大的应用潜力。

2015 年,深度学习领域迎来了框架的繁荣时期。多个优秀的深度学习框架相继问世,为研究人员和开发者提供了强大的工具支持。其中,Microsoft Research 的何恺明(Kaiming He)等提出的残差网络(residual network,ResNet)[5]在 ImageNet 大规模视觉识别竞赛中获得了图像分类和物体识别的优胜。残差网络的主要贡献是发现了网络不恒等变换导致的"退化现象"(degradation),并针对退化现象引入了"快捷连接"(shortcut connection),有效缓解了深度神经网络中梯度消失的问题。这一创新不仅提高了模型的性能,还为深度神经网络的设计提供了新的思路。

2016 年,Google 提出了联邦学习方法,这一方法能够在多个持有本地数据样本的分散式边缘设备或服务器上训练算法,而不交换其数据样本。这一创新不仅解决了数据隐私和数据安全等关键问题,还为人工智能技术的广泛应用提供了新的思路和方法。同年,AlphaGo[6]与围棋世界冠军李世石进行了一场轰动全球的人机大战。在这场比赛中,AlphaGo 以 4∶1 的总比分获胜,展示了人工智能技术在围棋领域的强大实力。AlphaGo 的工作原理是基于深度学习方法,主要由策略网络、快速走子、价值网络和蒙特卡罗树搜索这四部分构成。通过这四部分的协同工作,AlphaGo 能够迅速理解棋局并做出最优决策。这一成就不仅为人工智能技术的发展树立了新的里程碑,也为围棋等复杂策略游戏的研究提供了新的思路和方法。

2017 年,Google 公开发表了关于 Transformer 模型的论文,这一全新模型架构为自然语言处理领域带来了重大突破。Transformer 模型采用了自注意力(self-attention)机制,替代了传统的 RNN 和 CNN 模型中的循环和卷积操作。这一创新不仅提高了模型的性能,还为自然语言处理任务提供了新的思路和方法。

2018 年,Google 发布了 BERT(bidirectional encoder representations from transformers)模型。这一模型在 11 项自然语言处理(NLP)任务中取得了当时最先进的成果,为 NLP 领域带来了革命性的突破。BERT 是一个预训练的语言表征模型,它能够在海量的语料库上使用无监督学习方法学习单词的动态特征表示。BERT 基于 Transformer 模型的注意力机制,相比传统的循环神经网络(RNN),Transformer 模型能够更高效地捕捉长距离的依赖信息。更重要的是,BERT 摒弃了以往采用的单向语言模型或简单地将两个单向语言模型进行浅层拼接的预训练方法,而是创新性地引入了多模态语言模型(masked language model,MLM)。MLM 通过在输入序列中随机掩盖部分单词,并要求模型预测这些被掩盖的单词,从而能够生成深度的双向语言表征。这一方法使得 BERT 在理解文本上下文方面表现出色,为后续的自然语言理解任务奠定了坚实的基础。

2020 年,Google 与 Facebook 分别提出了 SimCLR[7]与 MoCo[8]两种无监督学习算法。这两种算法都能够在无标注数据上学习图像数据的表征,其背后的框架都是对比学习(contrastive learning)。对比学习的核心训练信号是图片的"可区分性",即通过学习使得相似样本的表征在特征空间中更接近,而不同样本的表征则更远。这一方法极大地推动了无监督学习在图像识别领域的发展,为后续的视觉任务提供了强有力的支持。

同年，OpenAI 公司推出了 GPT(generative pre-trained transformer)-3 模型，这是一个具有 1750 亿参数的巨型语言模型，成为当时最大的语言模型之一。GPT-3 在零样本学习任务上实现了巨大的性能提升，展现了强大的语言生成和理解能力。GPT-3 的推出标志着大模型时代的到来，即通过一个模型完成多种任务。随后，更多策略如基于人类反馈的强化学习(RHLF)、代码预训练、指令微调等开始出现，它们被用于进一步提高大模型的推理能力和任务泛化能力。2023 年 3 月，OpenAI 又推出了最新版本的 GPT-4 模型。GPT-4 具备了多模态理解与多类型内容生成能力，能够处理图像、文本、音频等多种数据类型，进一步拓宽了人工智能的应用场景。GPT-4 的推出标志着大模型在预训练、生成能力以及多模态、多场景应用能力上的大幅提升。

2020 年 6 月，Google 研究团队发表论文，提出了视觉 Transformer(vision transformer, ViT)模型。ViT 模型将图像分割为固定数量的图块(patch)，然后将每个图块的像素值重新组织成序列，并通过 Transformer 模型的自注意力机制进行处理。通过这种方式，ViT 模型将图像分类任务转化为一个序列转换任务，使得 Transformer 架构能够直接应用于图像任务。ViT[9]模型的主要优势在于其简洁的设计和良好的可扩展性，它在多个视觉任务上取得了与传统卷积神经网络(CNN)相媲美甚至更好的性能。这一成果为视觉领域的深度学习研究开辟了新的方向，推动了 Transformer 模型在图像识别、分割和生成等任务中的应用。

2020 年 11 月 30 日，Google 旗下 DeepMind 发布的 AlphaFold2 人工智能系统在蛋白质结构预测领域取得了里程碑式的成果。AlphaFold2 在国际蛋白质结构预测竞赛(CASP)上击败了其余的参会选手，精确预测了蛋白质的三维结构。其准确性可与冷冻电子显微镜(cryo-EM)、核磁共振或 X 射线晶体学等实验技术相媲美。这一成果为生物学、医学和药物研发等领域带来了革命性的变化，极大地推动了蛋白质结构研究进展。

从上述发展历程可以看出，2012～2020 年人工智能行业处于专用人工智能时代。这个时期的人工智能主要沿着深度学习的路线发展，AlexNet、AlphaGo 等算法的出现推动了面向特定任务的端到端表征学习。这一时期的人工智能系统往往只能处理特定领域的问题，缺乏通用性和灵活性。

从 2020 年以后，人工智能走向了大模型发展路线。这个时期的模型以一个模型多种任务为特点，涌现出了如 ChatGPT(chat generative pre-trained transformer)、GPT-4 等诸多大模型。这些大模型不仅在语言处理上取得了显著进步，还在视觉、音频等多媒体创作领域展现出了强大的实力。它们能够处理多种类型的数据和任务，具有更高的通用性和灵活性。这标志着人工智能进入通用人工智能时代。

未来 5～10 年，人工智能的发展可能会分为两条路线。一方面，大模型发展路线将延续。研究人员会在扩大规模、拓宽能力边界、向产业渗透等方面继续发掘大模型的潜力。通过增加模型参数数量、优化模型结构、引入新的训练策略等方法，进一步提升大模型性能和应用范围。同时，大模型将更多地应用于实际场景中，推动人工智能技术在医疗、教育、金融等领域的广泛应用。另一方面，部分研究者会进行强化学习、符号推理、知识表示等非大模型路线的探索。这些研究者认为，虽然大模型在某些方面表现出色，但在某些特定任务上仍然存在不足。因此，他们希望通过结合强化学习、符号推理和知识表示等方法，构建更加灵活和智能的人工智能系统。这些系统能够更好地处理复杂问题和不确定性，具有更高的适应性和鲁棒性。

1.3 人工智能的核心技术

人工智能的核心技术包含自然语言处理、计算机视觉、智能芯片技术、脑机接口（brain-computer interface，BCI）技术、跨媒体分析技术、智适应学习技术、群体智能技术和自主无人系统等，是一个综合性的体系，涵盖了从数据处理到知识推理、从模式识别到决策制定的多个层面。这些技术共同构建了人工智能系统的智能基础，使机器能够模拟、延伸甚至在某些方面超越人类的智能。

人工智能的核心技术通过学习和优化算法，从海量数据中提取有价值的信息和规律，实现了对复杂问题的智能解决。这些技术不仅提高了数据处理的效率和准确性，还推动了自然语言理解、图像识别、语音识别等领域的突破性进展。它们使机器能够理解和响应人类的语言和行为，从而实现更加自然和智能的人机交互。

1.3.1 自然语言处理

自然语言处理（NLP）是计算机科学、人工智能和语言学的一个跨学科领域，其核心在于研究如何使计算机能够理解和处理人类自然语言。NLP 致力于提高人与计算机之间通过自然语言进行有效沟通的能力，涉及对自然语言的理解、解释、生成和转换等多个方面。

NLP 的研究内容广泛，包括但不限于词法分析、句法分析、语义分析、篇章理解、自然语言生成、机器翻译、语音识别、情感分析等。这些技术共同构成了 NLP 的核心体系，使计算机能够处理和分析大量的自然语言数据，从而实现与人类的自然交互。

NLP 的发展历程可以追溯到 20 世纪中期以来的人工智能研究。早期的研究主要集中在规则和语法分析上，通过预定义的语法规则和词典来理解与生成语言。随着计算能力的提升和数据资源的丰富，NLP 研究逐渐转向基于统计的方法，进而发展到深度学习时代。如今，基于深度学习的 NLP 技术已成为主流，如卷积神经网络（CNN）、循环神经网络（RNN）和基于 Transformer 的模型（如 BERT、GPT 等）等，在多个 NLP 任务上取得了突破性进展。

机器翻译是 NLP 领域的一项重要技术，旨在实现不同语言之间的自动翻译。传统的机器翻译方法主要包括基于规则的翻译和基于统计的翻译。然而，这些方法在翻译质量和流畅性方面存在较大的局限性。随着深度学习技术的发展，神经机器翻译（neural machine translation，NMT）应运而生。NMT 利用深度学习模型对源语言和目标语言进行编码和解码，得到了更高质量、更流畅的翻译结果。例如，谷歌的 Transformer 模型在机器翻译任务上取得了显著成效，其翻译结果更加准确、自然，且能够更好地保留原文的语义和风格。在具体应用中，机器翻译技术已被广泛应用于跨语言交流、文档翻译、网站本地化等领域。例如，谷歌翻译、微软必应翻译等在线翻译服务为用户提供了便捷、准确的跨语言翻译体验。

自然语言处理技术作为人工智能领域的重要分支,具有广泛的应用前景和巨大的发展潜力。通过不断的技术创新和优化,NLP 将在更多领域发挥重要作用,为人类带来更多的便利和价值。

1.3.2　计算机视觉

计算机视觉作为人工智能的一个重要分支,旨在使计算机能够从图像或视频中提取有用的信息并理解视觉内容。它融合了图像处理、模式识别、机器学习、深度学习等多个领域的知识和技术,广泛应用于自动驾驶、医疗影像分析、人脸识别、智能监控、增强现实(augmented reality,AR)等领域。

计算机视觉的核心任务是从图像或视频数据中提取有用的信息,并对其进行理解和分析。这一领域的研究涵盖了从低层次的图像处理(如滤波、边缘检测等)到高层次的图像理解和解释(如图像分类、语义分割等)。随着深度学习技术的快速发展,特别是卷积神经网络(CNN)的广泛应用,计算机视觉在多个任务上取得了显著的性能提升。

光学字符识别(optical character recognition,OCR)技术作为较有代表性的视觉任务之一,能够将图像文件中的文字资料转化为电子文本。它广泛应用于数字化文档管理、自动化数据录入、智能识别等多个领域。OCR 技术的主要流程包括图像预处理、文本检测和文本识别。在图像预处理阶段,通常会对图像进行去噪、二值化、倾斜校正等操作,以提高后续文字识别的准确性。文本检测阶段则负责定位图像中的文字区域,这通常通过基于深度学习的方法实现,如使用卷积神经网络进行像素级别的分类。文本识别阶段是将检测到的文字区域转换为可编辑和可搜索的数字文本。这一阶段通常使用基于深度学习的序列识别模型,如循环神经网络(RNN)或卷积循环神经网络(CRNN)。这些模型能够处理变长序列的输入,并输出对应的文本序列。OCR 技术的应用非常广泛。例如,在自动驾驶领域,OCR 技术可以用于识别路标和交通标志,为车辆提供导航和行驶指令。在医疗领域,OCR 技术可以用于病历记录的数字化和处方药品标签的自动识别,提高医疗服务的效率和准确性。

此外,视频语义理解任务是计算机视觉领域的新兴研究方向之一,旨在从视频中提取和理解语言信息,以便对视频进行理解和分析。这包括识别和理解语音、文字、图像等多种语言信息。视频语义理解的核心任务包括语音识别、文本识别、语义分析和情感分析等。语音识别是将声音转换为文本的过程,通常使用基于深度学习的声学模型和语言模型进行联合建模。文本识别则是将视频中的图像文本转换为文本的过程,这通常依赖于 OCR 技术。语义分析是对文本进行语义理解的过程,包括词嵌入、句子嵌入、语义角色标注和依赖解析等任务。情感分析则是对文本进行情感倾向的判断,通常使用基于机器学习或深度学习的方法实现。视频语义理解的应用场景非常广泛。例如,在智能监控领域,视频语义理解可以用于异常检测、人员跟踪和事件识别等任务,提高公共安全和管理效率。在智能媒体领域,视频语义理解可以用于自动摘要、自动标题和自动翻译等任务,为用户提供更加便捷和智能的媒体服务。

计算机视觉技术作为人工智能的重要分支,在目标检测、目标跟踪、OCR 和视频语义理解等领域取得了显著进展。这些技术的应用不仅提高了工作效率和准确性，还为人们的生活带来了更多便利和智能化体验。

1.3.3　智能芯片技术

智能芯片技术，作为支撑人工智能(AI)发展的关键技术之一，旨在满足日益增长的AI应用需求。其对于推动AI技术的广泛应用与持续发展具有深远意义，显著提升了AI系统的性能、能效及成本效益。智能芯片技术的核心特征涵盖专用架构设计、深度学习加速单元、低功耗设计理念、软硬件协同优化以及严格的安全与隐私保护机制。

专用架构设计是智能芯片技术的基石，通过定制化硬件架构，实现对AI算法的高效执行。以谷歌的TPU(tensor processing unit)为例，其专为深度学习设计，通过矩阵乘法等核心运算的硬件加速，显著提升了AI模型的训练与推理速度。深度学习加速单元作为智能芯片的重要组成部分，进一步加速了数据处理与模型计算，为AI应用提供了强大的算力支持。

低功耗设计是智能芯片技术在移动设备与嵌入式系统中广泛应用的关键。通过优化电源管理、降低漏电流等技术手段，智能芯片在确保高性能的同时，实现了长时间的稳定运行。例如，Nvidia的Jetson Nano开发者套件，集成了低功耗GPU与深度学习加速功能，为边缘计算与物联网应用提供了高效、节能的AI解决方案。

软硬件协同优化是提升智能芯片适应性与灵活性的重要途径。通过紧密耦合硬件与软件设计，实现了算法与硬件的深度融合，提升了AI系统的整体性能。同时，安全与隐私保护机制作为智能芯片不可或缺的一部分，通过加密技术、数据隔离等手段，为AI模型与数据提供了强有力的安全保障。

智能芯片技术以其专用架构设计、深度学习加速、低功耗设计、软硬件协同优化及安全与隐私保护等核心特征，为AI应用提供了高效、低能耗的硬件支持。随着AI技术的不断进步与应用需求的持续增长，智能芯片技术将持续迭代与创新，推动AI技术的普及与深入发展。

1.3.4　脑机接口技术

脑机接口技术(BCI)通过直接与大脑神经元通信，为人类与计算机或外部设备的交互开辟了新途径。该技术将大脑的神经信号转换为控制指令，实现了直接从人脑获取信息并操控外部设备的功能，在人机交互、康复医学及神经科学研究等领域展现出重大的应用价值。

BCI技术的核心环节包括信号采集、处理与分析。该技术利用植入式或非植入式传感器精确捕捉大脑的电生理信号，如脑电图(EEG)、脑磁图(MEG)及功能性磁共振成像(fMRI)数据。在信号预处理阶段，通过滤波、去噪等技术来提升信号质量。随后，特征提取与模式识别算法深入解析这些信号，识别与特定动作或意图相关联的神经活动模式。

在信号解码与分类阶段，BCI技术利用机器学习和模式识别技术，如支持向量机(SVM)和卷积神经网络(CNN)，将神经信号映射到具体的动作或控制命令上。这一过程要求算法具备高精度与强适应性，以应对不同个体及复杂场景下的神经信号特征差异。例如，埃隆·马斯克（Elon Musk）的 Neuralink 公司正致力于开发植入式 BCI 设备，旨在通过解码大脑信号，实现人与计算机的直接交互，为瘫痪患者提供恢复运动功能的可能。

BCI 技术在医疗康复领域展现出巨大潜力，为残障人士恢复运动能力、交流能力及自主生活带来了新希望。同时，该技术推动了智能设备的发展，如脑控轮椅和脑控助听器等，为残障人士提供了更加便捷的生活辅助工具。尽管目前 BCI 技术面临信号质量、信息传输速度及系统稳定性等挑战，但随着研究的深入与技术的迭代，这些问题有望逐步得到解决。

BCI 技术通过融合神经科学、计算机科学以及工程学等多个跨学科的知识，为人类开创了一种前所未有的交互模式。这一技术的不断发展，正在深刻地改变着科技与人们的日常生活。未来，随着技术的不断成熟与普及，BCI 技术有望在医疗康复、人机交互及智能设备控制等领域实现更广泛、高效与稳定的应用。

1.3.5　跨媒体分析技术

跨媒体分析技术是 AI 的重要分支，旨在对跨越图像、视频、音频和文本等不同媒体类型的数据进行深度分析与处理。图像分析包括目标检测、图像分割和特征提取，广泛应用于医学影像、智能监控等领域。视频分析则关注视频目标检测、行为识别和内容理解，广泛服务于视频监控、智能交通等场景。音频分析涵盖语音识别、情感分析等技术，应用于语音助手和音乐推荐平台。文本分析则涉及自然语言处理、信息抽取和文本分类等，广泛用于搜索引擎、智能客服等领域。

跨媒体数据融合技术能够集成和关联不同类型的数据，提升分析的准确性与全面性，为跨媒体分析提供有力支持。基于此技术，跨媒体检索与推荐系统能够为用户提供精准、个性化的内容推荐，极大改善信息获取体验。跨媒体分析的发展推动了多媒体数据的集成与智能化应用，支撑了更加深入的内容理解与跨领域的协同创新。

1.3.6　智适应学习技术

智适应学习技术是教育领域的一项创新，旨在根据学习者的个体差异提供定制化学习体验。该技术通过全面建模学习者的个人特征、学习行为和偏好，结合历史数据和反馈信息，精准构建学习者模型。基于这些模型，智适应学习技术可以科学地组织学习内容，推荐最适合的课程、教材和习题，确保学习者接触到符合其需求的知识。在确定学习内容后，该技术可以进一步依据学习者的知识水平、目标和时间限制，规划个性化学习路径，优化知识图谱、教学大纲等资源，以高效实现学习目标。

同时，智适应学习技术还能根据学习者的学习风格、认知水平和兴趣，选择最适合的教学方法和策略，涵盖个性化的内容、方式和反馈，全面提升学习效果。此外，该技术可以通过实时监控学习过程，评估学习者的学习状态和效果，提供及时反馈，帮助其调整学习策略并提高效率。

1.3.7 群体智能技术

群体智能技术是一种源自生物群体行为的仿生 AI 技术，模拟蚁群、鸟群和鱼群等在集体行为中表现出的智能特性。通过个体间的相互作用和信息交流，这些群体能够产生复杂的集体行为，展现出分布式、并行和自适应等优势，广泛应用于优化问题的求解。群体智能通过高效的全局搜索和鲁棒性，在优化算法和数据挖掘等领域具有重要应用价值。

例如，蚁群算法基于蚂蚁觅食和路径选择的自然行为，通过信息素的释放与浓度引导路径选择，成功应用于旅行商问题、资源分配等复杂组合优化任务。粒子群优化算法借鉴鸟群或鱼群的集体行为，粒子通过自身和邻近粒子的经验调整位置和速度，优化搜索全局最优解，广泛应用于连续优化问题。蜂群算法模拟蜜蜂觅食和信息传递的行为，通过距离和信息素等因素优化解空间，适用于组合和连续优化问题。鱼群算法模拟鱼群在觅食和避险中的集体行为，通过相互吸引和排斥优化位置和速度，广泛应用于连续和多目标优化任务。

1.3.8 自主无人系统

自主无人系统是能够独立完成任务和决策的系统，无须人工干预，涵盖无人机、无人车、无人潜航器、服务机器人等。这些系统通过集成传感器、执行器和 AI 算法，具备感知环境、分析情境并执行相应行动的能力。自主无人系统的典型代表是各类智能机器人。

自主无人系统的核心技术包括多源感知与感知融合、路径规划与决策、环境建模与预测、感知与决策集成，以及自适应与学习能力。多源感知与感知融合技术使得系统能够通过多种传感器(如摄像头、雷达、激光雷达、GPS 等)实时获取周围环境信息，并通过融合不同传感器数据，提高感知的准确性和鲁棒性。路径规划与决策技术基于环境信息，生成安全有效的路径，并根据任务需求和环境变化做出最优决策。环境建模与预测技术将传感器数据转化为环境模型，并预测未来状态，以辅助路径规划和决策。感知与决策集成确保环境感知、任务规划和行动执行之间的无缝衔接，实现系统的高效响应。自适应与学习能力使系统能够在环境变化和任务需求的基础上实时调整并优化表现，通过学习技术从经验中积累知识，不断提高系统性能。

1.4 人工智能的前沿应用

人工智能正以前所未有的速度拓展至社会生活的各个领域，引领着科技与产业的深刻变革。这些应用通过集成先进的人工智能算法与大数据处理能力，实现了对复杂问题的智能识别、分析与解决，展现了人工智能技术的巨大潜力与价值。

在医疗健康领域，人工智能前沿应用不仅提高了对疾病的早期发现与精准治疗能力，还通过智能辅助诊断系统、个性化医疗方案等创新应用，为患者带来了更加高效、便捷的医疗服务。此外，人工智能前沿应用还在自动驾驶、智慧家居等多个领域发挥着重要作用。它们通过优化生产流程、提升城市管理效率、改善交通出行体验等方式，为经济社会发展注入了新的活力。这些应用的广泛推广与深入应用，不仅促进了科技创新与产业升级，还提升了社会整体的智能化水平，为人类社会的可持续发展奠定了坚实基础。

人工智能前沿应用正以其独特的优势与价值，深刻改变着人们的生活与生产方式，为构建更加智能、高效、可持续的社会发展模式提供了有力支撑。

1.4.1　ChatGPT

ChatGPT 是近年来人工智能技术发展的一个重要里程碑，它的出现标志着自然语言处理 (NLP) 技术的一次重大飞跃。这一技术由美国 OpenAI 团队研发，自推出以来，就以其强大的自然语言生成与理解能力，迅速在全球范围内引发了广泛的关注和讨论。

ChatGPT 的发展历史可以追溯到 OpenAI 公司的成立以及 Transformer 模型的提出。2018 年，OpenAI 推出了具有 1.17 亿个参数的 GPT-1 模型，这是 Transformer 模型在自然语言处理领域的一次重要应用。GPT-1 模型能够自动学习语言的规律和模式，并生成高质量的文本，为后续的 GPT 系列模型奠定了基础。2019 年，OpenAI 公司公布了 GPT-2 模型，该模型具有 15 亿个参数，规模更大，性能更强。

2020 年，OpenAI 团队推出了 GPT-3 模型，GPT-3 是当年最大的语言模型之一，具有 1750 亿个参数。GPT-3 模型通过预训练和微调的方式，能够在多种自然语言处理任务中达到或超过人类水平，如问答系统、机器翻译、文本分类、文本生成等。GPT-3 模型的出现引起了广泛的关注和讨论，它被认为是自然语言处理领域的重大突破，将对话系统和人机交互带入一个新的阶段。

OpenAI 团队在 GPT-3 模型的基础上，进行了深入的改进与优化，并推出了更加先进的 ChatGPT。ChatGPT 不仅继承了 GPT-3 模型强大的自然语言生成与理解能力，还通过引入对话机制，实现了更加复杂和自然的对话功能。ChatGPT 能够根据聊天的上下文进行互动，上知天文，下通地理，还能够执行撰写邮件、视频脚本、文案、翻译、代码等多种任务。

ChatGPT 作为一种强大的人工智能模型，具有广泛的应用场景。例如，ChatGPT 在智能客服领域的应用非常广泛。传统的客服系统往往需要人工坐席来回答用户的问题，这不仅效率低下，而且成本高昂。而 ChatGPT 则能够通过自然语言生成与理解能力，自动回答用户的问题，提供高质量的答案。在电商平台上，ChatGPT 可以作为智能客服机器人，回答用户关于商品、订单、售后等方面的问题。用户只需输入问题，ChatGPT 就能迅速给出答案，大大提高了客服效率。同时，ChatGPT 还能够根据用户的提问和反馈，不断优化自己的回答，提高服务质量。此外，ChatGPT 还能够实现多轮对话和上下文理解，能够根据用户的提问和反馈，进行更加深入和细致的交流。

ChatGPT 在在线教育领域的应用也非常广泛。它能够作为智能助教，为学生提供个性化的辅导和答疑服务。在在线学习平台上，ChatGPT 可以根据学生的学习进度和兴趣爱好，推荐适合的学习资源和课程。同时，学生还可以通过与 ChatGPT 对话获取所需的学习资源，ChatGPT 也可以为学生解答学习中遇到的疑惑。这不仅提高了学生的学习效率，还增强了学习的趣味性。此外，ChatGPT 还能够根据学生的提问和反馈，不断优化自己的学习算法和推荐策略，为学生提供更加精准和个性化的服务。这使得 ChatGPT 在在线教育领域具有更高的应用价值。

1.4.2　智能家居控制

在科技日新月异的今天，智能家居控制已经成为现代生活的重要组成部分，它不仅将家庭环境与数字技术深度融合，更通过人工智能的引入，实现了前所未有的智能化、个性化和自动化水平。人工智能在智能家居控制中的应用，不仅提升了家居生活的便捷性、舒适度和安全性，更开启了未来生活的新篇章。

人工智能技术的融入，使得智能家居系统能够学习用户的习惯、偏好和需求，从而提供更加精准、个性化的服务。通过深度学习、自然语言处理、机器视觉等 AI 技术，智能家居系统能够理解用户的指令、预测用户的行为，并据此自动调节家居环境，创造更加舒适、节能、安全的居住空间。此外，AI 还能实现设备间的智能联动，如根据室内光线自动调节窗帘开合度，根据室温智能调控空调温度等，真正实现家居生活的"无感化"控制。本节将通过两个具体的应用场景详细介绍 AI 在智能家居控制中扮演的角色。

在智能家庭安全与健康管理系统中，人工智能技术被广泛应用。例如，智能门锁通过人脸识别技术，仅允许家庭成员或授权访客进入，有效防止非法入侵。同时，智能摄像头利用机器视觉技术，能够实时监控家中情况，并在检测到异常行为(如陌生人闯入、火灾烟雾等)时立即发送警报至用户的手机 App。此外，智能空气净化器与智能手环相连，通过分析用户的睡眠质量、心率等数据，自动调节室内空气质量，为用户提供健康的居住环境。上述智能系统不仅极大地提升了家庭的安全性，还通过精准的健康管理，为家庭成员的身心健康保驾护航。

在智能家居娱乐与自动化控制方面，人工智能同样发挥着关键作用。例如，智能音箱通过自然语言处理技术，能够理解用户的语音指令，播放音乐、新闻、天气预报等，甚至能根据用户的情绪推荐适合的曲目。同时，智能家居控制系统能够学习用户的日常习惯，如每天傍晚自动开启客厅灯光和电视，周末早晨关闭闹钟等，无须手动操作，一切尽在掌控之中。更进一步，智能厨房系统能够根据用户的饮食偏好和健康数据，推荐并准备个性化的餐食，从食材采购到烹饪过程，全程智能化管理，让家庭生活更加便捷、有趣。

1.4.3　自动驾驶

自动驾驶技术，作为人工智能与汽车工业的深度融合产物，正以前所未有的速度改变着人类的出行方式，引领着未来交通领域的深刻变革。这一技术通过集成计算机视觉、机器学习、传感器融合、路径规划与决策控制等多领域的前沿科技，使车辆能够在无须人类直接干预的情况下，安全、高效地行驶。自动驾驶不仅极大地提升了交通效率，降低了事故风险，还为人们带来了前所未有的出行便利，开启了智慧出行的全新时代。

自动驾驶技术首先在城市通勤和公共交通领域展现出巨大潜力。以 Waymo(前身为谷歌自动驾驶项目）为例，该公司已在美国凤凰城等地推出了自动驾驶出租车服务。乘客只需通过手机 App 下单，自动驾驶车辆便会自动前往指定地点接载，无须人工驾驶，就能安全、准时地将乘客送达目的地。这一服务不仅极大地节省了乘客的时间，减少了寻找停车位、驾驶疲劳等烦恼，还通过优化行驶路线和减少交通拥堵，提高了整个城市的交通效率。此外，自动驾驶公交车也在我国多地试运营，如广州、深圳等，它们能够精准控制到站时间，提高公交系统的准时率和运行效率，为市民提供更加便捷、可靠的公共交通服务。

自动驾驶技术的广泛应用，不仅重塑了交通领域，更带来了深远的社会意义和经济价值。自动驾驶技术通过集成高精度传感器、先进的算法和智能决策系统，能够实时监测路况，预测并避免潜在危险，从而显著降低交通事故的发生率。同时，自动驾驶车辆能够优化行驶路线，减少交通拥堵，提高道路通行能力。据估计，全面实现自动驾驶后，城市交通效率有望提升 30% 以上，交通事故率可降低 90% 以上，这将为城市交通带来革命性的改变。自动驾驶技术还可促进节能减排与可持续发展。自动驾驶技术通过优化行驶策略，如保持匀速行驶、避免紧急加速和紧急制动等，能够显著降低车辆的能耗和排放。此外，自动驾驶车辆还能够根据路况和乘客需求，灵活调整行驶计划，减少不必要的出行和空驶，进一步减少能源消耗和环境污染。这对于推动绿色交通、实现可持续发展目标具有重要意义。

自动驾驶技术的快速发展，将带动汽车制造、电子信息、人工智能等多个产业的协同发展，催生出一系列新兴产业和就业机会。同时，自动驾驶技术的应用还将推动城市交通管理、物流配送等领域的数字化转型，提高服务质量和效率，为经济社会发展注入新的活力。

1.4.4　医疗影像分析

医疗影像分析作为现代医学的一个关键分支，融合了计算机科学、数学以及医学影像学等多个学科的知识与技术，它通过先进的算法和模型，对医学影像数据进行深度处理、细致解析与精准解读，从而为疾病的诊断、治疗方案的制定、疗效的评估以及病理学的深入研究提供了强有力的技术支撑。这一技术的兴起，不仅极大地提升了医疗诊断的准确性和效率，更推动了医疗领域的数字化转型，开启了精准医疗的新篇章。

在肺癌的早期筛查过程中，医疗影像分析技术发挥着至关重要的作用。其中，低剂量螺旋 CT 扫描技术与人工智能辅助诊断系统的结合应用，更是表现出了极为突出的效果。我国的"肺结节 AI 辅助诊断系统"能够自动分析 CT 扫描图像，识别并标记出疑似肺结节的区域，进而通过深度学习算法对结节的形态、大小、密度等特征进行细致分析，辅助医生判断结节的良/恶性。这种技术不仅提高了肺癌早期筛查的敏感度，降低了漏诊率，还能够实现病灶的精准定位，为后续的手术治疗提供精确的导航。

在神经系统疾病的诊断与评估中，医疗影像分析技术同样展现出了非凡的价值。以磁共振成像（MRI）为例，结合先进的图像处理算法，医生能够清晰观察到大脑的结构细节，包括灰质、白质、血管等组织的形态与功能状态。对于脑肿瘤、脑卒中、脑萎缩等疾病的诊断，MRI 结合人工智能分析系统能够提供更为精准的信息。这一诊断不仅为患者争取了宝贵的治疗时间，还为其家庭提供了必要的心理准备和护理指导。此外，在脑卒中的治疗中，AI 辅助的 MRI 分析能够快速识别出梗死区域及周围血管的状态，为溶栓治疗、介入手术等提供精准定位，极大地提高了治疗效果和患者的生存率。

医疗影像分析技术的广泛应用，不仅革新了传统的医疗诊断模式，更在多个方面展现出了深远的意义与价值。医疗影像分析技术通过自动化、智能化的图像处理与分析，极大地提高了诊断的准确性和效率。尤其是对于微小病灶的检测，AI 系统能够比人类医生更早、更准确地发现异常，从而减少了漏诊和误诊的发生。同时，快速的图像处理与分析能力，也缩短了患者的等待时间，提高了医疗服务的效率。此外，医疗影像分析技术为精准医疗提供了重要支撑。通过对医学影像数据的深度挖掘与分析，医生能够更准确地了解患者的生理、病理状态，为个性化治疗方案的制定提供了科学依据。这不仅提高了治疗效果，还降低了医疗成本，促进了医疗资源的合理分配。

1.5　人工智能伦理道德

人工智能作为现代科技的明珠，正以空前的速度改变着人们的生产和生活方式。然而，随着其技术的不断进步和应用领域的日益拓展，AI 所引发的伦理道德问题也逐渐浮出水面，成为社会各界关注的焦点。这些问题不仅涉及个人隐私、数据安全、算法偏见与歧视等具体领域，还触及责任归属、失业、人机道德界限以及主体异化与"数字鸿沟"等更深层次的社会问题。本节简要探讨人工智能在伦理道德方面的问题与影响，并提出相应的解决策略，以期推动 AI 技术的健康发展。

首先，数据隐私与安全是 AI 技术发展过程中最为突出的伦理问题之一。AI 系统依赖于大量数据进行训练和优化，这些数据往往包含个人隐私信息。然而，数据泄露和滥用的风险却时刻威胁着个人隐私安全。一旦数据被不法分子获取，不仅可能导致个人隐私的曝光，还可能引发更严重的社会问题，如网络诈骗、身份盗窃等。因此，如何在利用数据提升 AI 性能的同时，保障个人隐私安全，成为一个亟待解决的难题。对此，政府和企业应制定严格的数据隐私保护法规，明确数据收集、存储和使用的规范与标准。同时，加强数据加密和防护技术的研发，提升数据安全的整体水平。此外，公众也应提高个人信息保护意识，谨慎处理个人信息，避免不必要的泄露。

算法偏见与歧视是 AI 技术面临的另一个重要伦理挑战。由于数据标注、算法设计等因素，AI 系统可能在对某些群体的决策中表现出不公平性。这种偏见不仅可能导致社会资源的分配不公，还可能加剧社会不平等现象。例如，在招聘、信贷、教育等领域，如果 AI 系统存在歧视性决策，将严重影响个体的权益和社会的公平正义。为了消除或减少算法偏见与歧视，需要在 AI 系统的开发和部署过程中，加强对算法的审查和评估。通过引入多元文化背景的数据集、优化算法设计等方式，确保 AI 系统的决策公平、无偏。同时，加强跨学科的伦理研究，制定明确的伦理准则和政策框架，为 AI 技术的发展提供道德指引。

责任归属问题也是 AI 技术发展过程中不可忽视的伦理议题。随着 AI 系统自主性的增强，当 AI 系统出现错误或导致损害时，确定责任归属变得复杂而困难。这不仅可能引发法律纠纷和社会争议，还可能影响 AI 技术的推广和应用。为了解决这个问题，需要制定相关法规，明确责任归属。例如，在自动驾驶汽车领域，可以制定专门的法律来规定制造商、软件开发者、车主等各方的责任和义务。同时，加强跨学科的合作和研究，探索新的责任归属机制，如设立专门的 AI 伦理委员会来监督和管理 AI 系统的开发及应用。

失业问题是 AI 技术发展带来的另一个重要社会影响。随着 AI 在各行各业的应用，许多传统岗位将被自动化取代，这导致大量劳动力面临失业的风险。这不仅影响个人的生计和福利，还可能引发社会不稳定和贫困问题。为了缓解失业问题，政府和企业需要加大对职业培训和教育的投入，帮助劳动力适应新的就业形势。通过提高 STEM（科学（science）、技术（technology）、工程（engineering）和数学（mathematics）四门学科的综合教育模式）教育水平、提供职业再培训和终身学习机会等方式，提升劳动力的技能和素质。同时，鼓励创新和创业，创造新的就业机会，为失业人员提供更多的职业选择和发展空间。

人机道德界限的模糊性也是 AI 技术发展过程中需要关注的伦理问题。随着 AI 技术的不断进步，机器可能在某种程度上具备自主意识和情感。这引发了关于机器是否应具有权利和责任的讨论。如何界定人与机器之间的道德界限，确保机器的行为符合道德原则和社会价值观，成为一个亟待解决的问题。为了解决这个问题，需要跨学科的合作和研究，探索新的伦理理论和道德准则。同时，加强公众对 AI 伦理的讨论和意识培养，推动教育和培训，提升人们对伦理问题的敏感性和责任感。通过全社会的共同努力，确保 AI 技术的发展不仅具有创新性和效率，还符合道德原则和社会价值观。

此外，主体异化和"数字鸿沟"风险也是 AI 技术发展过程中需要关注的伦理问题。在超人工智能阶段，机器与人的关系可能出现异化，甚至存在人工智能失控的风险。这可能导致机器预设的"增进人类福祉"的价值目标难以实现，甚至可能给人类社会带来巨大的灾难。为了防范和规制主体异化风险，需要坚持伦理先行原则，制定科技伦理规范和标准，确保 AI 技术的发展遵循道德原则和社会价值观。另外，"数字鸿沟"风险是指先进技术的成果不能被社会公众公平分享，出现"富者越富，穷者越穷"的现象。为了缓解和缩小"数字鸿沟"，需要政府和企业加大对数字弱势群体的关注和支持。通过提供数字技能培训、普及数字设备等方式，帮助他们提升数字素养和信息获取能力。同时，加强国际合作与交流，共同推动全球数字经济的均衡发展。

综上所述，人工智能在伦理道德方面的问题与挑战不容忽视。为了推动 AI 技术的健康发展，需要政府、企业和社会各界的共同努力。政府应制定严格的法规和政策，确保 AI 技术的合规性和道德性；企业应加强技术研发和创新，提升 AI 技术的安全性；社会各界应加强对 AI 伦理的讨论和意识培养，推动教育和培训的发展。同时，加强全球范围内的合作与交流，携手应对 AI 在伦理道德方面所带来的问题和挑战。通过集合全社会的共同努力，确保 AI 技术的发展在造福人类的同时，严格遵循道德和伦理原则。唯有如此，才能稳步迈向一个以技术为助力的更加公平、可持续且繁荣的未来。

参 考 文 献

[1] KRIZHEVSKY A, SUTSKEVER I, HINTON G E. ImageNet classification with deep convolutional neural networks[J]. Communications of the ACM, 2017, 60(6): 84-90.

[2] DENG J, DONG W, SOCHER R, et al. ImageNet: a large-scale hierarchical image database[C]. Proceedings of the IEEE conference on computer vision and pattern recognition. Miami, 2019: 248-255.

[3] MIKOLOV T, CHEN K, CORRADO G, et al. Efficient estimation of word representations in vector space[C]. Proceedings of the international conference on learning representations. Scottsdale, 2013.

[4] GOODFELLOW I J, POUGET-ABADIE J, MIRZA M, et al. Generative adversarial nets[C]. Proceedings of advances in neural information processing systems. Montreal, 2014: 2672-2680.

[5] HE K M, ZHANG X Y, REN S Q, et al. Deep residual learning for image recognition[C]. Proceedings of the IEEE conference on computer vision and pattern recognition. Las Vegas, 2016: 770-778.

[6] SILVER D, HUANG A, MADDISON C J, et al. Mastering the game of go with deep neural networks and tree search[J]. Nature, 2016, 529(7587): 484-489.

[7] CHEN T, KORNBLITH S, NOROUZI M, et al. A simple framework for contrastive learning of visual representations[C]. Proceedings of the international conference on machine learning. Vienna, 2020: 1597-1607.

[8] HE K M, FAN H Q, WU Y X, et al. Momentum contrast for unsupervised visual representation learning[C]. Proceedings of the IEEE conference on computer vision and pattern recognition. Seattle, 2020: 9726-9735.

[9] DOSOVITSKIY A, BEYER L, KOLESNIKOV A, et al. An image is worth 16×16 words: transformers for image recognition at scale[C]. Proceedings of the international conference on learning representations. Scottsdale, 2021.

第 2 章

机器学习

2.1 机器学习概述

2.1.1 基础介绍

1. 定义

机器学习是一门致力于研究如何通过计算的手段，利用经验来改善系统自身性能的学科[1]。在计算机系统中，"经验"通常以"数据"的形式存在。因此，也可以说，机器学习是一种让计算机系统通过数据进行学习和改进的技术。而研究机器学习，就是研究如何通过数据来产生"模型"，进而通过模型，在实际任务中进行预测，解决实际问题。例如，在健康监测中，通过患者的历史健康数据(如心率、血压)，可以用机器学习算法训练出一个模型，它可以从数据中学习到如何预测患者可能的健康风险，从而实现早期预警。

2. 基本概念和术语

在之前的介绍中，提到了"模型""训练"等术语，为了更好地进行学习，接下来通过房价预测的例子，对机器学习中一些常见的概念和术语进行介绍。

机器学习需要数据，假设收集了一批关于房屋的数据，如面积、位置、房间数量和对应的实际销售价格，这批数据共同构成了一个数据集合，简称"数据集"(dataset)。数据集中的每一条记录(在这里就是具体某间房屋的面积、位置等)是一个"样本"(sample)。而样本之中的每个具体的事项(如面积)称为"属性"(attribute)或"特征"(feature)，为了简便起见，下面都称为特征。由于所有算法都要通过编程在计算机上实现，因此所有的特征都需要被映射到一个具体的取值(如面积的大小)，这个取值就称为"特征值"(feature value)。将所有的特征值组合在一起，可以得到一个用于描述这个样本的向量，称为"特征向量"(feature vector)。

从数据中学得模型的过程称为"学习"(learning)或"训练"(training)。用于训练的数据称为"训练数据"(training data)，其中的每一个样本称为"训练样本"(training sample)，它们构成的集合称为"训练集"(train set)。训练集是数据集的一个子集。模型通过训练数据学习到了潜在的规律或模式，这种规律或模式称为"真相"或"真值"

(ground-truth)。还是以房价预测为例，房屋特征与房价的对应关系就是真相，某间房屋对应的房价就是房价预测的真值。在数据中，真值也称为"标签"(label)，通过标签来指导学习的过程。

模型的学习过程就是为了寻找或逼近真相。为了评估这种逼近程度，需要对模型进行"测试"(testing)和"验证"(validation)。对应的数据称为"测试数据"(testing data)和"验证数据"(validation data)，构成的数据集合称为"测试集"(testing set)和"验证集"(validation set)，它们同样是数据集的子集，且互不相交。其中，"测试"是在模型训练完成后进行的，目的是评估模型的性能和"泛化"(generalization)。"验证"是在训练过程中进行的，目的是在训练过程中对模型进行调优，防止"过拟合"(overfitting)或"欠拟合"(underfitting)。模型的学习过程也可以称为模型对训练数据的"拟合"(fitting)过程。关于拟合，一个简单的例子就是线性回归(linear regression)，通过一堆样本点，得到一条用于预测的回归直线。模型的训练过程与此类似，可以视为通过训练数据来拟合出一个函数，将输入数据映射到真值。在拟合的过程中，可能出现模型对训练数据学习不足的情况，这称为"欠拟合"，其在训练集和测试集上均表现不佳；也可能出现模型学习过度的情况，这称为"过拟合"，其在训练集上表现得很好，但在测试集上表现不佳。这两者都意味着模型训练得不好。

测试和验证需要一定的标准，称为"评价指标"(evaluation metrics)，对于不同的任务，评价指标各不相同。机器学习的基本任务有两个，即"分类"(classification)和"回归"(regression)。其中，分类对应模型的预测结果为离散值，而回归对应模型的预测结果为连续值。还是以购房为例，如果想要判断一套房子的性价比是高还是低，这是分类；而想要预测房价的具体值，则是回归。

2.1.2 机器学习的流程

在知道了一些基本的机器学习概念和术语后，下面同样以房价预测为例简要介绍机器学习的基本流程，它可以分为几个关键步骤：数据获取、模型设计、模型训练和模型评估与预测。

1. 数据获取

在房价预测中，数据获取是第一步。需要收集与房屋相关的数据，如面积、位置、房间数量、周边设施等。数据可以来源于房地产网站、政府统计局，或者直接从房地产中介收集。获取的数据需要进行预处理，例如，处理缺失值(如某些房屋缺少房间数量的记录)，去除异常值(如房价远高于市场平均水平的房屋)，并对数据进行标准化(如将面积转换为相同单位)和归一化(将所有特征值缩放到统一的尺度)，确保数据质量符合模型训练的要求。接下来，将经过预处理的数据整理成数据集，并按一定比例划分成训练集、验证集和测试集。

2. 模型设计

在设计模型时，需要选择适合房价预测的算法，这个过程中会考虑多种模型，如线性回归模型、决策树（decision tree，DT）、随机森林（random forest，RF）、神经网络等。设计时要考虑数据的特点，例如，线性回归模型可以用于建立房价与各特征之间的线性关系，而如果数据中有非线性关系，复杂的模型可能更合适。

3. 模型训练

模型训练是指通过训练集来调整模型参数。针对不同的任务，可以根据误差（error）定义一个优化目标，用于指导模型的训练过程，这个优化目标被称为损失（loss）。以线性回归模型为例，它会通过最小化训练集中的预测房价和实际房价之间的误差来调整其参数。通过反复迭代，模型能够找到最佳的参数，使得在训练数据上的预测误差尽可能小。在训练过程中可以通过验证集来测试当前模型的性能和泛化，以预防欠拟合或过拟合。

4. 模型评估与预测

训练完成后，使用测试集来评估模型的性能。例如，在房价预测中，可以使用均方误差来衡量模型在测试集上的表现。如果模型在测试集上的预测结果与实际房价接近，那么模型就被认为是有效的。经过评估后，可以将训练好的模型应用于新的房屋数据，进行实际的房价预测。模型能够根据输入特征（如房屋的面积、位置等）生成相应的预测价格。

在整个工作流程中，各个步骤的有效执行至关重要。数据质量、模型选择和训练策略都会直接影响最终模型的性能。其中，数据质量自不必说，如果收集到的数据充满错误或噪声，训练出的模型自然难以有好的性能。训练策略往往与数据、模型和任务都相关，需要具体问题具体分析。而关于模型选择，这里需要介绍两个通常需要遵守的定理：奥卡姆剃刀（Occam's razor）原理和没有免费午餐（no free lunch）定理。

在之前介绍了过拟合和欠拟合的概念，这里给出一个曲线拟合的例子（图 2-1），并以此讲解在机器学习中的奥卡姆剃刀原理和没有免费午餐定理。如图 2-1 所示，现有 5个样本点，要求通过这 5 个样本点拟合出一条曲线。其中，图 2-1(a) 的拟合结果适中，图 2-1(b) 中的曲线过拟合于样本点，图 2-1(c) 中的曲线欠拟合于样本点。从图 2-1 中可以看出，除了图 2-1(c) 以外，图 2-1(a) 和图 2-1(b) 都是合理的拟合结果，都对样本点拟合得不错，那么到底哪个更好呢？通常来说，在机器学习领域，会认为图 2-1(a) 的结果更好，这符合奥卡姆剃刀原理——在能达到相同的要求的情况下，简单的就是好的。这点表现在机器学习领域，就是复杂的模型虽然往往能对训练集拟合得很好，但代价是在

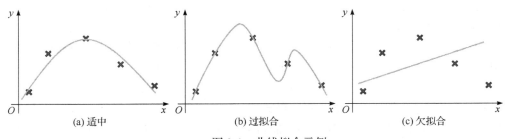

(a) 适中　　　　　　　　(b) 过拟合　　　　　　　　(c) 欠拟合

图 2-1　曲线拟合示例

测试集上的结果较差，也就是泛化不好。那么图 2-1(a)对应的模型一定比图 2-1(b)的好吗？其实也未必，这涉及另一个定理——没有免费午餐定理，它的思想简单来说就是没有任何一种机器学习算法能够适用于所有的问题，在所有问题上都表现得很好。这也很好理解，不存在所有问题的通解模型。因此，在机器学习的研究中，设计和评价模型时，一定要结合具体要解决的问题。

2.1.3 机器学习的发展历程

机器学习整体上可以分为三个流派：符号主义(symbolism)、连接主义(connectionism)和行为主义(behaviorism)。其中，符号主义是一种基于逻辑推理的智能模拟方法，又称为逻辑主义、心理学派或计算机学派。它使用符号和逻辑规则来表示知识，强调知识的可解释性(comprehensibility)和逻辑推理能力，其原理主要为物理符号系统假设和有限合理性原理，长期以来，在人工智能中处于主导地位。连接主义又称仿生学派或生理学派，是一种基于神经网络及网络间的连接机制与学习算法的智能模拟方法。行为主义又称为进化主义或控制论学派，是一种基于"感知-行动"的行为智能模拟方法。它关注智能体与环境的交互，强调通过强化学习优化行为，基于奖励和惩罚机制进行学习。

机器学习的发展历程可以追溯到 20 世纪 50 年代，经历了多个重要阶段，包括早期的探索、几次技术的兴起与衰退，以及最近的快速发展。以下将简要介绍这一历程，并列出一些代表性的工作。

1. 早期探索(20 世纪 60 年代之前)

机器学习的概念起源于人工智能的研究。1956 年，在达特茅斯会议上，约翰·麦卡锡和马文·明斯基等首次提出"人工智能"这一术语，并提出了人工智能的核心问题，标志着对机器智能(machine intelligence)的探索。各派学者纷纷在这一时期开始了对机器学习的探索。符号主义学者侧重于数理逻辑，将知识表示(knowledge representation)和推理(reasoning)视为核心，通过形式逻辑进行推导，寻找解决问题的路径。代表性的工作有艾伦·纽厄尔和赫伯特·西蒙的启发式程序"逻辑理论家"(logic theorist)，它于 1956 年成功证明了《数学原理》(*Principia Mathematica*)中的 38 条定理，并于 1963 年证明全部的 52 条定理。连接主义学者侧重于对人脑模型的研究，它的核心在于模仿生物神经网络的结构，通过神经元之间的连接进行学习。代表性工作有赫布学习法(Hebbian learning)[2]，由唐纳德·O. 赫布(Donald O. Hebb)在 1949 年提出，强调了神经元之间的连接如何通过经验进行调整，这对后来的神经网络研究有重要影响。此外，1957 年弗兰克·罗森布拉特提出的感知机(perceptron)[3]、1960 年伯纳德·维德罗(Bernard Widrow)提出的自适应线性神经元(adaptive linear neuron，Adaline)[4]等为后续神经网络的研究打下了基础。行为主义学者侧重于控制论，认为人工智能源于控制论。控制论思想早在 20世纪 40~50 年代就成为时代思潮的重要部分，影响了早期的人工智能工作者。早期的研究工作重点是模拟人在控制过程中的智能行为和作用，如对自寻优、自适应、自镇定、自组织和自学习等控制论系统的研究。

2. 第一次兴起与衰退(20 世纪 60~70 年代)

得益于早期研究的积累,机器学习的研究开始得到广泛关注,尤其是符号主义相关的学习技术得到了蓬勃发展。整体的研究重心由之前的"机器推理"转向"知识表示",在这一时期,大量专家系统问世。例如,由爱德华·费根鲍姆开发的 DENDRAL 专家系统[5],它可以用于化学分析。约瑟夫·韦岑鲍姆(Joseph Weizenbaum)等在 1966 年提出 ELIZA 专家系统[6],通过模拟人类对话来与用户进行交互。由爱德华·H. 肖特利夫(Edward H. Shortliffe)等于 1972 年开发的 MYCIN 专家系统[7],被用于医学诊断。但在进行了大量的关于知识表示的研究后,研究者们又意识到专家系统面临的"知识工程瓶颈"——由人把知识总结出来再教给计算机相当困难。虽然这一时期专家系统的研究在多个领域中取得了重大突破,但整体上它们大多是通过固定指令来解决特定的问题,并不具备真正的学习和思考能力,问题一旦变复杂,它们就不智能了。因此部分研究者转向研究如何让机器自己学习知识,例如,利用基于神经网络的连接主义学习技术。然而,马文·明斯基和西摩·帕珀特(Seymour Papert)在 1969 年揭示了感知机的局限性,例如,无法处理非线性可分问题,这导致了对神经网络研究的冷却。

3. 第二次兴起(20 世纪 80 年代)

在 20 世纪 80 年代初期,随着计算能力的提高和数据集的增加,机器学习研究重新焕发生机。研究者们开始倾向于让模型从样例中学习,研究重心再一次从"知识表示"转向"样例学习"。在这一时期,符号主义代表性的方法有决策树模型,例如,ID3 算法(由罗斯·昆兰(Ross Quinlan)于 1986 年提出),使得研究者们能够处理更复杂的问题。同时,连接主义的研究也取得了重要突破。1986 年,杰弗里·辛顿、大卫·鲁梅尔哈特(David Rumelhart)和罗纳德·J. 威廉姆斯(Ronald J. Williams)将误差反向传播(error backpropagation)算法应用于神经网络训练,这使得多层神经网络的训练成为可能。反向传播的成功为后来的深度学习奠定了基础。同时,他们也提出了使用非线性激活函数和多层感知机解决非线性可分问题。1989 年,克劳斯·霍尔尼克(Klaus Hornik)证明了具有包含足够多神经元的隐藏层的多层前馈神经网络(feedforward neural network,FNN),能够以任意精度逼近任意复杂度的连续函数。这一结果称为"逼近定理",为神经网络奠定了重要的理论基础。这一时期的另一重要概念是"模型选择"(model selection),即如何选择合适的模型来最小化预测误差。这一研究为后来的超参数优化和集成学习方法的发展提供了理论支持。

4. 统计学习时期(20 世纪 90 年代)

在 20 世纪 90 年代,机器学习开始与统计学交叉,形成了新的研究领域。支持向量机(SVM)[8]是这一时期的重要成果,由科瑞娜·科尔特斯及其同事提出。SVM 的理论基础强调了最大间隔分类的思想,使其在处理高维数据时表现出色。在引入更一般的"核方法"(kernel method)后,支持向量机得到了广泛的应用,而核技巧(kernel trick)几乎也被人们用到了机器学习的每一个角落,逐渐成为机器学习的基本内容之一。与此同时,贝叶斯网络(Bayesian network)[9]等概率模型也得到了广泛应用。贝叶斯网络强调利用先验知识和数据之间的关系来处理不确定性。

5. 深度学习的崛起(21世纪初~21世纪10年代)

进入 21 世纪后,数据的爆炸式增长和算力的提升使得"深度学习"迅速崛起。深度学习是机器学习的一种方法,它通过构建和训练深度神经网络(即具有多个隐含层的神经网络)来自动学习数据的表示和特征。早在 21 世纪之前,许多经典的神经网络架构已经被提出,如卷积神经网络(CNN)[10]、循环神经网络(RNN)[11]、长短期记忆(LSTM)神经网络[12]等。但受限于之前的数据量、算力等,模型始终无法堆叠较深,导致性能不足。然而,在 2012 年,亚历克斯·克里泽夫斯基(Alex Krizhevsky)和杰弗里·辛顿等在 ImageNet 竞赛中利用深层架构、GPU 加速、Dropout 正则化、数据增强等技术,成功训练了一个堆叠多层神经网络的 CNN 模型——AlexNet[13],显著提高了图像识别的准确性,使人们看到了深度学习的潜力。此后,研究员们纷纷投入对深度学习的研究。2013 年,弗拉基米尔·米赫(Volodymyr Mnih)等提出 DQN(deep Q-network)[14],首次将深度学习应用于 Q-learning 中,提出了深度强化学习,在多个 Atari 游戏中表现出色。2014 年,赵庆贤(Kyunghyun Cho)等提出门控循环单元(gated recurrent unit,GRU)[15],它是一种简化的 LSTM,具有门控机制,能够有效地处理序列数据。同年,卡伦·西蒙尼亚(Karen Simonyan)等提出 VGGNet[16],使用统一的结构设计和小卷积核,在图像分类任务中表现出色。克里斯蒂安·泽格迪(Christian Szegedy)等提出了 GoogleNet(InceptionNet)[17],引入了 Inception 模块,通过多尺度特征提取提高了图像分类性能。伊恩·古德费洛等提出生成对抗网络(GAN)[18],通过生成器和判别器两个结构之间的对抗训练,能够生成高度逼真的图像。2015 年,何恺明等提出 ResNet[19],通过引入残差连接缓解了深度网络的退化问题,使深度神经网络的层数大大提升(超过 100 层),真正开创了深度神经网络的时代。2016 年,DeepMind 的 AlphaGo[20]首次在围棋比赛中战胜了围棋世界冠军李世石,展示了深度强化学习的强大能力。2017 年,阿希什·瓦斯瓦尼(Ashish Vaswani)等提出 Transformer 模型[21],通过自注意力机制处理序列数据,解决了 RNN 的长距离依赖问题,大大推动了自然语言处理领域的发展。

6. 现今发展与前沿研究(21世纪20年代至今)

随着研究的深入,深度学习模型从百花齐放开始逐渐走向融合统一;从少数据、小模型逐渐走向大数据、大模型。在这个过程中,Transformer 模型起到了重要的作用,它提供了一种能够统一处理图像、视频、音频和文字等多种模态的基础结构。2020 年,阿列克谢·多索维茨基(Alexey Dosovitskiy)等将 Transformer 模型引入计算机视觉领域处理图片[22]。随着各种模态数据不断增多、处理各种模态数据的技术不断积累,多模态任务和对应的多模态模型开始步入历史舞台。例如,利用对比学习在约 4 亿对图像-文本配对数据上训练的图文匹配模型 CLIP[23],以及现如今各种大语言模型(large language model,LLM)、多模态大语言模型呈现井喷式发展。这些模型相比于过去的模型具有更高的性能,更强的泛化能力、多模态处理能力、迁移学习能力等,这使得它们被广泛地应用于医疗、金融、自动驾驶等多个领域。

　　如今，机器学习已经发展成为一个庞大的学科领域，与许多传统学科进行交叉，在许多领域的任务上取得了不错的成果。

2.1.4　机器学习的基本分类

　　根据学习方式、目标以及数据特征等对机器学习算法进行分类，可以分为监督学习（supervised learning）、无监督学习（unsupervised learning）、半监督学习（semi-supervised learning）、自监督学习（self-supervised learning）、集成学习（ensemble learning）、迁移学习和强化学习等，各个类别之间主要是侧重的方向有所不同，但并非完全没有交集。

　　1. 监督学习

　　监督学习是指在有标签数据的基础上进行学习，目标是通过训练模型，使其能够对新数据进行预测。该方法的核心在于使用已知输入和对应的输出进行训练。常见的监督学习方法有线性回归、逻辑回归、决策树、SVM、K 最近邻（KNN）、随机森林、朴素贝叶斯分类器（naive Bayesian classifier）等。

　　2. 无监督学习

　　无监督学习则是在没有标签的数据上进行学习，目标是发现数据中的潜在结构或模式。该方法常用于数据的聚类和降维。常见的无监督学习方法有 K 均值聚类（k-means clustering）、层次聚类（hierarchical clustering）、主成分分析（principal component analysis，PCA）、独立成分分析（independent component analysis，ICA）、自编码器（autoencoder，AE）等。

　　3. 半监督学习

　　半监督学习结合了监督学习和无监督学习的特点。它利用大量未标注的数据和少量标注的数据进行学习，适用于获取标签成本高的场景。通过使用未标注数据来改进模型的学习效果，能够显著提升性能。常见的半监督学习方法有半监督支持向量机（semi-supervised SVM）、生成模型（generative models）、自训练（self-training）、联合训练（co-training）、基于图论的学习（graph-based learning）方法、伪标签（pseudo-labeling）等。

　　4. 自监督学习

　　自监督学习利用未标注数据进行训练，通过设计任务让模型挖掘数据的内在结构和关系，从而学习数据的有用表示。常见的自监督学习方法有对比学习（contrastive learning）、屏蔽语言模型（masked language model）、自编码器、图像修复（image inpainting）等。

　　5. 集成学习

　　集成学习是一种将多个模型组合在一起以提高预测性能的方法。通过集成多个模型，集成学习可以减少模型的方差、偏差或两者的结合。常见的集成学习方法有袋装法（bagging，如随机森林）、提升法（boosting，如 AdaBoost）、投票法（voting）、子空间法（subspace method）等。

6. 迁移学习

迁移学习是一种利用已有知识解决新任务的学习方法。通常在一个大规模数据集上训练一个基础模型，然后将该模型的参数或特征迁移到一个目标任务上，这个目标任务通常可用的训练数据较少。常见的迁移学习方法有微调（fine-tuning）、领域自适应（domain adaptation）、多任务学习（multi-task learning）、领域生成模型（domain generative model）、知识蒸馏（knowledge distillation）、模型重用（model reuse）、跨域特征学习（cross-domain feature learning）等。

7. 强化学习

强化学习是一种基于交互的学习方法，智能体通过试错来探索环境，并根据获得的奖励来调整行为。具体来说，智能体会根据当前状态选择动作，并获得相应的奖励或惩罚，并在未来的决策中进行调整。常见的强化学习方法有 Q-learning、SARSA（state-action-reward-state-action）、DQN、演员-评论家（actor-critic）算法、异步的优势演员-评论家（asynchronous advantage actor-critic，A3C）算法、策略梯度（policy gradient，PG）、深度确定性策略梯度（deep deterministic policy gradient，DDPG）等。

2.1.5　机器学习的应用领域

近年来，机器学习模型在多个领域的应用取得了显著进展，许多模型已经被应用于人们的学习和生活中。

在艺术创作方面，机器学习模型能够推动创新和探索新的创作方式。例如，Stable Diffusion 等扩散模型（diffusion model，DM）能够根据用户输入的文本描述生成高质量的图像。Suno 模型能根据用户输入的简单提示词，如音乐主题、风格、流派、歌词、音色等，快速生成一首长达 2min 的完整音乐。Sora 模型能够根据用户输入的文本描述，生成长达 60s 的视频，其中包含精细复杂的场景、生动的角色表情以及复杂的镜头运动。Sudowrite 能够为小说写作提供情节建议、角色发展和对话生成等功能。

在辅助办公方面，机器学习模型能够充当智能助手，使文档处理过程自动化。例如，Otter.ai 能够将语音转换为文本，实时记录会议内容并生成文字记录。同时，它能够自动识别不同说话者，生成带有时间戳的会议摘要，方便会议成员回顾会议内容。ChatGPT 能够通过与用户对话，根据用户需求生成所需的文本，可以辅助写作、制定计划、编写程序等。其他常用的办公软件，如腾讯会议、钉钉等也集成了相关的功能。

在科学研究方面，机器学习模型能够充当强大的科研工具，帮助研究员进行数据分析、预测建模、图像分析等。例如，DeepMind 开发了 AlphaFold 模型，专门用于蛋白质结构预测。它利用深度学习技术对蛋白质氨基酸序列进行建模，成功预测出蛋白质的三维结构，能够辅助生物学研究和药物研发。OpenAI Codex 是一个辅助编程模型，它能够理解自然语言描述并生成相应的代码，可以应用于科学计算、数据分析和科研工具的开发，帮助研究人员提高研究效率。

在生产生活方面，在农业上可以使用机器学习模型进行农作物健康监测、病虫害预测等；在工业生产中，机器学习可以用于质量控制、生产优化和异常检测等。例如，PlantVillage 项目利用深度学习技术帮助农民识别作物疾病。农民通过智能手机应用上传植物叶片的照片，模型分析图像并识别出可能的病害。它不仅提供诊断结果，还给出处理建议，如推荐特定的农药或农业实践。这一应用显著降低了农民的损失，提高了作物的产量和质量。IBM 的精准农业项目通过机器学习分析大量的气象数据和土壤信息，帮助农民进行精准农业。它通过整合历史天气数据、土壤特性以及作物生长阶段信息，提供智能的灌溉和施肥建议。这样，农民能够在最佳时间进行作业，提高水资源利用效率，最大化作物产量。Cortexica 公司利用机器学习技术进行产品质量检测，它采用的模型可以快速分析生产线上产品的图像，识别出存在的缺陷或异常。这种自动化的质量检测方式不仅提高了生产效率，还降低了人工检测的错误率，确保了产品的一致性和质量。

在安全保障方面，通过机器学习技术能够辅助公共场所的安防、嫌疑人的追踪、异常事件的检测等。其中，最为常见的一种应用就是人脸识别，海康威视（Hikvision）的人脸识别摄像头和软件系统已广泛部署于多个城市的公共安全和交通管理中。商汤科技（SenseTime）的智能视频分析系统能够进行异常行为监测。例如，在成都太古里等密集商圈，商汤科技的智能视频分析技术，已经在帮助警察减轻反扒压力，包括用于案发后对比追踪，以及实时甚至事前的研判预警。Nest Protect 是一款智能烟雾探测器，利用机器学习算法分析环境数据。它不仅能检测烟雾，还能识别不同烟雾的类型，并通过手机应用向用户发送警报和建议。

在旅游出行方面，在机器学习算法的助力下，相关软件通过分析大量数据，提供更高效、个性化的旅游体验，帮助用户做出更明智的决策。例如，携程旅行利用机器学习分析用户的搜索历史、预订行为和评价数据，建立个性化推荐模型。通过这些技术，系统能够向用户推荐适合其偏好的酒店、航班和旅游活动。飞猪旅行利用机器学习模型分析历史价格数据、价格的季节性变化和市场趋势，为用户提供机票和酒店的价格预测功能。高德地图应用强化学习和深度学习算法，实时分析交通数据，优化行车路线。小红书利用自然语言处理和情感分析技术分析用户的旅游分享和评论，识别热门目的地和用户偏好。此外，无人驾驶技术也在近些年来有了快速发展，如特斯拉、小鹏、理想、蔚来、华为、百度、滴滴和谷歌等公司纷纷推出了自己的无人驾驶/辅助驾驶汽车。许多企业的无人驾驶系统达到 L2（部分自动化）和 L3（条件自动化）级别，无人驾驶技术虽然仍面临复杂城市环境中的安全性、突发事件处理能力、传感器数据处理和实时决策能力等挑战，但正在大步向商业化和广泛应用迈进。

在信息检索方面，从基于关键词、规则的简单检索到如今借助机器学习模型进行的智能检索；从仅检索信息，到更加复杂的信息统合处理；从单模态到跨模态，再到多模态。机器学习正在不断地革新检索技术和方式。现如今，各大平台的检索功能背后基本都有机器学习的影子。例如，百度利用机器学习算法分析用户的搜索历史和点击行为，以优化搜索结果的排序，提供更加相关的内容；通过自然语言处理，百度能更好地理解用户的查询意图，实现更准确的语义搜索。淘宝通过机器学习分析用户的浏览和购买历史，为用户推荐个性化的商品。京东的智能客服系统应用了机器学习技术，能够快速理解并回应用户的咨询，提升客户服务效率。

在智力竞赛方面，机器学习技术也被用于开发各种游戏 AI，在许多项目上甚至超越了人类。大家最耳熟能详的例子就是 AlphaGo。继它之后，DeepMind 进一步设计了一个更强的模型 AlphaZero，它是一种通用的自我学习 AI，能够在不依赖人类知识的情况下，通过对弈迅速掌握不同棋类（国际象棋、围棋和日本将棋）的策略，展现出超越人类顶尖玩家的水平。立直麻将 AI（Riichi Mahjong AI）是一个被开发出专注于日本立直麻将的模型，它通过自我对弈和强化学习不断优化策略。在一系列的在线比赛中，它与多位知名麻将职业玩家对战，最终以较高的胜率赢得比赛。除了传统游戏外，在一些电子游戏上，也有许多模型取得了不错的成果。例如，OpenAI 开发了一款基于 Dota2 的强化学习模型 OpenAI Five。它在 2019 年以 2：0 的绝对优势击败了 Dota2 TI8 冠军 OG 战队，并在此后为期 3 天的人机大战中，以高达 99.4% 的胜率（7215：42）在 Dota2 竞技场上大败人类玩家。同年，DeepMind 开发的 AlphaStar 在另一款著名游戏星际争霸 2 中以 10：1 的战绩打败两位职业选手。

综上所述，机器学习当前已经广泛应用于多个领域，而随着计算能力的提升和数据的丰富，机器学习有望进一步渗透到各行各业，推动智能化进程。同时，机器学习也面临伦理、安全和可解释性等挑战，这将成为未来研究的重要方向。

2.2 监督学习

监督学习，又称有监督学习、监督式学习，是机器学习的一种方法。监督学习可以从训练数据（由输入对象和预期输出组成）中学习到或建立一个学习模型（learning model）来反映给定输入和给定输出之间的关系，并依此模型推测新的实例。模型的输出可以是一个连续的值（称为回归问题），或是一个离散的分类标签（称作分类问题）。目前，监督学习已广泛应用于各个领域，如金融预测（信用评分）、医疗诊断（疾病预测）、图像识别（人脸识别）等。

2.2.1 线性模型

1. 线性模型的基本形式

对于由 n 个属性描述的示例 $x = (x_1, x_2, x_3, \cdots, x_n)$，其中，$x_i$ 是 x 在第 i 个属性上的值，线性模型（linear model）试图学习一个通过属性值的线性组合来进行预测的函数，即

$$f(x) = w_1 x_1 + w_2 x_2 + w_3 x_3 + \cdots + w_n x_n + b$$

$$f(x) = w^{\mathrm{T}} x + b$$

式中，$w = (w_1, w_2, w_3, \cdots, w_n)$ 和 b 是待学习的参数，当二者学得之后，模型就可以确定。

线性模型的形式简单，建模容易，通过在线性模型的基础上引入层级结构或高维度

映射，可以构建功能更为强大的非线性模型（nonlinear model）。此外，w 中每一个分量的值代表了对应的属性在模型预测中的权重，直观反映了各个属性的重要性，因此线性模型具有良好的可解释性。

2. 线性回归

对于给定的数据集 $D = \{(x_1, y_1), (x_2, y_2), (x_3, y_3), \cdots, (x_n, y_n)\}$，线性回归尝试去学习一个线性模型，使得预测值尽可能接近真实值，如图 2-2 所示。

模型的预测值和真实值应当尽可能接近，因此可以将预测值与真实值的差距作为评价模型的指标。目前，均方误差是回归任务中最常用的性能度量指标，因为它有着简单易懂、对大误差敏感和便于计算导数等优点。如果采用均方误差进行度量，使得下式成立的 w 和 b 即为模型最终的参数值。

$$(w^*, b^*) = \arg\min_{w,b} \sum_{i=1}^{n} [f(x_i) - y_i]^2$$

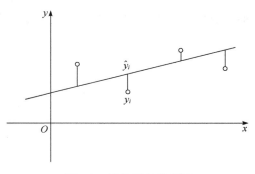

图 2-2　线性回归示意图

进一步，是否可以考虑令模型逼近 y 的函数呢？例如：

$$\mathrm{e}^y = w^{\mathrm{T}} x + b$$

上式在形式上仍旧是线性回归，但实际上输入和输出之间的映射是非线性的，此处对 y 的变形就起到了将线性的预测值与真实标签值联系起来的作用。上述样例显然可以推到更一般的情况，即对于任意单调可微函数，都可以尝试通过上述办法用线性模型进行表示，这样的模型称作广义线性模型（generalized linear model）。

3. 逻辑回归

以基本的二分类问题为例，需要将模型输出的真实值转变为输出标记 $\{0, 1\}$。根据之前提出的广义线性模型，需要找到一个单调可微函数将二者联系起来。逻辑斯蒂函数（logistic function）正是常用的替代函数：

$$y = \frac{1}{1 + \mathrm{e}^{-z}}$$

在二分类问题中，上式也可以这样表示：

$$P(y = 1 \mid x) = \frac{1}{1 + \mathrm{e}^{(-w^{\mathrm{T}} x - b)}}$$

这样模型的输出值就被转换为在给定输入特征的条件下，对应样本被分类为正类的概率大小，通过设定决策边界（输出概率大于该边界时为正类）即可通过模型来预测输入数据的类别。

4. 多分类学习

现实中遇到的分类任务大多是多分类任务，针对这类问题，部分二分类学习方法可以直接推广到多分类。但一般情况下，是根据一些策略，将多分类问题拆解为二分类问题。经典的拆分策略有三种：一对一（one-vs-one，OvO）、一对其余（one-vs-rest，OvR）和多对多（many-vs-many，MvM）。

如图 2-3 所示，对于含有 N 个类别的数据集，OvO 策略是将 N 个类别进行两两配对，一共训练 $N(N-1)/2$ 个二分类器，任意一个新数据，会被传入所有的二分类器中，最后对所有的分类结果进行统计，选择票数最高的作为最终结果。

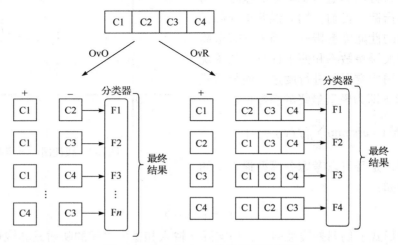

图 2-3　OvO 和 OvR 分类策略示意图

OvR 策略则是每次将一类的样例作为正例，其余作为反例来训练 N 个分类器，在预测时，若仅有一个分类器的结果为正，那么代表输入就属于这一类，若有多个分类器结果为正，则根据这些分类器的预测置信度，选择置信度最大的那一个作为最终结果。显然，OvR 策略需要的分类器数目要少于 OvO 策略，因此 OvO 分类器所需的存储开销和测试时间一般比 OvR 更大。但是，OvR 策略中，每个训练器都需要使用全部的数据进行训练，所以当数据集中类别较多的时候，OvO 策略的训练开销要更小。二者的预测性能在多数情况下是相近的。

MvM 策略是一次取多个类作为正类，其余作为负类，显然 OvR 策略是 MvM 策略的一种特殊情况。MvM 的正负类构造不能随意选取，目前常用"纠错输出码"（error correcting output codes，ECOC）来构造。其主要过程分四步。

1）编码

为每个类别分配一个独特的二进制码字。假设有 K 个类别，则可以构建一个 $K \times M$ 的编码矩阵，其中 M 是二分类器的数量。每一行代表一个类别，每一列代表一个二分类器的输出。

2）训练分类器

针对每一列（每个二分类器）进行训练。每个分类器的任务是区分对应的码字中是

"+1"还是"-1"。例如，图 2-4 第一列的分类器需要识别类别 2(C2)(输出"+1")与类别 1(C1)、类别 3(C3)、类别 4(C4)(输出"-1")之间的差异。

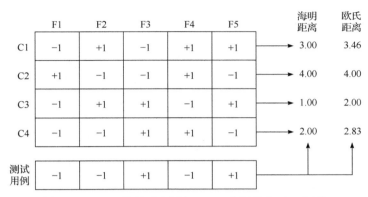

图 2-4　ECOC 编码示意图(+1、-1 分别代表正、负类)

3) 预测

对于新的输入样本，将其输入到所有训练好的分类器中，得到每个分类器的输出。

4) 解码

将得到的输出与编码矩阵中每个类别的码字进行比较，返回其中距离最小的类别作为预测结果。

ECOC 码对分类器的错误存在一定的容忍和修正能力。一般来说，ECOC 编码越长，纠错能力就越强，但随之而来的计算、存储开销都会上升。此外，对于有限类别的分类问题，组合数目也是有限的，所以 ECOC 码过长就失去了意义。

5. 类别不平衡问题

上述的分类学习方法都基于一个共同的基本假设：不同类别的训练样例数目相近，但现实问题中不同类别的样例数目差别可能会非常大，这样模型在训练时很有可能忽视少数类样本，使得模型不具有解决实际问题的能力。

目前，针对不平衡问题的主要解决方法有：增加少数类样本的数量，在训练过程中，为少数类样本赋予更高的权重，调整分类阈值等针对算法的方法，以及通过变换(如旋转、缩放、平移、加噪声等)对少数类样本进行数据增强，增加其样本多样性等。

2.2.2　决策树

决策树是一种常用的分类和回归方法，其基本原理是通过构建一个树形模型来对数据进行决策。它通过分割特征空间来实现决策，最终形成一个可以用来分类或回归预测的模型。

如图 2-5 所示，决策树的基本结构包括根节点、决策节点、叶节点和边，分别代表整体数据集、根据某个特征进行分割的结果、最终的类别标签(分类任务)或预测值(回归任务)，以及从一个节点到另一个节点的分割条件。

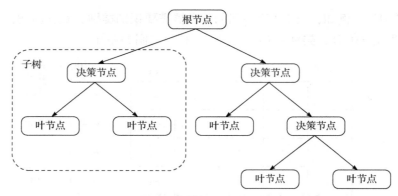

图 2-5   决策树的基本结构

1. 决策树的构建过程

决策树的构建过程主要分为三步：首先，在每个节点，根据一定标准(如信息增益)选择最优特征进行分割；其次，根据选定的特征，将数据集划分为多个子集，每个子集对应特征的不同取值；最后，对每个子集重复上述步骤，直到满足停止条件(如没有特征可用)。

2. 剪枝处理

剪枝(pruning)是决策树算法中处理"过拟合"的重要手段。在模型的学习过程中，为了尽可能地正确分类样本，可能会导致决策树的分支过多，从而导致模型过拟合。因此可以主动裁切掉一些分支来避免这种状况发生，主要策略有以下两种。

1)预剪枝

预剪枝的概念起源于决策树的早期研究。预剪枝是指在决策树生成过程中，对于每个节点在划分前先进行估计，若当前节点的划分不能满足设定的某些条件，则停止划分。常见的条件设定包括：控制节点中的最小样本数；控制树的最大深度；设定只有当划分所带来的信息增益超过某一阈值时，才进行划分。

预剪枝可以显著减少训练开销，但是某些分支对于模型的提升可能在后续划分之中，而预剪枝基于"贪心"的思路禁止了这些分支的展开，可能会导致欠拟合的风险。

2)后剪枝

后剪枝操作是在构建完决策树后进行的，通过评估每个叶子节点的有效性来决定是否剪枝。常见的方法包括误差剪枝、成本复杂度剪枝等。

后剪枝策略的欠拟合风险很小，相比于预剪枝决策树往往有更好的泛化性能，但是后剪枝是在完全生成决策树后，自底向上遍历所有非叶节点，因此训练时间较长。

3. 多变量决策树

若将数据的每一个属性视作一个坐标轴，那么有 d 个属性的数据就可以看作 d 维空间中的一个点，对样本分类相当于在 d 维空间内找到一个分类边界。决策树每次使用特征的阈值进行划分，仅依赖于选择的特征的特定值，因此每次划分都沿着该特征的轴进行。

这种情况下的决策树没有很好地反映样本的分布情况，若能使用斜的划分边界，那么这种问题将会大幅改善。"多变量决策树"（multivariate decision tree）就是能够实现这种甚至更加复杂划分的模型。在此类模型中，学习过程实际上是为每一个非叶节点建立一个合适的线性分类器。

2.2.3　支持向量机

支持向量机（SVM）是一种用于分类和回归的监督学习算法，特别擅长处理二分类问题。它的基本思想是通过构造一个最优的超平面，将不同类别的样本分开。

如图 2-6 所示，在样本空间中，能够划分训练样本的超平面可能有多个，但唯有两类样本"正中间"的超平面对于局部扰动的容忍性最好，换言之，该超平面产生的分类结果鲁棒性最好，泛化能力最强。在线性可分的条件下有超平面表达式：

$$w^{\mathrm{T}}x + b = 0$$

假设超平面可以实现样本的正确分类，那么对于数据集 D，$(x_i, y_i) \in D$，当 $y_i = +1$ 时，有 $w^{\mathrm{T}}x_i + b > 0$；反之亦然。因此列出如下公式：

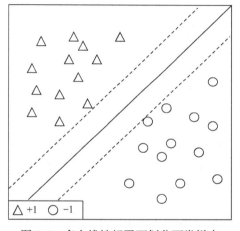

图 2-6　多个线性超平面划分两类样本

$$\begin{cases} w^{\mathrm{T}}x_i + b \geqslant +1, & y_i = +1 \\ w^{\mathrm{T}}x_i + b \leqslant -1, & y_i = -1 \end{cases}$$

如图 2-6 所示，离超平面最近的几个样本点使得上式的等号成立，它们被称为"支持向量"，两个异类支持向量到超平面的距离之和为

$$\gamma = \frac{2}{\|w\|}$$

因此模型的训练目标就是找到满足约束的参数 w 和 b 使得 γ 取最大值，可等价为优化：

$$\min \frac{1}{2}\|w\|^2$$

然而现实问题中，一般很难确定合适的超平面，使得训练样本在特征空间中线性可分。基于这个问题，一种方法是允许支持向量机在一些样本上犯错。为此，引入了"软间隔"的概念，通过引入松弛变量来实现，在此情境下，原约束式和优化目标变形为

$$\begin{cases} w^{\mathrm{T}}x_i + b \geqslant +1 - \xi_i, & y_i = +1, \\ w^{\mathrm{T}}x_i + b \leqslant -1 + \xi_i, & y_i = -1, \end{cases} \quad \xi_i > 0$$

$$\min \frac{1}{2}\|w\|^2 + C\sum_{i=1}^{m}\xi_i$$

其中，$C > 0$ 是惩罚参数，用于权衡边际的大小和分类错误。当 C 趋于正无穷时，上式迫使所有样本满足约束。当 C 为有限值时，允许一些样本不满足约束。

在现实任务中，样本空间可能不存在合适的划分超平面，如图 2-7 所示。

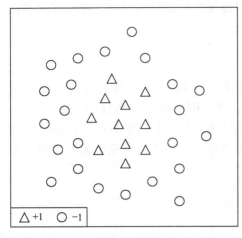

为了解决这个问题，需要将原本的特征向量映射到更高维的特征空间，使得样本在这个特征空间内线性可分，再去寻找超平面。设 $\phi(x)$ 为将 x 映射后的特征向量。于是在特征空间中划分超平面的模型可表示为

$$f(x) = w^{\mathrm{T}}\phi(x) + b$$

基于上式的优化问题在求解时会涉及计算 $\phi(x_i)^{\mathrm{T}}\phi(x_j)$，即样本映射至高维特征空间之后的内积。由于新的特征空间维数可能很高，甚至可能达到无穷维，所以直接计算 $\phi(x_i)^{\mathrm{T}}\phi(x_j)$ 往往是困难的，为了避开这个障碍，提出了这样一个函数：

图 2-7　非线性映射样本空间

$$\kappa(x_i, x_j) = \phi(x_i)^{\mathrm{T}}\phi(x_j)$$

即原样本 x_i、x_j 映射后的特征向量的内积等于其在原始样本空间中通过函数 $\kappa(x_i, x_j)$ 计算的结果。这样就可以避免高维特征空间向量内积的计算问题。符合这样条件的函数 κ 就称为"核函数"。

2.2.4　K 近邻学习

K 近邻学习（KNN）是一种简单而直观的监督学习算法，主要通过计算输入样本与训练集中其他样本之间的距离来进行分类或预测。其核心思想是：如果一个样本在特征空间中与某个类别的样本距离较近，则该样本更可能属于这个类别。其基本工作过程如下。

首先，通过实验选择合适的 K 值，即要考虑的邻居数量；其次，根据实际问题，选择合适的距离度量方式；最后，对于分类任务，计算目标样本与训练集中所有样本的距离，选取距离最近的 K 个样本。统计这 K 个样本的类别，选择最多的类别作为预测结果。对于回归任务，则会计算 K 个邻居的平均值或加权平均值，作为对新样本的预测值。

2.3　无监督学习

2.3.1　无监督学习概述

在解释无监督学习之前，先简单回顾一下监督学习。在监督学习中，有一个标注良好的数据集，每个数据样本都有一个明确的标签，如"猫"或"狗"。机器学习模型通过学习这些已知的输入（特征）与输出（标签）之间的关系，来对新数据进行预测。然而，

在许多现实场景中，标注数据是稀缺的。标注数据集往往昂贵且耗时，因为每个数据样本通常都需要人工进行标签标注。这时就需要发挥无监督学习的优势了。无监督学习处理的是未标注的数据，也就是说，模型在训练过程中并不知道每个数据样本对应的类别或标签。它的任务是从数据中发现隐藏的模式、结构或关系。

简单来说，无监督学习就像是在一种陌生的环境中探险，没有地图，但它仍然可以通过观察地形、寻找规律来理解这种环境。监督学习就像给羊群安排了一名牧羊人，告诉它们去哪里吃草（用标签告诉机器哪些是正确的答案）。无监督学习则不一样，它更像是把羊群放在一大片草原上，让它们自己去找最好吃的草，自己摸索出哪里才是最佳的草地（没有标签，机器自己摸索数据中的模式）。虽然无监督学习看似复杂且缺少明确的目标，但它在许多领域中都有着广泛的应用。常见应用场景如下。

1. 聚类分析

这是无监督学习的一种经典应用。通过聚类，模型可以将相似的数据点归为一组。例如，在市场营销中，企业可以使用聚类算法将客户分成不同的群体，从而采取更有针对性的营销策略。

2. 异常检测

无监督学习也被广泛用于检测异常行为。例如，在金融领域，它可以帮助检测欺诈交易，或者在制造业中发现生产线上的异常情况。

3. 降维与特征提取

当数据维度非常高时，降维技术可以将高维数据映射到低维空间，以便于可视化和分析。主成分分析就是一种常见的无监督降维方法。

4. 生成模型

无监督学习还可以用于生成新数据，例如，通过生成对抗网络生成逼真的图像，或者通过变分自编码器（variational autoencoder，VAE）生成合成数据。

2.3.2　无监督学习的主要算法

1. 聚类算法

聚类算法是机器学习中一种非常有趣的技术，简单来说，它就是在一堆杂乱无章的数据中，把相似的东西放在一起，分成几组。这就像是把各种水果分成不同的篮子，苹果放一篮，橘子放一篮，香蕉放一篮。例如，假设你是超市的管理员，在超市收银处，你能看到很多顾客在买单前决定不需要购买的物品，如水果、蔬菜、零食、饮料等。你的任务是把这些东西归类放好：苹果、香蕉、西瓜是水果区的物品；薯片、饼干是零食区的物品；牛奶、可乐是饮料区的物品。你没必要知道它们的名字，只要根据它们的外形、颜色、大小等特征来分类就可以。常见聚类算法如下。

1）K-Means 聚类

这是最常见的聚类算法之一。K-Means 聚类会先随便选几个点作为"组长"（称为"质心"），然后查看哪些数据点（如商品）离哪个"组长"最近，就把这些数据分到这个"组长"管辖的组里。接着，"组长"会调整位置，让自己尽量站在组员们的中间，这样来回几次，直到组员们不再更换"组长"位置为止。这种算法简单高效，但有时候需要提前知道要分多少组（即 K 值）。

2）层次聚类

这种算法有点像搭积木。它可以从小到大把相似的点先凑成小团体，然后这些小团体再合并成更大的团体，最后形成"家族树"。也可以反过来，从一个大团体开始，逐步拆分出更小的团体。这种算法能看到数据的层次结构，如从"水果"到"苹果"再到"红苹果"。

3）DBSCAN

这是一种基于密度的算法。想象一下，在一个派对上观察人群，那些站得很近、聚在一起的人就是一组，而那些站得远远的、独自一人的人就被看作"独行侠"或"噪声"处理。DBSCAN 特别擅长发现形状不规则的群体，而不只是像 K-Means 那样找圆形或球形的群体。

聚类算法可以用在很多地方，例如，在市场营销中，公司可以用聚类算法把客户分成不同的群体，如"喜欢买奢侈品的客户"和"喜欢打折商品的客户"，然后，针对每个群体设计不同的营销策略。可以用聚类算法来减少图像中的颜色种类，例如，把相近的颜色归为一类，这样能减小图像文件的大小，同时保留主要的视觉效果。在网络安全领域，聚类算法可以用来发现异常的行为模式，例如，一台计算机突然开始发送大量数据，可能就是被黑客入侵了。

2. 降维算法

降维算法是机器学习中一个非常实用的工具，它的作用就像是整理房间里的杂物，把那些看起来很乱的东西重新归类摆放，让整个房间看起来更整洁，更容易找到东西。想象一下，你有一个巨大的衣柜，里面堆满了各种各样的东西——衣服、鞋子、帽子，还有一些看似无关的小物件。这个衣柜非常乱，每件物品都占据了一个"维度"，你感觉整个衣柜就是一团乱麻，找东西的时候总是毫无头绪。现在，降维算法就像一个聪明的整理专家，它走进你的衣柜，开始认真观察。首先，它发现有些物品本质上是相似的，例如，你有好几件不同颜色的 T 恤，这些 T 恤虽然在颜色上有区别，但它们都是同一类衣物。因此，它决定把颜色的差异稍微淡化一点，只保留"T 恤"这个大类。然后，它发现你那些五颜六色的围巾虽然各不相同，但它们都属于"配饰"这一类，所以也把它们归到一起。经过一番整理，降维算法把那些看似复杂、冗余的信息简化了——它把不太重要的差异"折叠"起来，只保留了那些真正让你衣柜有条理的信息。最后，整理专家让你的衣柜变得井井有条，你不再被无数的细节淹没，而是能够快速找到你需要的东西，因为它已经把你衣柜的"维度"降到了一个更容易管理的水平，同时还保留了所有重要的类别和关键信息。在实际应用中，经常会遇到"高维数据"，也就是包含非常多特征的数据。这些特征可能包含了大量冗余信息，甚至会增加分析的复杂性，导致"维度诅咒"（也就是数据太多了，反而难以分析）。降维的目的是简化数据结构，把高维数据转换成低维数据，使数据更容易理解和分析，同时保留原始数据中的主要信息。常见降维算法如下。

1）主成分分析

主成分分析（PCA）是一种非常经典的降维算法。PCA 的工作原理是找到数据中方差最大的一些方向，这些方向代表了数据中最重要的信息。简单来说，它就是试图找到数据最"广"的几条线，把数据投影到这些线上，丢掉不重要的"窄"方向。结果就得到了一个维度更少但信息密度更高的数据集。打个比方，假如你在一个足球场上看一堆人跑步，从某个角度看过去，他们可能看起来都挤在一条线上，完全看不出谁跑得快，谁跑得慢。但如果你换个角度，从更广的方向看，你就能更清楚地看到每个人的位置和速度。PCA 就是在找这个最佳视角。

2）t-SNE

t-SNE（t-分布随机邻居嵌入）是一种非线性的降维算法，主要用于数据可视化。它擅长把高维数据映射到二维或三维空间里，同时保留数据点之间的局部结构关系。换句话说，t-SNE 更在意的是近邻数据点之间的关系，而不是全局结构。想象一下，你有一大堆不同颜色的珠子，你希望把它们摆放在一张纸上，颜色相近的珠子放在一起。t-SNE 就像一个精细的排列师，帮你把这些珠子按照颜色、亮度、饱和度等特征排成一个美观的图案。

3）线性判别分析

线性判别分析（linear discriminant analysis，LDA）常被用于分类任务，但它也有降维的效果。LDA 试图找到能最好的、分离不同类别的数据的方向。它不是像 PCA 那样找"最广"的方向，而是找能把不同类别数据分开的方向。举个例子，假设你有一批房屋相关的数据，你想通过降维来查看房屋是否可以按照这些数据分成"优质"、"良好"和"较差"三个等级。LDA 会找到一个方向，让不同等级的房屋尽量分开，以便能更清晰地看到它们的分布。

降维算法被广泛应用于各种领域，例如，通过降维，把高维数据投影到二维或三维空间，方便用图表来观察数据的结构和模式。在处理大数据集时，降维可以帮助我们提取出最重要的特征，从而减少计算量，提高算法的性能。有时候，数据中的一些维度可能是噪声，通过降维可以削弱这些噪声的影响，使数据更纯净。降维算法就像是一种数据的"精简术"，帮助我们从复杂的、高维的原始数据中提取出最有用的信息，让数据变得更简单、更容易理解。

3. 关联规则学习

关联规则学习是一种很有趣的方法，它的主要任务是从大量数据中发现隐藏的模式和关系。可以把它想象成是超市里的"购物篮分析"——通过分析大家买东西的习惯，找出哪些商品经常一起出现在购物车里。关联规则学习的核心就是寻找数据中的"如果……那么……"的规则。例如，你可能会发现"如果有人买了牛奶，那么他很可能也会买面包"。这些发现可以用来制定促销策略、优化商品摆放，甚至是设计更好的推荐系统。

1）基本概念

下面简要介绍关联规则学习中的几个基本概念。

（1）支持度（support）。支持度就是一种模式出现的频率。例如，如果 10% 的购物篮里同时有牛奶和面包，那么就可以说"牛奶→面包"这个规则的支持度是 10%。支持度高意味着该规则在数据中出现得比较频繁。

（2）置信度（confidence）。置信度表示的是在购买了牛奶的情况下，购买面包的概率。如果 80% 的买牛奶的人也买了面包，那么"牛奶→面包"这个规则的置信度就是 80%。置信度高表明两者的关联性比较强。

（3）提升度（lift）。提升度用来衡量两个事件之间是否真的存在关联。如果提升度大于 1，说明买牛奶的人比一般情况下更有可能买面包，这表明两者之间确实存在某种关联。如果提升度等于 1，说明买面包的概率跟买不买牛奶没有关系。

2）应用

关联规则学习可以应用在很多领域，举例如下。

（1）超市购物篮分析。这是关联规则学习的经典应用。超市可以通过分析顾客的购买习惯，发现哪些商品经常一起购买，如"啤酒和薯片""牙刷和牙膏"等。通过这些发现，超市可以将相关商品摆在一起，或者设计捆绑销售的促销活动。

（2）推荐系统。在电商平台，关联规则学习可以用来推荐商品。如果一个顾客购买了某件商品，系统可以根据关联规则推荐其他相关的商品，如"买了手机，推荐手机壳"和"买了书，推荐其他同类书籍"。

（3）医疗诊断。在医疗领域，关联规则学习可以用来发现某些症状和疾病之间的关系，帮助医生更好地诊断。例如，通过分析大量患者的数据，可以发现"长期咳嗽→高血压"的关联，从而提醒医生注意患者可能存在的其他健康问题。

（4）网络安全。在网络安全中，关联规则学习可以帮助发现异常的访问模式，识别潜在的安全威胁。例如，通过分析服务器日志，可以发现"多次登录失败→恶意攻击"的规则，从而进行预警。

3）经典算法

有几种经典的算法可以用来进行关联规则学习。

（1）Apriori 算法。这是最早的关联规则学习算法之一。Apriori 算法通过逐步扩大频繁项集来发现规则，但它的计算量很大，因此更适合中小规模的数据集。

（2）FP-Growth 算法。FP-Growth 是一种比 Apriori 更高效的算法，它通过构建一种称为"频繁模式树"的结构来发现频繁项集。这种算法可以在大规模数据中更快地找到关联规则。

总体来说，关联规则学习就是帮我们从海量数据中找出"如果发生了 A，那么很可能会发生 B"这种有用的规律。它的应用非常广泛，从超市的商品摆放到电商的推荐系统，再到医疗诊断和网络安全，都可以看到它的身影。通过这些规则，可以更好地理解数据背后的模式和趋势，从而做出更明智的决策。关联规则学习是一种非常实用且强大的工具，帮助我们在复杂的数据世界中找到有价值的信息。

4. 生成模型

生成模型是机器学习中的一类算法，它们的任务是"创造"新数据，听起来有点像是机器学习界的"艺术家"。生成模型可以根据已经学到的知识，生成看起来很真实的新样本。例如，通过学习大量的猫咪图片，一个生成模型就能"画"出一张从未见过的猫咪图片，看起来和真的一样。

生成模型的核心目标是学会数据背后的分布规律，然后根据它来生成新的数据样本。通俗地说，假如你给模型看了很多风景画，它会慢慢学会画出类似风格的画作，即使这些画从未存在过。

1) 应用

生成模型在很多领域有着广泛的应用，典型应用举例如下。

(1) 图像生成。生成模型可以用来生成逼真的图像，如人脸、风景甚至艺术作品。你可能见过一些 AI 生成的虚拟人物，他们看起来和真实的人几乎没有区别，这就是生成模型的功劳。

(2) 文本生成。在自然语言处理领域，生成模型可以用来创作文章、写诗或者生成对话。像现在聊天的 AI 助手，背后就有生成模型的支持，它能根据上下文来生成合理的回答。

(3) 数据增强。在某些情况下，训练数据可能比较稀缺。生成模型可以用来合成新的数据样本，帮助增加训练集的多样性，提高模型的性能。例如，生成更多的虚拟手写数字来训练一个手写数字识别系统。

(4) 风格迁移。生成模型还能做"风格迁移"的工作，例如，把一张普通的照片变成凡·高风格的画，或者把白天的风景图像转换成夜晚的样子。

2) 常见模型

生成模型有几种常见的类型，每一种都有它独特的生成方式。

(1) 生成对抗网络 (GAN)。它是近年来非常流行的一种生成模型。它由两个部分组成：一个生成器和一个判别器。生成器负责生成假的数据，判别器则负责判断数据是真是假。生成器和判别器不断对抗，生成器努力生成越来越真实的数据，以至于判别器无法分辨真假。最终，生成器能生成非常逼真的数据。例如，GAN 可以用来生成虚拟人脸图片，甚至编造从未存在的街景。这种对抗的方式让生成模型不断改进，最终生成的数据非常接近真实数据。

(2) 变分自编码器 (VAE)。它是一种基于概率的生成模型。VAE 通过学习数据的"潜在表示"来生成新样本。可以把 VAE 想象成一个压缩器，它把数据压缩到一个简化的版本，然后解压还原成原始数据的样子。在这个过程中，它学会了如何生成看起来合理的新数据。VAE 在生成连续的数据 (如图像、音频) 方面表现得很好，并且相比于 GAN 更容易训练和解释。

(3) 朴素贝叶斯生成模型。这是一种基于贝叶斯定理的生成模型。它假设所有特征是独立的 (虽然这个假设有时不太准确)，然后根据这些特征生成新数据。朴素贝叶斯生成模型通常用于分类任务，但也可以用来生成数据。

　　生成模型就像是数据的"创造者"，它们通过学习已有的数据，生成新的数据样本。这些模型在图像生成、文本生成、数据增强等方面有着广泛的应用。通过不断改进和发展，生成模型正在逐渐突破极限，生成越来越逼真的数据，不论是在虚拟世界中创造图像，还是在现实应用中增强数据，都展现出了巨大的潜力。生成模型让机器学习不仅能"理解"数据，还能"创造"数据，为人们打开了通往无限可能的大门。

2.4　神经网络

2.4.1　神经网络的定义

　　神经网络，一般指人工神经网络，是一种通过对生物神经系统的神经元网络进行抽象，将基本的神经元按照一定关系组织、连接起来实现的机器学习模型。其中，神经元是神经网络模型的基本单元，每个神经元只具备如加权求和等简单的功能。

　　神经网络是机器学习模型的一种，其核心目标是抽象、模拟生物的神经系统，它是人工智能连接主义的重要代表。神经网络模型具有极高的灵活性，将其基本组成单元——神经元按照不同的方式进行连接时可以组成各种具有不同性质、适用于不同任务的神经网络。神经网络是目前最为成功的机器学习模型之一，在人们的生活中，大多数运用人工智能的场景中都有神经网络模型的存在。

2.4.2　神经网络的基本单元

　　在生物的神经网络中，神经元上会产生兴奋，并传递到其他相连的神经元中。1943年，心理学家沃伦·S.麦卡洛克（Warren S. McCulloch）和数学家沃尔特·皮茨（Walter Pitts）将此场景抽象[24]，提出了一直沿用至今的"M-P（McCulloch-Pitts）神经元模型"。

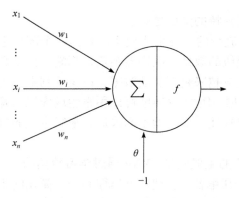

　　如图2-8所示，在M-P神经元模型中，一个神经元接收来自 n 个其他神经元的输入信号，并通过一定的权重将输入值汇总后与阈值比较，再通过激活函数处理，输出最终的结果。这一过程可以表示为

$$y = f\left(\sum_{i=1}^{n} w_i x_i - \theta\right)$$

其中，f 代表不同的激活函数。

图2-8　M-P神经元模型

　　理想中的激活函数是图2-9（a）展示的阶跃函数，其在输入大于或等于0时输出"1"，输入小于0时输出"0"；然而阶跃函数的数学性质不利于神经网络模型的训练（例如，零点处不可导，其余处导数为0，无法通过反向传播更新网络权重，输出非0即1，范围

有限，拟合能力不好等），因此通常使用其他函数，如图 2-9(b)所示的 sigmoid 函数，作为神经网络的激活函数。

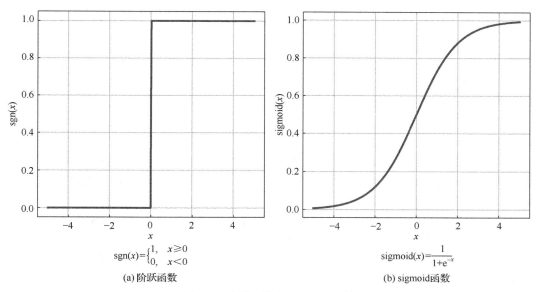

$$sgn(x)=\begin{cases}1, & x\geqslant 0 \\ 0, & x<0\end{cases}$$

(a) 阶跃函数

$$sigmoid(x)=\frac{1}{1+e^{-x}}$$

(b) sigmoid 函数

图 2-9　阶跃函数和 sigmoid 函数

把多个这样的神经元按照一定的层次结构连接起来，就得到了神经网络；当研究多个神经元模型构成的神经网络时，在数学上可以将其看作若干个函数嵌套而形成的复合函数。

2.4.3　神经网络的早期模型

感知机是一个能够通过学习算法进行模式识别的单层神经网络模型，也是最早的神经网络模型之一。以单层处理二元逻辑的感知机（图 2-10）为例，输入层接收输入信号，传递到由 M-P 神经元充当的输出层进行处理，这一简单的结构能轻易地实现与、或、非等基本的逻辑运算，并通过梯度下降法对参数进行优化，达到"学习"的效果。

根据前面提到的公式，可以将感知机模型抽象为

$$y = f(w_1x_1 + w_2x_2 - \theta)$$

同时，采用阶跃函数作为这一网络的激活函数 f：对非负输入，输出 1；反之，输出 0。

如图 2-11 所示，以基本的与、或、异或三种关系为例，直观地感受这一简单模型的效果与局限。假定模型只能取 0 或 1 作为输入。

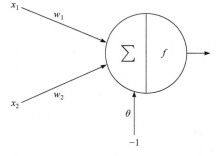

图 2-10　感知机

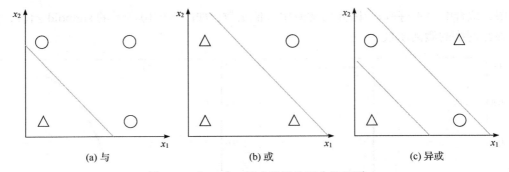

图 2-11　与、或、异或的线性可分性区别

对于关系"与"，令 $w_1 = w_2 = 1$，$\theta = 2$，当且仅当 $x_1 = x_2 = 1$ 时，输出为 1；对于关系"或"，令 $w_1 = w_2 = 1$，$\theta = 0.5$，当 x_1、x_2 中存在一个输入为 1 时，输出为 1；对于关系异或，无论如何调整 w_1、w_2 和 θ 的值，都无法通过单层感知机模拟。

感知机的权重和阈值都可以通过对训练数据集的拟合学习得到，若感知机对训练样本预测正确，则感知机的权重将保持不变，否则将根据错误的程度对权重进行调整。

感知机只在输出层神经元进行激活函数处理，其学习能力十分有限。马文·明斯基证明了单层感知机无法处理非线性可分问题，如前面提到的异或问题。

2.4.4　神经网络的优化算法

当神经网络层数加深时，其对数据集的拟合能力将极大增强，但原有的训练方式不再适用，需要更为强大的算法进行训练。杰弗里·辛顿等提出基于反向传播算法对神经网络进行训练，有效利用梯度解决了深度神经网络的训练问题。

这一方法的核心思想是利用复合函数求导的链式法则，在每一次迭代中通过梯度下降法对参数进行更新。

对于网络中任意一个参数 w，记约束优化的损失函数为 E_k，则其更新方式为

$$w \longleftarrow w + \Delta w$$

$$\Delta w = -\eta \frac{\partial E_k}{\partial w}$$

其中，η 为学习率，用来控制参数更新的步长；$\partial E_k / \partial w$ 为损失函数的梯度，是网络中参数更新的主要依据。在神经网络中，通过链式求导法则，从输出层开始逐层求偏导数得到。由于梯度的计算是从神经网络的输出层开始逐层向输入层计算，与神经网络输入数据时的计算方向相反，故称为"反向"传播。

由于链式求导的逐项相乘，如果神经网络每一层的梯度都很小，如 sigmoid 函数在输入值的绝对值较大时，梯度几乎为 0，则可能导致网络深层处的梯度极小，网络参数更新步长极小，这称为梯度消失问题；反之，若多个梯度较大的层堆叠导致梯度极大，则称为梯度爆炸问题。这两个问题是神经网络训练中面临的重要挑战。

2.4.5 常见的神经网络模型

给定若干神经元，可以将每个神经元作为一个节点，将其按照不同的网络连接拓扑组成不同的神经网络模型。下面将介绍三种常见的神经网络模型。

1. 前馈神经网络

前馈神经网络，又称多层感知机，将给定的神经元分为若干层，其中每一层的神经元接收前一层神经元输出的信号，并产生信号输出到下一层。其中，第 1 层为输入层，最后一层为输出层，网络中间其他层为隐藏层，整个网络中无反馈，信号从输入层到输出层单向传播，图 2-12 给出了一个前馈神经网络的示例。

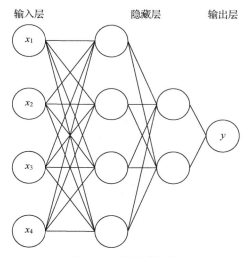

图 2-12　多层感知机

在前馈神经网络中，这种每一个神经元都接收上一层所有神经元的输出，并且将输出的值输入下一层每个神经元的连接方式一般称为全连接，这样组织的网络层一般称为全连接层。

2. 卷积神经网络

多层感知机在对二维图像进行处理时往往表现并不十分理想。因此，在图像处理中，通常使用引入了卷积和池化操作的卷积神经网络。

卷积是在信号处理中常用的一种运算，用于计算信号的延迟累积，这一运算也常被用在图像处理中。对于一幅图像 $X \in \mathbb{R}^{M \times N}$ 和一个滤波器（卷积核）$W \in \mathbb{R}^{U \times V}$（一般而言，$U \ll M, V \ll N$），其卷积为

$$y_{ij} = \sum_{u=1}^{U} \sum_{v=1}^{V} w_{u,v} x_{i-u+1, j-v+1}$$

池化层（pooling layer），也称为下采样层（subsampling layer），用于进行特征选择，

降低特征数量，减少参数量；池化指将图像划分为若干区域，每个区域得到一个值，作为这个区域的概括。常用的池化方式有两种，即最大池化（max pooling）和平均池化（mean pooling），其分别通过区域内的最大值和平均值代表整个区域的信息。图 2-13 展示了卷积和池化的过程。

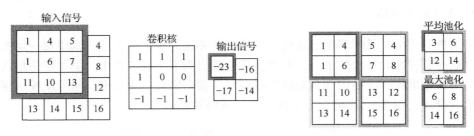

图 2-13　卷积和池化

卷积神经网络通常由卷积层、池化层、全连接层组成。LeNet-5[10]是早期十分成功的一个卷积神经网络模型，其结构如图 2-14 所示，包括 3 个卷积层、2 个池化层、1 个全连接层和 1 个输出层。

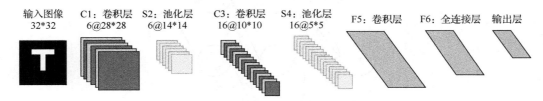

图 2-14　LeNet-5 网络结构示意

3. 循环神经网络

前馈神经网络中信息的传递是单向的，但是很多任务中，网络的输出不仅和当前的输入有关，也和之前一段时间的输出有关，且前馈神经网络要求输入的长度是固定的，很难处理时序数据。循环神经网络是一种具有短期记忆能力的神经网络，神经元不仅可以接收其他神经元的信息，也能接收自身之前的状态。

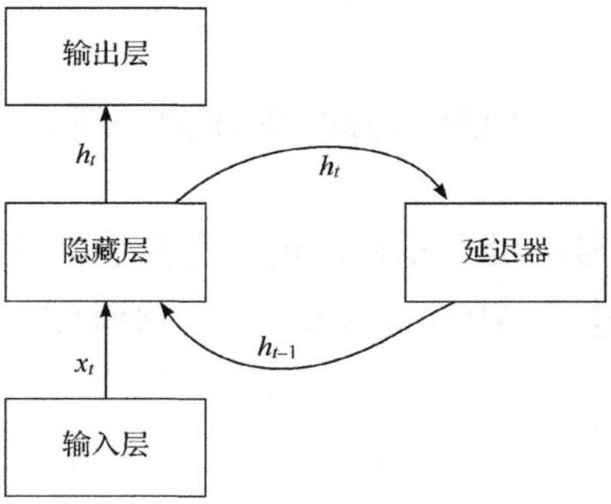

图 2-15 展示了循环神经网络的基本结构，其采用包含自反馈机制的神经元，能够处理任意长度的时序数据。其中，"延迟器"记录神经元最近一次或几次的输出值，这一值常常称为隐状态（hidden state），并和输入信号一起进入隐藏层进行处理。

通过引入"隐状态"，循环神经网络获得了一定的记忆能力，其计算能力十分强大。理论上，循环神经网络可以近似任意的非线性动力系统。

图 2-15　循环神经网络

2.5　深　度　学　习

2.5.1　深度学习的定义

深度学习是机器学习的一个子领域，它的核心目标是通过神经网络(通常是多层网络)来学习数据的表示。传统的机器学习算法通常需要人为提取特征，这些特征依赖领域专家进行设计。而深度学习可以自动从数据中学习这些特征，尤其擅长处理大规模、复杂的数据，如图像、语音和文本。其核心特点为：①多层结构，深度学习模型往往由多层神经元组成，因而能够逐层提取数据的不同层次的特征；②特征自动学习，与需要手工设计特征的传统机器学习算法不同，深度学习可以自动学习特征，不需要人为干预；③大规模数据训练，深度学习模型在处理大规模数据时表现尤为出色。

2.5.2　深度学习的历史背景

要理解深度学习的现状，需要回顾它的历史发展，理解其从理论构想到实际应用的演变。深度学习的起源可以追溯到人工神经网络的研究，但由于早期计算能力的限制，深度学习的潜力未能完全发挥。直到 21 世纪初，计算能力的提升、数据的爆炸式增长以及算法的优化，才推动了深度学习的发展。

1. 神经网络的起源

1943 年，M-P 神经元模型被提出，它是基于生物神经元的启发，旨在模拟生物神经系统的计算原理。M-P 神经元模型虽然简单，但它揭示了神经网络的基本思想，即通过输入信号的加权求和来做出决策。1957 年，弗兰克·罗森布拉特提出了感知机模型，这是第一个基于神经网络的实际可操作的分类器。感知机可以处理线性可分的数据，然而它的局限性也非常明显，感知机无法处理线性不可分的问题。这种局限性在 1969 年被马文·明斯基指出，导致了神经网络研究进入低潮期。

2. 反向传播的突破

神经网络的一个重大突破是 1986 年反向传播算法的提出，由大卫·鲁梅尔哈特、杰弗里·辛顿等推广。反向传播算法允许通过误差逐层反向传播，调整神经网络的权重，从而实现对多层神经网络的有效训练。这个突破让神经网络重回研究者的视野。反向传播算法的一种经典应用是手写数字识别任务。在这一任务中，输入的是 28 像素 × 28 像素的手写数字图像，输出是对应的数字类别。通过多层神经网络和反向传播算法，模型可以自动调整参数，实现高精度的识别。尽管反向传播算法的提出解决了神经网络的训练问题，但受限于当时的计算能力和数据规模，神经网络并未得到大规模应用。

3. 深度学习的爆发

深度学习真正爆发是在 2012 年，当时的 AlexNet 模型在 ImageNet 大规模视觉识别挑战赛(ImageNet large scale visual recognition challenge，ILSVRC)中取得了显著突破，

其中，ImageNet 是一个包含超过 1000 万张标注图像的大规模图像数据集，涵盖了上千个不同的类别。AlexNet 的成功得益于 ImageNet 的海量数据，帮助模型学习到更加丰富的特征表示。这种数据集的规模是传统机器学习算法难以处理的。针对具体网络结构而言，AlexNet 是一个具有 5 个卷积层和 3 个全连接层的深度卷积神经网络，相比于传统的手工设计特征的图像分类算法，它将 Top-5 的错误率降低了一半，引发了视觉领域的"深度学习革命"。

4. 深度学习的进一步发展

除了图像识别领域，深度学习在自然语言处理 (NLP) 领域的进展同样引人注目。传统的 NLP 方法主要依赖手工设计的特征或规则，而深度学习通过神经网络自动学习文本表示，取得了显著的进展。2013 年，米科洛夫 (Mikolov) 等提出的 Word2Vec 模型[25]通过神经网络学习词向量表示，将词汇映射到一个连续的向量空间中。这使得深度学习可以处理词语的语义相似性问题，例如，"国王"和"王后"之间的关系，可以通过向量的计算表示出来。2017 年，Transformer 模型引入了自注意力机制，实现了对序列数据 (如文本) 的高效处理。与传统的循环神经网络 (RNN) 不同，Transformer 模型通过计算序列中不同词之间的依赖关系，并行处理序列数据，大幅提升了模型的性能。Transformer 模型的成功推动了之后的 BERT、GPT 等预训练模型 (pre-trained model，PTM) 的发展，使得自然语言处理领域进入了新的阶段。

2.5.3　深度学习的三大驱动因素

深度学习的爆发得益于以下三大驱动因素。

(1) 计算能力的提升：现代深度学习模型往往需要大量计算资源。随着 GPU、TPU 等硬件的快速发展，深度学习模型得以在短时间内处理海量数据并进行高效训练。深度学习的成功得益于 NVIDIA 推出的 CUDA 架构，这使得研究者能够利用 GPU 的并行计算能力，显著加速模型的训练过程。随着 NVIDIA 的 GPU 性能不断提升，深度学习的训练时间大大缩短。

(2) 大规模数据集的出现：深度学习模型依赖于大规模数据进行训练。在许多领域 (如图像、语音、文本)，大数据的获取变得越来越容易，从而为深度学习提供了丰富的训练资源。ImageNet 是计算机视觉领域的重要数据集，而 COCO 数据集则进一步提供了更复杂的场景和标注，这些大规模数据集使得模型可以在更具挑战性的任务上取得优异表现。

(3) 算法的优化：随着深度学习算法的改进，如反向传播算法的优化、激活函数的选择、正则化技术的引入等，深度学习模型的表现越来越好。Adam (adaptive moment estimation) 是一种结合了动量和自适应学习率的优化算法，减少了训练时间。

2.5.4　深度学习的关键技术

1. ResNet：深度网络的可训练性

随着深度学习的发展，研究者们逐渐发现，增加神经网络的层数可以让模型提取到更加复杂和高级的特征。然而，虽然理论上网络越深越好，但实际训练时却遇到了棘手的问题：梯度消失和梯度爆炸。这意味着，随着网络的层数不断加深，早期层中的梯度会在反向传播时逐渐变得极其微小，甚至接近零，这导致这些层几乎无法被训练。换句话说，如果想要搭建一个非常深的网络，希望它能够捕捉到更多的图像细节和复杂的模式，那么传统的深度网络在训练时会变得非常难以优化。训练越深的网络，性能反而可能变得越差。这就像盖高楼，如果想建一座几十层甚至上百层的摩天大楼，必须确保每一层的结构都很稳固，否则大楼可能会塌陷。ResNet（残差网络）的诞生，就是为了解决这个问题。通过一种称为跳跃连接（skip connection）的新技术，ResNet 使得训练极深的网络成为可能。

ResNet 的核心思想非常简单，但效果惊人。它提出了一种全新的结构，即残差块（residual block），通过让网络跳过一些层的计算，直接将输入信息传递到后面的层。这一跳过的路径称为残差连接，它像是为深层网络增加了一条"捷径"，帮助信息在网络中更好地流动。用一个生活中的类比来理解。假设你正在建造一座极其复杂的迷宫（相当于一个深层神经网络），如果每一步都要深入到迷宫的每个角落，你可能会迷失方向，无法找到出口。这时，如果在迷宫中有一些"捷径"——通向出口的直接通道，那么你就可以更轻松地到达终点。这些捷径不会阻碍你探索迷宫的过程，但它们能确保你不会迷路。对于神经网络来说，残差连接的作用类似于迷宫中的捷径。它允许某些层跳过一些复杂的计算，直接将前一层的信息传递到后面的层中。这意味着即使深层网络中的某些层没有学到新的东西，信息也不会丢失，可以直接跳过没有起作用的层。这样，网络就可以避免梯度消失的问题，使得深层网络依然可以正常工作。

ResNet 的成功不仅限于学术界，它很快被应用于多个实际场景。ResNet 在图像识别任务中的表现异常出色，尤其是在 ImageNet 比赛中大放异彩。它的准确率大幅提高，不仅击败了所有竞争对手，还把图像识别的准确率提升到了一个全新的高度。ResNet 也被应用于目标检测任务中，例如，在自动驾驶领域，帮助车辆识别道路上的行人、车辆和交通标志。通过深层网络的强大特征提取能力，ResNet 能够在复杂的场景中准确识别出多个物体的位置和类别。在医学领域，ResNet 也被广泛应用于医学影像分析中。在分析 CT 或 MRI 扫描时，ResNet 可以帮助医生更准确地识别病灶位置，辅助疾病的诊断。

2. Transformer：自然语言处理的新纪元

在深度学习彻底改变图像处理领域后，研究者们也开始探索如何将这些技术应用于自然语言处理（NLP），即让计算机理解和生成人类语言。然而，语言的复杂性远超图像，因为语言不仅是字面上的符号，它还包含着语法、语义、上下文甚至潜在的情感。

在 Transformer 出现之前，自然语言处理的主流方法是基于 RNN 和 LSTM。这些网络的结构擅长处理顺序信息，例如，时间序列数据或句子中的单词，因为它们可以逐个处理输入，保留前面部分的信息以传递到后面部分。然而，RNN 和 LSTM 有一个共同的缺点：它们难以并行处理数据，因此在面对大量文本时，效率低下。而且，RNN 在处理长句子时，早期的词汇信息往往会逐渐消失，难以保留远距离词之间的关系。

Transformer 的结构看似复杂，但它的核心思想其实很简单：让模型在处理语言时，可以同时关注句子中所有单词之间的关系。为了实现这一点，该模型引入了三大重要组件：自注意力机制、位置编码和编码器-解码器架构。

1) 自注意力机制：让模型"看全局"

在传统的 RNN 或 LSTM 中，模型像在读书一样，一次只能读一个单词，并且需要记住之前读过的内容，这对于长句子来说非常不方便。而 Transformer 中的自注意力机制，则像是在读书时使用了一种"超能力"——它可以在每次读一个单词时，立刻同时查看整个句子中的其他单词，并根据这些单词之间的关系来判断每个单词的重要性。例如，假设你在处理一句话："我喜欢吃苹果，因为它很甜。"这里的"它"指的是"苹果"，但在传统的 RNN 中，由于单词是顺序处理的，模型可能在遇到"它"时，已经"忘记"了前面提到的"苹果"。而自注意力机制则不同，它允许模型在处理"它"时，立即回头查看"苹果"这个单词，从而准确理解"它"的指代对象。这就是自注意力机制的强大之处：它让模型能够自由地在句子中找到相关的单词，建立起远距离单词之间的联系，而不受句子长度的限制。

2) 位置编码：告诉模型单词的顺序

虽然自注意力机制能够让模型"全局看"句子中的所有单词，但它并没有顺序意识，也就是说，模型无法知道单词之间的先后关系。然而，在语言中，顺序往往非常重要，例如，在句子"猫在椅子上"和"椅子在猫上"之间，单词相同但意思完全不同。为了解决这个问题，Transformer 引入了位置编码（positional encoding），在每个单词旁边加上一个"标签"，告诉模型它在句子中的位置。通过这种方式，模型不仅能理解单词之间的关系，还能知道它们在句子中处于什么顺序。例如，在看地图时，不仅知道城市的位置，还能知道每个城市的先后顺序，这对于理解句子的含义非常重要。

3) 编码器-解码器架构：信息的编码与解码

Transformer 的整体架构分为两个部分：编码器（encoder）和解码器（decoder）。在处理语言时，编码器的任务是将输入的句子转化为一种内部的"理解表示"，而解码器则负责根据这种表示生成输出。例如，在机器翻译任务中，编码器负责将英文句子转化为某种抽象的理解，然后解码器根据这种理解生成对应的法语句子。这个过程就像是人们在听完一句话后，先在脑海中形成一种理解，再根据理解做出回应。编码器和解码器之间通过注意力机制连接在一起，确保生成的句子能够正确反映输入句子的意思。

Transformer 最早的应用之一就是机器翻译。通过编码器-解码器架构，Transformer 可以轻松处理语言之间的翻译任务，并且由于它的并行计算能力，能够更高效地处理大规模的翻译数据集。相比传统的 LSTM，Transformer 在准确率和翻译速度上都有显著提升。Transformer 最初是为自然语言处理设计的，但研究者们很快发现它在图像处理领域也有巨大的潜力。通过将自注意力机制应用于图像块（patch）的处理，ViT 模型成为图像分类任务中的一个强大模型。此外，Transformer 还被应用于多模态学习，即同时处理多种类型的数据，如文本和图像。这使得模型可以在复杂场景下整合不同来源的信息，例如，在自动驾驶、医疗诊断等领域，结合视觉和文本数据做出更智能的决策。Transformer 不仅在自然语言处理领域引发了变革，还为深度学习领域带来了新的思考方式。它的成功展示了自注意力机制在捕捉信息和建立联系方面的强大能力，让研究者们意识到，语言的理解不仅依赖于字面上的信息，还需要把握上下文和语境。

2.6　预训练模型

　　利用深度学习自动学习特征的方法，正逐步取代人工构建特征和传统统计的方法。然而，深度学习模型的一个核心挑战是需要大量标注数据，否则容易因参数过多导致过拟合。为此，研究者为各类 AI 任务构建了许多高质量的数据集，但这种方法不仅成本高昂，而且数据规模往往不足。因此，如何在有限标注数据下高效训练深度学习模型，成为一个长期以来备受关注的研究问题。迁移学习的出现是这一领域的重要里程碑，它受到人类学习的启发，不再依赖从零开始的大规模训练，而是通过少量样本快速解决问题。迁移学习包括两个阶段：预训练和微调。在计算机视觉领域，基于 ImageNet 的预训练模型通过少量下游任务数据的微调，取得了显著效果，这是预训练模型第一次被广泛探索。在自然语言处理领域，自监督学习成为预训练的核心方法，它利用文本的内在关联作为监督信号，取代人工标注。早期的浅层预训练模型，如 Word2Vec 和 GloVe，着重于学习词语义的表征，但由于每个词使用固定稠密向量，故而难以有效处理一词多义问题。随后，研究者引入循环神经网络来捕捉上下文信息，但受限于模型规模和深度，其表现仍显不足。2017 年，Transformer 架构成为语言模型的新标准，2018 年的 GPT 和 BERT 更是引领了 NLP 预训练模型的新时代。这些模型参数量巨大，能够捕捉一词多义、词法、句法结构及现实知识，通过少量样本的微调即可在下游任务中表现卓越。如今，大规模预训练模型微调已成为行业标准。然而，尽管成果显著，我们仍然无法完全理解这些庞大模型的参数本质，同时其高昂的训练成本也限制了进一步探索的可能性。预训练模型的发展为人工智能研究带来了前所未有的机遇，也将研究者推向了新的十字路口。

2.6.1　预训练模型的作用

　　预训练模型在现代机器学习和深度学习中扮演着至关重要的角色。首先，它们通过在大规模数据集上进行训练，学习到通用的特征表示，从而显著加速了特定任务的训练过程。由于预训练阶段的模型参数已接近最优状态，微调时模型能够迅速收敛，这使得针对具体任务的优化更加高效。预训练模型的另一个优势是显著提升了下游任务的性能。在预训练阶段，模型能够从海量数据中提取多种通用特征。例如，在自然语言处理任务中，BERT 等预训练模型通过学习语言的上下文关系，在文本分类、问答系统等任务中表现优异。这种性能提升主要归功于模型在预训练阶段积累的广泛知识，使其在新任务中能够更高效地利用这些已学知识。此外，预训练模型为迁移学习奠定了坚实的基础。在迁移学习中，研究者可以将预训练模型的参数迁移到新的相关任务上，从而充分利用大规模数据中学习到的知识。这种方法在目标任务数据量较少时尤为有效，因为它既提升了模型在新任务上的性能，又减少了对大量标注样本的依赖。预训练模型还显著增强了模型的泛化能力，即在未见过的数据上表现良好的能力。通过在多样化的数据集上进行预训练，模型能够学习输入数据的普遍模式，从而降低过拟合风险。例如，一个在多种语言文本上预训练的模型，能够更有效地处理未见过的文本数据，而不局限于训练集中的特定样本。这种泛化能力使预训练模型在实际应用中更具鲁棒性，能够适应多种现实场景。总体来说，预训练模型在加速训练、提升任务性能、解决数据不足问题、支持迁移学习以及增强泛化能力等方面发挥了不可替代的作用。随着研究的不断深入，预训练模型的应用范围将更加广泛，进一步推动机器学习技术的发展。

2.6.2　预训练模型的分类

预训练方式可以分为监督预训练、无监督预训练和自监督预训练。

1. 监督预训练

监督预训练是一种依赖带标签数据集的训练方法，模型通过学习输入数据与其对应标签之间的关系，从而掌握特定任务的特征映射能力。这个过程通常包括几个关键步骤。首先是数据集的准备。监督预训练需要一个大规模的标注数据集，这些数据集为模型提供了明确的学习目标。例如，在图像分类任务中，常用的 ImageNet 数据集包含超过一千万张标注图像，涵盖了上千个类别。每个标签对应着输入数据的真实类别，使模型能够在训练中逐步理解输入特征与标签之间的映射关系。类似地，在自然语言处理任务中，大规模标注文本数据集则为模型的语言特征学习奠定了基础。接下来是模型训练阶段。模型通常使用交叉熵损失函数等来度量其预测输出与真实标签之间的差异。通过优化算法，如 Adam 或 SGD（stochastic gradient descent），模型的参数不断调整以最小化损失函数。这一过程不仅让模型学会如何提取关键特征，还使其能够准确地将这些特征映射到相应的标签类别上。例如，在图像任务中，卷积神经网络能够通过监督预训练学会识别边缘、纹理、形状等低级特征，并进一步捕捉更复杂的模式，如物体结构和语义信息。而在文本任务中，基于 Transformer 的架构则可以学习到词法、句法以及语义层面的丰富特征。经过监督预训练的模型，往往在多个下游任务中表现优异。它们不仅具备较强的特征提取能力，还能够通过少量调整迅速适应新任务需求。这种优势使监督预训练成为深度学习中不可或缺的技术。 总结来说，监督预训练通过充分利用大规模标注数据，帮助模型学习输入数据与标签之间的映射关系，为特定领域任务提供强大的支持。监督预训练方法已在多个领域取得了显著成功，尤其是在计算机视觉和自然语言处理任务中。得益于监督预训练，如目标检测、图像分割、情感分析以及问答系统等任务的性能得到了显著提升，进一步推动了人工智能技术的广泛应用和发展。

2. 无监督预训练

无监督预训练是一种利用未标注数据进行训练的方法，不依赖标签信息，而是通过捕捉数据的潜在结构和模式来学习有用的特征。这种方法特别适用于标注数据稀缺的场景，其核心在于通过数据本身的内在关联推动特征学习。无监督预训练的首要环节是数据集准备。这类方法可以充分利用大规模的未标注数据集，例如，从互联网获取的文本、图像或音频数据。这些数据通常无须任何人工标注，显著降低了数据成本。同时，大规模无标注数据的多样性和丰富性也为模型学习更加通用和泛化的特征提供了条件。无监督预训练的目标不是直接预测标签，而是通过设计特定的学习任务来捕捉数据的潜在特征。这些任务通常围绕数据的重建、关系捕捉或隐含表示的学习展开。例如，自编码器通过将输入压缩到低维空间并尝试重建原始输入，从而学习数据的内在结构。而诸如 Transformer 的语言模型(如 BERT 和 GPT)则通过预测句子中的缺失词或生成下一个词的方式，学习文本中的语义和句法模式。无监督预训练通过利用海量未标注数据，挖掘数据内在的模式和结构，为特征学习提供了一种有效途径。它不仅降低了对人工标注的依赖，还推动了特征表示的广泛应用。在自然语言处理和计算机视觉等领域，无监督预训练已成为重要的方法论之一，并在推动人工智能技术发展中发挥了重要作用。

3. 自监督预训练

自监督预训练是一种特殊的预训练方法，通过设计自我生成的任务，利用输入数据本身生成伪标签进行训练，从而帮助模型学习深层次的特征表示。与无监督学习关注数据模式和结构不同，自监督预训练专注于通过模拟监督任务，让模型从数据中提取丰富的特征。这种方法不仅避免了对人工标注的依赖，还能充分利用海量未标注数据。自监督预训练的关键在于数据集和任务设计。它通常依赖大规模未标注的数据集，例如，从互联网获取的文本、图像或视频数据。这些数据无须人工标注，而是通过预定义的任务自动生成伪标签。例如，在文本处理中，可以通过掩盖句子中的某些词并要求模型预测缺失词(如 BERT 的"掩码语言模型"任务)来模拟监督学习。在图像处理中，模型可以通过预测图像的旋转角度、修复被遮挡的区域或者对图像块进行排序等任务来学习特征。这样的训练目标使模型能够捕捉输入数据的上下文关系和潜在结构。通过自监督预训练，模型能够学习到更丰富、更具表现力的特征表示。这种特征表示超越了传统无监督方法的浅层模式提取能力。例如，在文本处理中，自监督预训练的模型能够掌握语言的深层语义和句法规则；在图像处理中，模型可以学到物体的形状、纹理及其空间关系。这些特征为后续下游任务提供了强大的支持。自监督预训练的一个重要优势是其适应性强，尤其适合标注数据稀缺的场景。模型经过自监督预训练后，具备良好的初始化参数，在特定任务上进行微调时能够快速收敛，提高学习效率。这种方法极大地降低了对大规模标注数据的依赖，同时提升了模型在新任务上的泛化能力。自监督预训练的应用已在多个领域取得显著成功。在自然语言处理领域，BERT 和 GPT 等模型通过在大规模未标注文本数据上预训练，掌握了语言的语义和上下文特征，在情感分析、文本生成和问答系统等任务中表现优异。在计算机视觉领域，SimCLR 和 MoCo 等方法通过对比学习任务，在图像分类、检索等任务上也取得了良好的效果。相比监督和无监督预训练，自监督预训练独特的任务设计和伪标签生成方法使其在充分利用数据的过程中更具优势。它不仅避免了对人工标注的依赖，还为模型提供了强大的特征提取能力，已成为当前深度学习领域的关键预训练方法之一。

2.6.3 预训练模型与训练模型的本质区别

预训练模型与训练模型的本质区别体现在目标、数据集以及特征侧重等多个方面。

预训练阶段的主要目标是学习通用的特征表示，这一阶段通常使用大规模的无标签数据集，通过捕捉数据中的一般模式和结构，为模型在多种任务上的应用奠定基础，增强其泛化能力。这种通用性使预训练模型在后续的任务中具备初步的知识储备和理解能力。相对而言，训练阶段则专注于特定任务的优化。此时，模型利用有标签的数据集，根据具体任务的目标函数（如分类准确率或回归误差）进行参数调整。通过监督学习方法，训练阶段将预训练中获得的通用知识具体化，以满足目标任务的需求。在数据集使用上，预训练阶段主要依赖于大规模无标签数据，如数百万张图像或互联网海量文本，这些数据为模型提供了丰富的信息以学习普遍特征。而训练阶段则使用明确标注的任务数据，每个样本都附有标签，用于引导模型学习输入与输出目标之间的关系。在特征侧重方面，预训练模型通过无监督或自监督学习，提取出数据的通用特征，为后续任务提供良好的初始化参数。在训练阶段，这些参数通过进一步调整，使模型更适应具体任务的需求。预训练阶段提供了广泛的基础能力，而训练阶段则是将这些能力应用于特定任务，从而完成模型的精细优化。

2.6.4　迁移学习

预训练模型的一个主要目标是支持迁移学习。迁移学习是一种机器学习策略，通过将一个任务中学到的知识迁移到另一个相关任务中，来提高新任务的学习效率和性能。然而，这种策略通常基于一个前提假设：训练数据和迁移数据的分布相同。如果这一假设不成立，则训练集上学到的模型在迁移数据集上的表现可能会大打折扣。在许多实际应用场景中，标注数据的获取成本非常高，往往难以为目标任务准备足够多、与其分布完全一致的训练数据。为解决这一问题，迁移学习提出了一种新的思路：如果一个相关任务已经拥有大量的训练数据，即使这些数据的分布与目标任务有所不同，由于其规模较大，也可以假设其中包含某些能够泛化的知识。这些知识在目标任务中可能仍然具有一定的帮助。迁移学习的核心目标就是探索如何将相关任务中的可泛化知识迁移到目标任务上，使得模型能够在目标任务上表现更为优异。迁移学习不仅有效解决了数据不足问题，还在多个应用场景中展现了强大的适应性。例如，在自然语言处理和计算机视觉中，预训练模型通过在大规模数据集上的训练，学习到广泛适用的特征表示，这些表示随后可以迁移到许多下游任务上，通过微调迅速达到良好的性能。迁移学习的成功显著降低了对标注数据的依赖，为机器学习在实际应用中的广泛普及提供了重要支持。

参 考 文 献

[1] 周志华. 机器学习[M]. 北京: 清华大学出版社, 2016.

[2] HEBB D O. The organization of behavior: a neuropsychological theory[J]. Journal of the American medical association, 1950, 143(12): 1123.

[3] ROSENBLATT F. The perceptron: a probabilistic model for information storage and organization in the brain[J]. Psychological review, 1958, 65(6): 386-408.

[4] WIDROW B, HOFF M E. Adaptive switching circuits[M]//Neurocomputing: foundations of research. Cambridge: MIT Press, 1988: 123-134.

[5] LINDSAY R K, BUCHANAN B G, FEIGENBAUM E A, et al. DENDRAL: a case study of the first

expert system for scientific hypothesis formation[J]. Artificial intelligence, 1993, 61(2): 209-261.

[6] WEIZENBAUM J. ELIZA—a computer program for the study of natural language communication between man and machine[J]. Communications of the ACM, 1966, 9(1): 36-45.

[7] SHORTLIFFE E H. MYCIN: a knowledge-based computer program applied to infectious diseases[C]. Proceedings of the annual symposium on computer application in medical care. Washington, 1977: 66-69.

[8] CORTES C, VAPNIK V. Support-vector networks[J]. Machine learning, 1995, 20(3): 273-297.

[9] HECKERMAN D. A tutorial on learning with Bayesian networks[M]//Learning in graphical models. Dordrecht: Springer Netherlands, 1998: 301-354.

[10] LECUN Y, BOTTOU L, BENGIO Y, et al. Gradient-based learning applied to document recognition[J]. Proceedings of the IEEE, 1998, 86(11): 2278-2324.

[11] ELMAN J L. Finding structure in time[J]. Cognitive science, 1990, 14(2): 179-211.

[12] HOCHREITER S, SCHMIDHUBER J. Long short-term memory[J]. Neural computation, 1997, 9(8): 1735-1780.

[13] KRIZHEVSKY A, SUTSKEVER I, HINTON G E. ImageNet classification with deep convolutional neural networks[J]. Communications of the ACM, 2017, 60(6): 84-90.

[14] MNIH V, KAVUKCUOGLU K, SILVER D, et al. Human-level control through deep reinforcement learning[J]. Nature, 2015, 518(7540): 529-533.

[15] CHO K, VAN MERRIENBOER B, GULCEHRE C, et al. Learning phrase representations using RNN encoder-decoder for statistical machine translation[J]. arXiv preprint arXiv: 1406. 1078, 2014.

[16] SIMONYAN K, ZISSERMAN A. Very deep convolutional networks for large-scale image recognition[J]. arXiv preprint arXiv: 1409. 1556, 2014.

[17] SZEGEDY C, IOFFE S, VANHOUCKE V, et al. Inception-v4, inception-ResNet and the impact of residual connections on learning[C]. Proceedings of the thirty-first AAAI conference on artificial intelligence. San Francisco, 2017: 4278-4284.

[18] GOODFELLOW I J, POUGET-ABADIE J, MIRZA M, et al. Generative adversarial nets[C]. Proceedings of advances in neural information processing systems. Montreal, 2014: 2672-2680.

[19] HE K M, ZHANG X Y, REN S Q, et al. Deep residual learning for image recognition[C]. Proceedings of the IEEE conference on computer vision and pattern recognition. Las Vegas, 2016: 770-778.

[20] SILVER D, HUANG A, MADDISON C J, et al. Mastering the game of go with deep neural networks and tree search[J]. Nature, 2016, 529(7587): 484-489.

[21] VASWANI A, SHAZEER N, PARMAR N, et al. Attention is all you need[C]. Proceedings of advances in neural information processing systems. Long Beach, 2017: 5998-6008.

[22] DOSOVITSKIY A, BEYER L, KOLESNIKOV A, et al. An image is worth 16×16 words: transformers for image recognition at scale[C]. Proceedings of the international conference on learning representations. Scottsdale, 2021.

[23] RADFORD A, KIM J W, HALLACY C, et al. Learning transferable visual models from natural language supervision[C]. Proceedings of the international conference on machine learning. PMLR, 2021: 8748-8763.

[24] MCCULLOCH W S, PITTS W. A logical calculus of the ideas immanent in nervous activity[J]. The bulletin of mathematical biophysics, 1943, 5(4): 115-133.

[25] MIKOLOV T, SUTSKEVER I, CHEN K, et al. Distributed representations of words and phrases and their compositionality[C]. Proceedings of advances in neural information processing systems. Long Beach, 2013: 3111-3119.

第 3 章

多模态人工智能

3.1 多模态人工智能概述

3.1.1 多模态人工智能的概念与作用

多模态人工智能是指人工智能系统能够综合处理和理解来自多种不同模态信息的能力。这些模态信息包括但不限于自然语言、图像、声音、视频等。其目标是融合不同模态信息，提升人工智能系统的感知、理解与决策能力，以适应复杂的现实世界。

相比于单一模态而言，不同模态的信息往往具有互补性，通过融合多种模态的信息可以弥补单一模态信息的不足，提高人工智能系统的性能和准确性。例如，在图像识别中，结合图像的视觉特征和与之对应的文本描述可以提高识别的准确性和鲁棒性。在自然语言处理中，结合语音和图像信息可以更好地理解语言的含义和语境。此外，多模态人工智能可以使人工智能系统更加接近人类的感知和理解能力。通过融合多种模态的信息，人工智能系统可以更好地模拟人类的认知过程，提高其智能水平和适应性。

多模态人工智能在生产生活及科学研究中的作用很重要，例如，智能语音助手结合语音和图像理解用户需求并准确回答；智能家居领域可分析多种数据实现智能化家居控制与安全监控；在自动化工业生产中，多模态传感器监测参数实现精准生产控制与质量检测；在生物学中结合多种数据为疾病诊断和治疗提供有力支持。

3.1.2 多模态人工智能的发展历程

在人工智能的早期发展阶段，相关研究工作主要集中在单一模态的信息处理上，如自然语言处理、计算机视觉和语音识别等。这些领域的研究为多模态人工智能的发展奠定了基础。随着技术的不断进步，人们开始尝试将不同模态的信息进行融合。例如，在图像标注中，结合图像的视觉特征和与之对应的文本描述，提高标注的准确性。在语音识别中，结合语音信号的声学特征和语言模型，提高识别的准确率。

深度学习的兴起为多模态人工智能发展带来了新的机遇。深度学习模型具有强大的表示能力和学习能力，可有效处理和融合多种模态的信息。例如，卷积神经网络在计算机视觉领域取得了巨大的成功，循环神经网络和长短时记忆网络在自然语言处理和语音识别中表现出色。研究人员开始探索如何将深度学习模型应用于多模态信息融合。例如，通过将图像和文本输入同一个深度学习模型中，实现图文融合的表示学习。在语音和图像融合方面，也出现了基于深度学习的方法，如视听融合的语音识别和图像描述生成等。

近年来，随着大规模数据集的出现和计算能力的不断提升，多模态大模型成为研究的热点。多模态大模型具有大规模参数和强大的表示能力，可以同时处理和融合多种模态的信息。例如，OpenAI 的 CLIP 模型[1](图 3-1)可以通过对比学习的方法，将图像和文本进行有效的融合，完成图像分类和文本生成等任务。此外，多感官智能也开始受到关注。多感官智能是指人工智能系统能够融合多种感官信息，如视觉、听觉、触觉、嗅觉等，实现更加全面的感知和理解。目前，多感官智能的研究还处于起步阶段，但已经展现出了巨大的潜力。

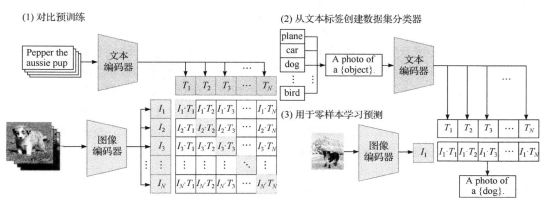

图 3-1　CLIP 模型

总之，多模态人工智能是人工智能发展的一个重要方向，它将为人们带来更加智能和便捷的生活。随着技术的不断进步，多模态人工智能的应用前景将越来越广阔。

3.1.3　多模态信息的组合方式

1. 早期融合(前端融合)

特征提取阶段融合不同模态信息，可采用数据层面直接合并或特征层面组合的方式，将多个独立数据表征融合为单一特征向量后输入机器学习分类器，让模型早期综合利用多模态信息，学习不同模态的相互关系与潜在联合特征表示，如图像和文本多模态任务早期融合时，模型能从其对应信息组合中学习。但多模态数据前端融合通常难以充分利用模态间的互补性，且原始数据含大量冗余信息，可能增加模型计算复杂度与过拟合风险。

2. 中间融合

中间融合是指先把不同模态数据转化为高维特征表达，再于模型中间层融合。以神经网络为例，中间融合需要先将原始数据转成高维特征表达，获取不同模态数据在高维空间的共性，可灵活选择融合位置，捕捉不同模态复杂关系与交互信息，更好地利用互补性。但中间融合实现较复杂，需要精心设计、调整模型结构与训练过程，保证不同模态特征有效融合。

3. 晚期融合（后端融合）

晚期融合通常对不同模态数据分别训练好的分类器输出打分（决策）予以融合。常见的后端融合方式有最大值融合、平均值融合、贝叶斯规则融合、集成学习等。融合模型的错误源于不同分类器，且这些错误通常互不相关、互不影响，不会累加。该方式较灵活，可依据不同模态特点选择合适的分类器独立训练后再融合，不过后期融合可能忽略不同模态在特征层面的交互关联，难以充分发挥多模态数据的优势。

3.1.4 多模态人工智能的挑战与未来发展趋势

多模态人工智能在发展过程中面临着诸多挑战。首先，数据标注困难，多模态数据的标注需要专业知识且耗费大量时间成本，不同模态之间的标注一致性也难以保证。其次，模态融合复杂性较高，不同模态之间的信息具有不同的特征和表示方式，如何有效地融合这些信息是一个难题。再者，多模态人工智能系统通常需要处理大量的多模态数据，对计算资源的需求非常大，训练一个多模态大模型需要大量的计算资源和时间成本。最后，伦理和安全问题不容忽视，多模态数据涉及用户的隐私和安全，保护用户的多模态数据不被泄露和滥用是重要的伦理和安全问题。

然而，多模态人工智能的未来发展趋势也十分令人期待。一方面，更加高效的融合算法将会不断涌现，能更好地处理不同模态之间的信息差异，实现更准确全面的跨模态理解。另一方面，多模态大模型将得到进一步发展和应用。这些模型将具有更大的规模和更强的表示能力，能够处理更加复杂的多模态任务。未来的多模态大模型可能会融合更多的模态信息，如嗅觉、味觉等，实现更加全面的感知和理解。

3.2 自然语言处理

3.2.1 自然语言处理的基本概念与特点

1. 基本概念

自然语言处理（NLP），作为人工智能领域中至关重要的一个分支，致力于让计算机能够理解、分析、生成人类的自然语言。从技术层面来看，自然语言处理涵盖了多个复杂的任务和流程。首先，它包括对文本进行分词操作，即将连续的文本分割成有意义的词语单元。例如，把"我今天去公园玩"这句话分词为"我""今天""去""公园""玩"。其次是词性标注（part-of-speech tagging，POS tagging），即确定每个词语的词性，如名词、动词、形容词等。在上述例子中，"我"是代词，"今天"是时间名词，"去"是动词，"公园"是名词，"玩"是动词。命名实体识别则是从文本中识别出特定的实体，如人名、地名、组织机构名等。句法分析旨在分析句子的语法结构，确定词语之间的句法关系。最后，语义理解则是深入理解文本的含义，包括词语的语义、句子的语义以及篇章的语义。通过这些任务的协同作用，自然语言处理系统能够逐步理解自然语言文本的内容和意图。

自然语言处理应用场景广，涉及智能问答系统、机器翻译、文本分类、情感分析、信息检索等领域。在智能问答系统中，用户提出自然语言问题，系统理解并搜索答案后以自然语言回复。机器翻译自动将一种语言文本翻译成另一种语言文本，助力交流合作。文本分类按主题或类别对大量文本分类，便于信息管理和检索。情感分析可剖析文本情感倾向，帮助企业了解用户反馈、开展市场调研。信息检索依据用户请求在大规模文本库中搜索相关信息，再以自然语言呈现给用户。

2. 自然语言的特点

1) 语言多样性

自然语言表达方式丰富，源于地区、文化背景及人群差异。全球不同国家和地区有独特的语言体系，且同一种语言会因地域产生差异，像英语，分英式、美式，在词汇、发音、语法方面有区别，中文存在粤语、吴语、闽南语等各具特色的方言。此外，不同人群使用的词汇、语法与表达方式也不同，如年轻人爱用网络流行语，老年人倾向传统表达。

2) 词汇丰富性

语言的多样性还体现在词汇的丰富性上。同一个概念可以用不同的词汇来表达，这为语言的表达增添了丰富的色彩和灵活性。例如，"高兴"可以用"开心""愉快""快乐"等词汇来表达；"美丽"可以用"漂亮""好看""迷人"等词汇来表达。这种词汇的多样性使得人们在表达自己的思想和情感时可以有更多的选择，同时也给自然语言处理带来了挑战，因为计算机需要理解这些不同词汇所表达的相同含义。

3) 歧义性

自然语言存在诸多歧义现象，导致句子可有多种解释，包括词汇歧义、句法歧义和语义歧义等类型。词汇歧义是指词汇有多种不同的含义。例如，"苹果"既可以指一种水果，也可以指一家科技公司。句法歧义是指句子的语法结构可以有多种解释。例如，"我去上课"这句话，既可理解为"我去教室上课"，也可理解为"我去给别人上课"。语义歧义是指句子的语义可以有多种不同的理解。为了解决歧义问题，自然语言处理技术通常采用多种方法，如基于统计方法、基于规则的方法和基于深度学习的方法等。这些方法通过分析大量的文本数据，学习语言的模式和规律，从而提高计算机对歧义句子的理解能力。

4) 上下文依赖

自然语言理解依赖上下文环境，同一句子因可有不同含义，其涵盖前后文、篇章主题、说话人背景等因素。例如，"他去了银行"这句话，如果上下文是在讨论金融业务，那么"银行"可能指的是金融机构。上下文依赖也体现于语言连贯性，前后句存在逻辑与语义联系，阅读理解中计算机需结合上下文把握文章主旨及细节，例如，通过前后句关联推断指代及相关内容。为处理上下文依赖问题，自然语言处理技术常用深度学习模型，如循环神经网络、长短期记忆网络等，以此有效捕捉上下文信息，提升计算机自然语言理解能力。

3.2.2　自然语言处理的基本任务

1. 分词与分词标注

分词指将连续文字符号切分成有意义单元。亚洲语言(如中文)书写无词语分隔符，故分词格外关键，正确分词有利于计算机理解句子结构与意义，助力后续语言处理。例如，"他正在学习自然语言处理"，人眼易识别各词，计算机若无分词则易切错，导致句子意义丢失，影响处理结果。分词方法有基于规则、基于统计和基于深度学习三类。其中，基于规则的分词方法依靠语言学家规则与词典，适合处理规范文本；基于统计的分词方法分析字间关联频率来确定切分点；基于深度学习的分词方法通过训练模型识别词汇边界，相对擅长处理新词和歧义词。

词性标注是在分词基础上，给文本各词赋予词性(如名词、动词等)，有助于深入理解句子语法结构与意义。例如，"他/正在/学习/自然语言处理"标注词性后为"他/(代词)/正在/(副词)/学习/(动词)/自然语言处理/(名词短语)"，能把握词语在句中的功能与相互关系。词性标注方法也分基于规则、基于统计和基于深度学习这几种。基于规则的词性标注方法依据预设规则确定词性，基于统计的词性标注方法借助隐马尔可夫模型(hidden Markov model，HMM)、条件随机场(CRF)等统计模型预测词性，如今多采用基于深度学习的词性标注方法，因其更能准确处理复杂语言现象。

在自然语言处理领域，分词与词性标注技术的地位举足轻重，在多个关键应用中的作用不可替代。信息检索时，搜索引擎依靠它们解析用户查询意图，精准定位匹配词汇与结构，提升检索效率和准确性；文本分析(如分类、情感分析等)时，它们是不可或缺的基础步骤，助力提取关键词、揭示情感倾向，为后续深入分析打基础。

2. 命名实体识别

命名实体识别是自然语言处理的一个重要任务，其旨在从文本中抽取出所有符合命名实体定义的词汇或短语，并准确地判断其所属的类型。通过命名实体识别，可以更好地理解文本的语义内容，进而为后续的文本分析、信息抽取、问答系统、机器翻译等任务提供有力的支持。随着自然语言处理技术的不断发展，命名实体识别的性能也在不断提高。各种先进的算法和模型被应用于这一领域，以应对日益复杂的文本环境和多样化的命名实体类型。同时，命名实体识别也在推动着自然语言处理技术在更多领域的应用和发展，为人类社会带来更加便捷、高效的信息处理和交流方式。

传统上，命名实体识别依赖于基于规则的方法，通过精心设计的规则集合，利用模式匹配、语法结构及语义线索来识别文本中的命名实体。此类方法直观易懂，但受限于规则的普适性与可扩展性，难以灵活应对多变文本的挑战，且需要耗费大量人力、物力进行规则编纂与维护。随着机器学习技术的蓬勃发展，有监督、半监督及无监督学习方法被相继引入。其中，有监督学习通过丰富的标注数据集训练模型，捕捉实体特征，在特定领域展现出优异性能。半监督学习巧妙地结合少量标注数据与大量未标注数据，试图在减轻标注负担的同时提升识别效果。无监督学习则更侧重于从数据本身挖掘结构特征，例如，通过聚类分析识别潜在实体。最引人注目的进步莫过于深度学习在命名实体识别领域的广泛应用。深度学习模型以其强大的特征提取能力，自动从原始文本中学习高层语义信息，无须烦琐的人工特征工程。循环神经网络、长短期记忆网络、门控循环单元等循环网络结构，以及注意力机制与 Transformer 架构的引入，特别是基于 Transformer 的双向编码器等预训练语言模型的崛起，显著提升了命名实体识别的识别精度与效率，推动了自然语言处理领域的整体发展。

3. 句法分析

句法分析作为自然语言处理中的一项核心技术，旨在深入剖析语言的内在结构与逻辑。它通过揭示句子的构成元素——词汇、短语乃至子句，明确这些元素之间的层级关系与从属结构，为理解复杂语言现象提供了坚实的结构基础。句法分析方法可以分为基于规则的分析方法和基于统计的分析方法两大类。

基于规则的句法分析方法在自然语言处理的早期研究中占据着主导地位，其核心思想是通过显式地编写语法规则来指导句法分析的过程。这些规则通常由语言学家和计算机科学家合作制定，以确保它们能够准确地描述语言的句法结构。该类方法主要有以下三种。

自顶向下的句法分析方法是一种全局至局部的策略，从整个句子出发，逐步细化至词汇单元。它依据语法规则集（如上下文无关文法）和词汇表，从语法开始符号起，不断应用规则生成句法分析树（图 3-2）。移进-归约分析利用栈存储符号，匹配输入句子与规则，逐步归约至开始符号。CYK（Cocke-Younger-Kasami）分析则适用于乔姆斯基范式（Chomsky normal form，CNF）文法，通过三维表格记录中间结果，高效避免重复计算。

自底向上的分析方法则采取局部至全局的策略，从词汇单元开始，逐步组合成句法单元，直至构建完整句法树。同样依赖语法规则集和词汇表，通过不断应用规则组合词汇，直至达到开始符号。Earley 分析作为通用方法，适用于任意上下文无关文法，利用状态集记录部分解析结果，处理交叉非终结符。LR 分析则针对特定形式文法，如 LR(k) 文法，通过状态机实现，能以线性时间复杂度构建句法树，适合编译器句法分析。

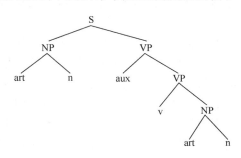

图 3-2　句法分析树

结合自顶向下和自底向上的方法旨在融合两者的优势，克服单一方法的局限。它采用复杂算法，兼顾全局至局部和局部至全局的信息，灵活处理长距离依赖和复杂递归结构。左角分析优先考虑句法结构左角，适合复杂递归结构语言。线图分析则利用线图数据结构表示句法结构，涵盖嵌套和交叉结构，通过构建线图逐步分析句子，寻找最符合语法规则的句法树。这些方法共同构成了句法分析领域的多样性和灵活性。

基于统计的句法分析方法的核心思想是利用大规模语料库中的语言使用模式来指导句法分析，从而提高分析的准确性和鲁棒性。该类方法主要有以下三种。

概率上下文无关文法（probabilistic context-free grammars，PCFG）是传统文法的扩展，

引入了规则应用的概率信息，反映语言使用中规则的实际频率。其规则形式如下：

$$A \to \alpha_1 P_1, A \to \alpha_2 P_2, \cdots, A \to \alpha_n P_n$$

其中，A 为非终结符；α_i 为包含终结符和非终结符的字符串；P_i 为规则概率。估计这些概率及对其有效利用是 PCFG 的关键，常用算法有 Inside-Outside 算法和 CYK 算法。前者通过动态规划计算句子在特定 PCFG 下的句法结构概率，后者则适用于乔姆斯基范式文法，能在多项式时间内计算句子概率。

词汇化模型是 PCFG 的进一步扩展，将词汇信息直接融入句法分析，认为句法结构受语法规则和词汇特性共同影响。中心词驱动方法为其核心，关注句子中的关键词，如动词、名词。Collins 模型基于中心词与共现关系学习句法规则。Bikel 模型则引入更多词汇和句法特征以提升准确性。

机器学习算法在句法分析中通过学习语料库句法结构模式构建分类器或预测模型，不依赖手工规则，直接从数据中学习句法知识。常用算法有决策树、支持向量机和隐马尔可夫模型。决策树依据词汇和结构特征构建分类模型预测句法类别，支持向量机在高维空间寻找最优决策边界区分正确与错误句法结构，隐马尔可夫模型描述词汇和结构序列关系，在依存句法分析中预测词汇间的依存关系。这些方法共同推动了句法分析技术的发展。

4. 语义理解

让计算机理解自然语言的语义是一个复杂而深奥的任务，它涉及多个层面的技术，包括词义消歧（word sense disambiguation，WSD）、语义角色标注、篇章分析等。

自然语言中的词汇往往具有多种意义，当这些词汇在不同的上下文中使用时，其意义可能会有所不同。因此，词义消歧的目标是确定一个多义词在特定上下文中的具体含义。这通常涉及以下几个步骤。首先是上下文分析，通过分析词汇所在的句子或篇章，提取与该词汇相关的上下文信息。其次进行特征提取，从上下文中提取有用的特征，如词汇、语法、语义角色等。然后应用模型，使用机器学习模型，如支持向量机、隐马尔可夫模型或深度学习模型，来预测词汇的最合适的语义。最后涉及知识库利用，利用词典、WordNet 等知识库中的信息，帮助确定词汇的语义。

语义角色标注意在识别句子的谓词与对应论元（如施事者、受事者等），并标注其间关系，涵盖谓词识别、论元识别、角色分类以及特征工程。谓词识别即确定句子里描述动作或状态的词汇为谓词；论元识别是找出与谓词相关的施事者、受事者或其他参与者；角色分类把论元分配至预定义语义角色类别，如 AGENT、PATIENT 等；特征工程则提取词汇、句法与语义特征，助力分类谓词与论元关系。

篇章分析聚焦于理解与构建篇章语义结构，包含篇章的连贯性、一致性与结构，涉及衔接性、连贯性、指代消解及修辞结构理论。衔接性剖析篇章中词汇、语法结构等表面联系，如代词、连接词等运用；连贯性保障篇章语义逻辑连贯，即信息相互关联；指代消解明确篇章里代词与名词短语的指代关系，以助理解语义；修辞结构理论解析篇章中的因果、对比、列举等修辞关系。

3.2.3　深度学习在自然语言处理中的应用

1. 词向量表示

词向量(word embeddings)将词汇转换为数学向量，以便在计算机中处理。通过这种方式，语义相近的词在向量空间中的表示也相近，从而能够捕捉和表示词之间的语义关系。这种方法基于分布假设，即词的意义由其上下文所决定。传统的词汇表示方法通常使用独热编码(one-hot encoding)，每个词都用一个稀疏的向量表示，维度等于词汇表的大小。这种表示方式虽然简单，但存在着维度灾难和无法捕捉词之间关系的局限性。

Word2Vec 是由 Google 于 2013 年提出的一种词向量生成模型，其思想是通过上下文信息来学习词的向量表示。Word2Vec 有两种主要架构，即 Skip-gram 和 CBOW(continuous bag of words)。Skip-gram 通过给定一个词，预测其周围的上下文词。对于输入的中心词，Skip-gram 最大化该词与其上下文中所有词的条件概率来学习词向量。CBOW 模型是通过给定的上下文词预测中心词。CBOW 将上下文词的向量求平均，并用该平均向量预测中心词。

GloVe(global vectors for word representation)是由斯坦福大学的研究人员于 2014 年提出的一种词向量模型。GloVe 强调词与词之间的全局统计信息，其核心思想是通过构建词的共现矩阵来捕捉词之间的关系。GloVe 首先计算语料库中每对词的共现频率，形成一个共现矩阵。接着，模型通过对共现概率进行因式分解来学习词向量。具体而言，GloVe 试图学习一个向量表示，使得词之间的关系可以通过它们的向量差来表示。

GloVe 模型的优点在于，它能够充分利用全局的统计信息，相比于 Word2Vec 的局部上下文学习方式，GloVe 更能捕捉到词汇之间的深层次关系。

2. 循环网络在自然语言处理中的应用

在机器翻译任务中，谷歌提出的 GNMT 将 LSTM 应用到序列到序列(Seq2Seq)框架中，通过使用编码器-解码器架构来端到端地处理语言序列。其中，编码器将输入语言句子转换成固定长度的上下文向量，解码器根据输入语言的语义信息逐步生成目标语言的单词。LSTM 通过其门控机制记住长时间内的重要信息，同时遗忘不重要的内容，从而帮助编码器更好地处理长序列。在每个时间步，LSTM 解码器不仅考虑当前的输入(上一个词和编码器的上下文向量)，还会"记住"之前生成的内容，从而生成更加准确的翻译。

在语音识别任务中，DeepSpeech 是一个端到端的自动语音识别系统，直接从音频波形输入到文本输出，不依赖传统的特征工程和声学模型。在该过程中，LSTM 主要用于处理语音数据的时间序列特性，即模型如何理解和生成与输入音频序列对应的文本。LSTM 在该模型中主要有两点作用。其一，由于语音信号本质上是一个时间序列，其中，每个时刻的音频信息都可能与前后的信息有关。LSTM 可以帮助捕捉这些长时间的依赖关系。其二，DeepSpeech 的输入是一个连续的音频信号，而输出是一个文本序列。LSTM

在序列到序列的学习中表现出色,能够从一个时刻的音频信号中预测下一个时刻的文本字符。

由 LSTM 在 GNMT 和 DeepSpeech 中发挥的显著作用可以得出它在自然语言处理中的优势。首先,LSTM 网络能够通过其门控机制(特别是记忆单元)来存储和更新信息,使得它能够捕捉长时间跨度内的依赖关系。其次,由于 LSTM 能够处理变长输入,它能够适应各种长度的文本和语音输入,而不需要对输入序列的长度进行固定处理。此外,传统的 RNN 可能会在处理长序列时遇到梯度消失问题,导致无法学习长距离依赖。而 LSTM 通过门控机制,能够保持长时间的记忆,从而更好地建模长序列。

3. 注意力机制在自然语言处理中的应用

在机器翻译任务中,注意力机制[2]主要应用在编码器-解码器架构中。谷歌提出的 GNMT 应用了注意力机制来打破传统编码器-解码器架构的局限性,特别是在处理长句子时,源语言的固定上下文向量无法包含所有关键信息的问题。具体来说,在解码阶段,解码器并不是仅依赖于固定的上下文向量,而是通过计算源语言单词的隐藏状态与当前解码器状态之间的相似度,得到注意力权重。然后,解码器根据这些权重对源语言隐藏状态进行加权求和,生成上下文向量。该上下文向量帮助解码器在生成目标语言翻译时,动态调整对源语言不同部分的关注,特别是在长句子中,能够选择性地聚焦于更重要的信息。

在语音识别任务中,原始的 DeepSpeech2 使用 CTC(connectionist temporal classification)作为损失函数,进行端到端的训练。CTC 允许模型在没有明确对齐信息的情况下,从输入到输出进行映射,并且直接生成每个时间步的字符预测。然而,CTC 在处理长语音序列时可能面临一些问题,特别是在源语音序列较长时,信息的压缩和丢失可能影响识别的精度。后来,通过将 CTC 和注意力机制相结合来提升识别精度,可以更加精准地聚焦在重要的音频片段上,减少了噪声干扰,提高了语音识别的质量。

注意力机制在自然语言处理中具有以下几点优势。首先,注意力机制在解码阶段能够帮助模型更好地聚焦输入序列的关键部分,从而避免了信息丢失。其次,注意力机制允许解码器动态调整其关注点,在处理长序列时能够关注对当前解码任务有用的序列片段,这使得模型在复杂和长序列输入下的表现更加稳定和准确。最后,提高了对复杂输入序列的鲁棒性,通过动态选择序列中关键的部分,灵活调整其注意力焦点,从而提升鲁棒性和精度。

3.3 计算机视觉

3.3.1 计算机视觉概述及图像的特点

1. 概述

人们可能没有意识到他们的视觉系统是如此强大:婴儿出生后几小时就能认出母亲的样子;乒乓球运动员能根据对手的细微动作判断发球方向。著名实验心理学家赤瑞特拉（Treicher）曾通过大量的实验证实：人类获取的信息中有 83%源自视觉，11%源自听觉，而剩余的 6%则来自嗅觉、触觉、味觉等其他感官，足以见得视觉信号的重要性。

研究人员希望机器能像人类一样"看懂"图像，更进一步地说，就是指用计算机来执行视觉任务，如目标识别、跟踪和测量，并进一步进行图像处理，使之更适宜于人眼观察和仪器检测，上述任务被统称为计算机视觉。如果说人工智能赋予计算机思考的能力，那么计算机视觉就是赋予计算机发现、观察和理解视觉信息的能力。

从技术角度来看，计算机视觉包含了一系列复杂的任务和研究方向。它不仅涉及基础的图像分类，还包括更高级的目标检测、图像分割，以及更为复杂的自动驾驶和多模态大模型等应用。通常，计算机视觉模型首先通过主干网络处理图像，提取出能够代表图像内容的关键特征。这些特征是计算机对图像的抽象表达，构成了理解图像的基础。随后，这些特征会通过一系列转换层（如卷积层、池化层等）进行进一步的加工，以增强其表达能力。最终，根据不同的任务需求，这些特征将通过特定的检测头（如分类器、边界框回归器、分割网络等）进行处理，以完成特定的任务。

计算机视觉的飞速发展为各种行业带来了革命性的变化。随着计算能力的提升和算法的创新，计算机视觉的应用将更加广泛和深入，为人类社会的发展贡献重要力量。

2. 图像的基本概念

图像是视觉信息的载体，它们可以是自然景观的直接映射，也可以是经过人为创造的艺术作品。图像的形式多种多样，包括照片、绘画、地图、卫星云图、医学影像（如 X射线片），以及心电图等。接下来，将介绍图像的基本概念。

1）分辨率

图像由像素构成，这些像素排列成一个网格。分辨率描述了这个网格的密集程度，通常以像素的行数和列数来表示。例如，1080P（1920 像素 × 1080 像素）和 720P（1280 像素 × 720 像素）是两种常见的分辨率，一张 1080P 分辨率的图像由 1920 像素 × 1080 像素，共计 2073600 像素组成。

2）色彩

每个像素点都对应一种颜色，这种颜色通常由红、绿、蓝三种基色的不同强度组合而成。通过调整 RGB 值，即每种基色的强度，可以产生数百万种不同的颜色。例如，24 位色彩深度意味着每种基色使用 8 位来表示，每种基色可以有 $2^8=256$ 级强度，可容纳 2^{24} 种色彩。24 位色彩可以达到人眼分辨的极限，故也称为真彩色。

3）帧数

帧数指视频或动画中每秒能够显示的静止画面（帧）的数量。它是一个衡量视频流畅度和性能的重要指标，单位为帧/秒（frames per second，FPS）。对于人眼而言，一般 25FPS及以上就可以拥有流畅的观看体验，但在一些高要求的场景中，如游戏或体育赛事，帧数可以达到 60FPS 甚至 120FPS。帧数和分辨率的组合通常以"XXPXX"的形式表示，例如，1080P60 表示一个分辨率为 1080P 且帧数为 60FPS 的视频。

3.3.2　计算机视觉的基本任务

图像分类、目标检测、目标分割和关键点检测是计算机视觉领域的四大核心任务，它们共同构成了人工智能在视觉识别和理解方面的基石。

1）图像分类

图像分类是计算机视觉的基础，其目标是将输入的图像分配到一个或多个预定义的类别中。例如，判断一张图片是猫还是狗。为了完成这一任务，分类模型需要学习从图像中提取有用的特征，并基于这些特征做出判断。分类模型的输出是一个概率分布，表示输入图像属于每个类别的可能性。经典的分类模型包括 LeNet、AlexNet、VGG 和 ResNet等，它们通常通过一系列卷积层和非线性激活函数提取特征，并通过全连接层进行最终的分类。

2）目标检测

目标检测不仅要识别图像中的对象，还要准确指出它们的位置。换句话说，它们不仅需要告诉你图像中有一只猫，还需要标出这只猫在图像的哪个区域。目标检测模型的经典代表包括 R-CNN、Fast R-CNN、Faster R-CNN、YOLO 系列和 SSD 等。这些模型以分类模型为基础，在此基础上增加了预测目标框的功能。

3）目标分割

分割任务更进一步，它不仅识别对象，还要创建一个精确的像素级别的区域，以此来表示每个检测到的对象的形状。目标分割模型的典型代表有 Mask R-CNN、FCN、U-Net等。这些模型提供了比目标检测更为精细的结果，将检测目标的整个区域完全分割出来。

4）关键点检测

关键点检测专注于识别图像中对象的关键点，如人体的关节位置。这种模型常常被用来分析和理解一个对象的姿态或者形状。例如，在面部检测的任务中，关键点可能包括眼睛、鼻子和嘴巴的位置。关键点检测的典型模型有 OpenPose、PoseNet 等。应用领域涉及面部识别、行为分析、动作捕捉等。

计算机视觉的四大任务各具特色，共同推动着人工智能在视觉领域的进步。不同的计算机视觉任务需要不同的模型，而这些模型在设计时，都需要根据具体的任务需求，合理地选择网络架构、优化技术、损失函数等。而这些模型不断地发展和改进，都是为了更好地理解和解读视觉数据，实现各种各样的应用。

3.3.3　计算机视觉的关键技术

1. 特征提取技术

1）尺度不变特征变换

尺度不变特征变换（scale invariant feature transform，SIFT），由加拿大的大卫·G. 劳伊（David G.Lowe）教授提出。这种方法能对旋转、尺度缩放、亮度变化等信息保持不变性，是一种非常稳定的局部特征变换方法。

SIFT 特征提取包含四步，首先在尺度空间中检测图像的极值点，使用高斯微分函数来识别潜在的兴趣点，这些点对尺度和旋转变化具有不变性；接着，通过精细模型拟合确定每个候选位置的关键点位置和尺度，选择稳定的关键点；然后，为每个关键点分配一个或多个基于局部梯度方向的方向，确保后续操作相对于关键点的方向、尺度和位置进行变换，以实现对这些变换的不变性；最后，在每个关键点的邻域内测量图像局部的梯度，并将其转换成一种表示，这种表示能够容忍较大的局部形状变形和光照变化。

2）方向梯度直方图

方向梯度直方图（histogram of oriented gradients，HOG），是一种图像特征提取算法，一般和 SVM 分类器结合应用于行人检测领域。HOG 通过计算图像中每个像素的梯度的大小和方向，来获取图像的梯度特征，是一种特征描述子。

HOG 特征提取是一个包含多个步骤的过程，首先将输入图像转换为灰度图像，然后对图像进行归一化处理，以消除不同特征之间的数值范围差异。接下来，计算图像中每个像素的梯度大小和方向，并将图像划分为单元格，为每个单元格计算梯度直方图。随后，将几个单元格组合成一个更大的块，并对每个块内的直方图进行归一化处理，以计算梯度特征。最终，将图像中所有直方图的梯度特征组合起来形成图像的特征描述子，并将这些特征输入分类器以进行分类。

2. 图像分类

图像分类的流程和原理可以概括为以下几个关键步骤。

首先，数据预处理是图像分类的基础。这一步骤包括图像的缩放、归一化、增强等操作，目的是减少模型训练过程中的噪声，并提高模型的泛化能力。其中，缩放是将图像变换到统一的尺寸，可以保证输入数据的一致性；归一化则是将像素值缩放到[0, 1]或[−1, 1]的范围内，以加快训练过程；数据增强，如旋转、翻转、裁剪等，可以增加样本多样性，减少过拟合。

接下来，特征提取是图像分类的核心环节。在传统的机器学习算法中，特征提取依赖于手工设计的特征，如 SIFT、HOG 等，这些特征能够捕捉图像的局部信息。然而，随着深度学习的发展，卷积神经网络（CNN）因其强大的特征学习能力而成为主流。CNN通过多层卷积层自动学习图像的特征表示，其中卷积层负责提取局部特征，池化层则用于降低特征的空间维度，同时增加特征的不变性。

在特征提取之后，特征融合与分类器设计是构建分类模型的关键。在深度学习框架下，特征融合通常通过全连接层实现，将提取的特征映射到类别空间。分类器的设计则涉及选择合适的激活函数和损失函数，例如，softmax 函数用于多分类问题，交叉熵损失函数用于衡量预测概率分布与真实标签之间的差异。

模型训练是图像分类流程中的另一个重要环节。在这一阶段，通过反向传播算法和梯度下降法对模型参数进行优化，以最小化损失函数。这一过程需要大量的标注数据和计算资源，随着计算能力的提升和大数据集的使用，深度学习模型在图像分类任务上取得了显著的性能提升。

最后，模型评估与优化是确保分类效果的关键。通过在验证集和测试集上评估模型性能，可以对模型进行调参和优化。常见的评估指标包括准确率、精确率、召回率和 F1

分数等。此外，还可以通过正则化、Dropout 等技术防止模型过拟合，提高模型的泛化能力。

接下来，将介绍计算机视觉的两种主流架构。

1）卷积神经网络

在计算机视觉领域中，卷积神经网络因其强大的局部特征提取能力而长期占据主导地位。CNN 的核心在于其能够通过训练学习到图像的层次化特征表示，从简单的边缘和纹理到复杂的形状和对象部分。最终，这些特征被全连接层整合，通过 Softmax 函数输出类别概率分布，实现图像的分类。随着深度学习的发展，CNN 架构经历了从 AlexNet 的突破到 VGG 的简洁设计，再到 ResNet 的深度残差学习的过程，不断推动着图像分类技术的进步。

2）ViT

尽管 CNN 在多个领域取得了巨大成功，但其对局部特征的依赖性较强，可能限制了其对全局上下文信息的捕捉能力。近年来，ViT 作为一种新兴的模型架构，已经开始在多个视觉任务中展现出与卷积神经网络相当甚至更好的性能。

2017 年，Google 提出了具有里程碑意义的 Transformer 模型，这是一种基于序列到序列（Seq2Seq）的语言模型，它首次引入了自注意力机制，取代了基于循环神经网络（RNN）的模型结构。Transformer 的架构包括解码器和编码器两部分，它通过自注意力机制实现了对全局信息的建模，从而有效地弥补了 RNN 在处理长距离依赖问题时的不足。

ViT[3]（图 3-3）是一种基于 Transformer 架构的深度学习模型，用于图像识别和计算机视觉任务。与传统的卷积神经网络（CNN）不同，ViT 直接将图像视为一个序列化的输入，并利用自注意力机制来处理图像中的像素关系。

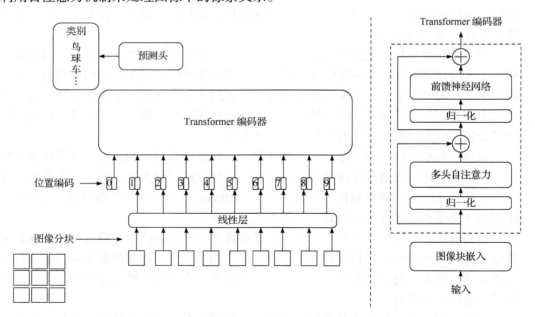

图 3-3 ViT 结构示意图

ViT 通过将图像分成一系列的图像块，并将每个图像块转换为向量表示，串联成输入序列。然后，这些向量将通过多层的 Transformer 编码器进行处理，其中包含了自注意力机制和前馈神经网络层。这样可以捕捉到图像中不同位置的上下文依赖关系。最后，通过对编码器输出进行分类或回归，完成特定的视觉任务。

其核心组件包括图像块嵌入、位置嵌入和 Transformer 编码器。在图像块嵌入中，图像被划分为固定大小的图像块，并将这些块线性展开成一维向量。由于 Transformer 本身对位置信息不敏感，位置嵌入被引入以保留每个图像块的空间位置信息。Transformer 编码器由多个层组成，每层都包含多头自注意力机制和全连接的前馈神经网络，同时还有残差连接和归一化层以增强模型的学习能力。在将图像分割并展开为一维向量后，通过一个线性投影层将这些向量转换为固定维度的嵌入向量，从而完成对图像的编码和特征提取，最终输出用于分类或其他视觉任务的结果。

ViT 模型的诞生不仅是对 Transformer 在视觉任务中应用的一次成功探索，更是在深度学习领域内推动了一次架构上的革新。随着技术的不断进步，ViT 及其衍生模型有望在计算机视觉的未来发展中发挥更加重要的作用。

3. 目标检测算法

目标检测的过程可以分为两个部分：定位和分类。定位是指判断图像中是否有符合要求的物体并确定图像中物体的位置，分类是指判断物体具体属于哪个类别。目标检测相关算法主要包括两类：两阶段(two-stage)目标检测算法和单阶段(one-stage)目标检测算法。两阶段目标检测算法是指将上述两个任务分两步走，而单阶段目标检测算法是指将上述两个任务合为一步进行。下面对这两种类别及代表算法进行详细的介绍。

1)两阶段目标检测

两阶段目标检测，是指在目标检测网络训练的过程中分两步走，第一级网络用于候选区域提取；第二级网络对提取的候选区域进行分类和精确坐标回归。两阶段目标检测算法由于进行了两个阶段的检测，准确性较高，但速度相对较慢。常见的两阶段目标检测模型有 Faster R-CNN、Mask R-CNN 和 Cascade R-CNN 等。下面重点介绍 Faster R-CNN。

Faster R-CNN[4]由两部分组成，第一部分是区域建议网络(region proposal network，RPN)，该网络是一个全卷积神经网络，用来生成候选区域；第二部分是 Fast R-CNN 检测网络，将第一部分 RPN 生成的候选区域送入 Fast R-CNN 检测网络，对候选区域进行分类和边界回归。两个网络连接起来，组成一个统一的网络。其中，两个网络在训练时可以共享基础卷积特征，分别用于各自的任务。

在 Faster R-CNN 算法流程中，首先将图像输入卷积神经网络(CNN)中进行特征提取，得到相应的特征图。接着，利用 RPN 生成候选框，这些候选框被投影到特征图上，从而获得感兴趣区域(ROI)的特征矩阵。然后，通过 ROI 池化层将每个 ROI 区域的特征矩阵缩放到统一的 7×7 大小的特征图，并将这些特征图展平成向量。最后，这些向量通过一系列全连接层进行处理，以进行分类和回归，从而得到最终的预测结果。这个过程有效地结合了 CNN 的强大特征提取能力和 RPN 在目标定位上的准确性，实现了对图像中目标的快速而准确的检测。

2）单阶段目标检测

单阶段目标检测，是指模型摒弃了候选区域提取这一步骤，只用一级网络就完成了分类和回归两个任务。单阶段目标检测算法由于只进行了一个阶段的检测，模型的准确率低于两阶段目标检测算法，但这种算法也会带来速度的巨大提升，使得模型所需的训练时间和推理时间低于两阶段目标检测算法。代表性算法模型有 YOLO 和 SSD 等。

YOLO[5]模型（图 3-4）主要由卷积层和全连接层组成，其卷积层用于提取图像特征，而全连接层则用于输出目标框的位置和类别等信息。

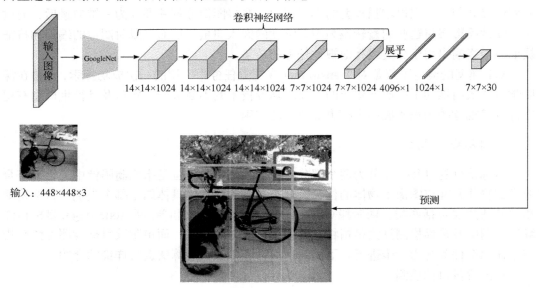

图 3-4   YOLO 模型

具体而言，输入的图像首先被送入卷积网络进行处理，该网络将图像分割成 $S \times S$ 的网格，每个网格负责检测中心点落在该网格内的目标。每个网格预测出 B 个目标框，这些框包括中心坐标、宽度、高度以及置信度，同时还会预测目标框所属的类别。这样，YOLO 的输出是一个 $N \times N \times (B \times 5 + C)$ 的张量，其中，N 是网格的数量，B 是每个网格预测的目标框数量，C 是类别的数量，输出的是每个单元格预测的目标属于各个类别的概率。为了解决同一目标被多次检测的问题，YOLO 还采用了非极大值抑制（NMS）算法。NMS 算法通过选取置信度最高的检测框，然后计算它与其他候选框的交并比（IOU），如果 IOU 超过设定的阈值，则将这些候选框剔除。这个过程会持续进行，直到处理完所有的检测框，从而确保最终的检测结果中每个目标只被检测一次。

综上所述，YOLO 在准确性和速度方面都取得了显著的提升，并成为当今计算机视觉领域中较为流行的目标检测算法之一。

4. 图像分割算法

目标分割模型将图像中的每个像素分配给一个类别，从而实现对对象的精确描绘，典型代表有 Mask R-CNN、FCN、U-Net 等。下面重点介绍 Mask R-CNN 和 U-Net 模型。

1）Mask R-CNN

Mask R-CNN 是一个实例分割框架，通过增加不同的分支可以完成如目标分类、目标检测、语义分割、实例分割、人体姿态估计等多种任务。

在 Mask R-CNN 算法的流程中，首先对输入的图像进行预处理，然后将其送入一个预训练的主干网络以提取特征信息。接下来，利用区域建议网络（RPN）对特征图的每个像素位置设置多个固定大小的感兴趣区域（ROI），并将这些 ROI 送入 RPN 进行前景和背景的二分类以及坐标回归，从而获得更精确的 ROI。为了进一步处理这些 ROI，执行 ROI Align 操作，该操作首先将原图和特征图的像素对应起来，然后将特征图与固定的特征对应起来，以提高特征提取的准确性。最后，对这些 ROI 进行多类别分类、候选框回归，并引入全卷积网络生成目标掩码，完成分割任务，从而实现对图像中目标的精确识别和定位。这一流程综合了深度学习中的特征提取、区域建议、特征对齐和多任务预测等多个关键步骤，以实现高效准确的目标检测和分割。

2）U-Net

U-Net[6]是一种流行的图像分割网络，最初是为医学图像分割设计的，后来被广泛应用到遥感图像分割、扩散模型、细胞分割等方向。它的主要特点是其 U 形结构，该结构由一个编码器（或称下采样路径）和一个解码器（或称上采样路径）组成，两者通过跳跃连接巧妙地结合起来。在这种架构下，编码器负责特征提取，解码器负责恢复原始分辨率。U-Net 虽然结构简单但很有效，在小样本数据集中也能取得良好的效果。

在 U-Net 架构中，编码器通过四个连续的下采样操作逐渐减小图像尺寸，同时使通道数翻倍。每个下采样操作由两个连续的 3×3 卷积层后接 ReLU 激活函数和一个最大池化层组成，这样在下采样过程中，网络能够捕捉到图像的浅层特征。相对地，解码器通过四个连续的上采样操作逐渐增大图像尺寸，同时使通道数减半。每个上采样操作由两个连续的 3×3 反卷积层组成，以实现图像尺寸的扩大，并在这一过程中获取图像的深层特征。U-Net 在编码器和解码器的每一层之间都设置了跳跃连接，这些连接将相同尺寸的图像特征进行拼接，从而帮助模型在解码过程中结合深层和浅层的特征信息，以实现精确的图像分割。这种结构不仅保留了图像的细节信息，还提高了模型对图像内容的理解能力。

3.3.4 计算机视觉的应用领域

1. 安防监控

人脸识别：机器视觉技术可以通过摄像头捕捉人脸图像，并进行特征提取和比对，实现身份识别和验证。这种技术在门禁系统、考勤系统、公共安全等领域有广泛应用，可以提高安全性和管理效率。

视频监控：机器视觉技术可以实时监测视频画面中的异常行为、物体或事件，并发出警报或进行自动处理。这种技术在公共安全、交通监控、银行等领域有广泛应用，可以帮助管理人员及时发现和处理问题。

行为分析：机器视觉技术可以对视频画面中的人员行为进行分析和识别，如人员轨迹追踪、异常行为检测等。这种技术在商业、公共安全等领域有广泛应用，可以帮助商家了解客户行为，提高服务质量；也可以帮助公安部门发现可疑行为，预防犯罪行为的发生。

2. 医疗影像分析

机器视觉在医疗领域的应用日益重要，特别是在医疗影像诊断方面。例如，在 CT、MRI 等成像技术中，机器视觉技术可以用于医学图像的分析和处理，帮助医生更准确地诊断疾病。此外，机器视觉还可以用于精准定位和切除肿瘤组织等手术操作，提高手术的准确度和成功率。

机器视觉技术还广泛应用于放射治疗规划，通过确定辐射剂量分布和靶区定位，提高放射治疗的精确度。在病理学领域，它通过识别和分类细胞类型，辅助癌症等病理过程的研究。

3. 自动驾驶

机器视觉在交通领域的应用非常广泛，它可以用于交通监控摄像头的实时监测和违法行为检测，如超速、闯红灯等。此外，机器视觉还可以应用于智能交通系统，包括车辆识别、行人检测、交通流量统计等，从而实现交通管理和安全控制的智能化。

4. 工业农业自动化

在质量控制方面，计算机视觉系统可以实时监测零件质量、检测装配错误，从而大幅提升生产效率和产品质量；在产品装配的视觉引导方面，计算机视觉技术可以用于机器人视觉导航，帮助机器人实时感知周围的环境，识别出障碍物、路径标志或其他物体，进而自主规划路径或执行特定任务；安全监控与事故预防也是计算机视觉技术的应用领域之一。通过实时监控工人的行为，确保其遵循安全规范，系统可以检测工人是否佩戴安全帽，是否进入了危险区域等，一旦发现违规操作，系统可以立即发出警告，防止潜在事故的发生。

在农业自动化领域，计算机视觉技术的应用已经扩展到播种、施肥、喷洒农药、田间除草、嫁接秧苗、收割等农业机械或农业机器人上。它还可以用于农作物病虫害监测、农作物产品质量检测。例如，通过分析图像信息，计算机视觉系统能够对农作物的生长状态进行监测，对病虫害进行辨识和定位，实现农作物的保护和治疗。

5. 总结

计算机视觉作为人工智能领域的关键技术之一，正在深刻地改变着人们与世界的互动方式。它赋予了机器以视觉能力，使其能够从图像或视频中提取信息，理解并解释视觉内容。随着深度学习等先进算法的发展，计算机视觉的准确性和效率得到了显著提升。它不仅能够识别和分类物体，还能理解复杂的场景和行为，为各种行业带来革命性的变化。未来，随着技术的不断进步和创新，计算机视觉将在更多领域展现其独特的价值，推动社会向更智能、更自动化的方向发展。

3.4　计算机听觉

3.4.1　计算机听觉的基本概念

1. 计算机听觉的定义

随着科技的进步，人类开始探索如何让计算机也能像人类一样"听"懂世界。计算机听觉旨在赋予计算机类似于人类听觉的感知与理解能力。它通过对采集到的数字声音信号进行复杂的处理与分析，不仅能够识别出音频中的具体事件，如说话声、音乐旋律或是环境噪声，还能进一步对声音进行分类、定位，甚至理解其背后的语义和情感。这一过程涉及音频信号的预处理、特征提取、模式识别等多个技术环节。随着人工智能和大数据技术的飞速发展，计算机听觉在医疗诊断、安全监控、智能制造、智能家居等众多领域展现出广阔的应用前景，逐步成为连接物理世界与数字世界的重要桥梁。

2. 计算机听觉的主要任务

1）语音识别

语音识别任务就是赋予机器"倾听"并理解人类语言的能力，进而将这些声音信息转化为对应的文本或执行指令。在语音识别的过程中，人类的语音与环境音、噪声等混杂在一起被送入机器。为了准确捕捉并翻译这些语音，机器首先会进行去噪处理，以净化声音信号，随后对处理后的语音进行采集和翻译，最终将声音转化为所需的文本内容，实现真正的"听懂"人类语音。

语音识别系统包括下列组件（图 3-5）。其中，前端处理将语音信号转换为一系列声学特征向量，以便后续识别阶段使用。词典包含了每个单词对应的音素序列。声学模型是语言模型或语法中每个词的不同声音的统计表示。每种不同的声音对应一种音素。语言模型包含一个非常大的词汇列表，该列表记录这些词在特定序列中出现的概率。解码器接收用户的语音输入，并在声学模型中搜索与其对应的声音。当找到匹配的声音时，

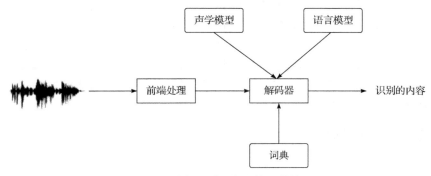

图 3-5　语音识别系统的体系结构

解码器确定与该声音相对应的音素。解码器持续跟踪匹配的音素,直到用户的语音出现停顿,然后在语言模型中搜索相应的音素序列。若匹配成功,它会将对应的词或短语的文本返给调用程序。

语音识别技术从日常生活中的虚拟助手,如 Siri、Google Assistant,到专业场合的自动转录、客服系统,乃至为听障人士提供的无障碍技术,展现了其强大的实用性和便利性。然而,语音识别也面临着诸多挑战,如不同地区口音和方言的差异、背景噪声的干扰、语境理解的复杂性,以及训练高效模型所需的大量标注数据等。

2)音频分类

音频分类任务的核心在于将多样化的音频信号,依据其内容或独特特征,精准划分至预先设定的类别之中,这些类别广泛涵盖了音乐类型、环境音效及人声等多个维度。

在技术层面,音频分类依赖于一系列步骤。首先,特征提取是关键一步,通过捕捉并提取音频信号中的梅尔频率倒谱系数(MFCC)、色度特征、谱图等关键信息,来描绘音频的独有特性。随后,这些特征被送入先进的机器学习及深度学习模型中,如支持向量机、决策树及卷积神经网络等,以实现高效分类。此外,数据预处理步骤也至关重要,通过去噪、归一化及切片等手段,优化音频信号质量,提升模型性能。同时,数据增广技术(如时间拉伸、音调变换等)的应用进一步丰富了训练数据的多样性,有助于提升模型的泛化能力。

音频分类技术在音乐推荐、智能家居环境音频识别、情感分析、内容审查等多领域展现出强大的实用价值,但也面临音频特征重叠、背景噪声干扰、特定领域数据稀缺及实时性要求高带来的分类难度、准确性、训练效果及计算效率等问题。随着深度学习发展及生成模型等创新技术的引入,有望提升准确性并解决相关问题,推动其发展。

3)声音事件检测

声音事件检测任务旨在自动辨识并精准定位音频流中预设的声音事件,如门铃轻响、警报骤鸣或人声交谈等,不仅要明确声音类别,还需准确捕捉其发生时刻。

在技术实现层面,该任务依赖于特征提取、模型训练、数据标注与后处理等多个环节。特征提取环节通过提取音频中的梅尔频率倒谱系数、时频域特征等关键信息,为后续分析奠定基础。模型训练借助机器学习与深度学习的强大能力,特别是卷积神经网络、循环神经网络及 Transformer 等先进架构,不断提升识别性能。数据标注作为关键步骤,需细致标注声音事件的类型及时间点,这依赖于人工与半自动化工具的配合。在后处理阶段,通过平滑算法、阈值设定等手段,优化检测结果,提升准确性。

声音事件检测应用场景广泛,涵盖安全监控、智能家居、医疗环境、人机交互等多领域。然而,该任务面临如声音重叠时的识别难题、背景噪声干扰、数据多样性等带来的训练挑战。随着跨领域知识迁移、少样本学习等新兴技术的融入,有望进一步增强模型在不同环境下的适应能力与准确性。

3.4.2　计算机听觉的关键技术

1. 音频特征提取

音频特征提取是计算机听觉领域中的关键步骤,它将原始音频信号转化为更具表达性的数值特征。这些特征可以精简原始的波形采样信号，从而将精简后的波形采样信号应用到其他模型中，使算法更容易理解音频中蕴含的语义信息。原始音频信号是一个复杂的波形，包含了很多信息。对音频进行特征提取是为了简化这些信息，抓住声音的核心特征，如音高、音量和音色，这些可以帮助我们进行分类、识别或分析。

音频特征的提取通常涵盖多个维度，其中能量特征、时域特征、频域特征和乐理特征是常见的类别。能量特征是指音频信号中反映其强度和动态变化的特征，能够有效描述音频信号的总体能量分布和变化趋势；时域特征直接从音频信号的原始波形中提取，反映了信号在时间轴上的变化；频域特征是从音频信号的频谱中提取的特征，它反映了信号在不同频率上的分布和强度；乐理特征用于描述音频信号中的音乐元素。

表 3-1 中给出了部分常见的音频特征，展示了音频信号的不同特征及其对应的物理或音乐意义，包括均方根能量、起音时间、过零率、自相关、谱质心、MFCC 等。其中，MFCC 是语音识别中最常用的特征，其通过模拟人类听觉系统的感知机制，帮助计算机分析声音。

表 3-1　部分常见音频特征

类型	名称	物理或音乐意义
能量特征	均方根能量	信号在一定时间范围内的能量均值
时域特征	起音时间	音符能量在上升阶段的时长
	过零率	信号在单位时间通过 0 点的次数
	自相关	信号与其沿时间位移后版本的相似度
频域特征	谱质心	信号频谱中能量集中点，描述信号音色的明亮度，越明亮的信号，能量越集中于高频部分，谱质心的值越大
	MFCC	语音识别最常用的特征，该参数考虑了人耳对不同频率的感受程度，因此它也可以归类于感知特征
	频谱平坦度	量化信号和噪声间的相似度，该值越大，说明信号越有可能是噪声
	频谱通量	量化信号相邻帧间的变化程度
乐理特征	基音频率	音高的频率
	失谐率	信号泛音频率与基音频率的偏离程度

2. 基于深度学习的计算机听觉模型

传统的特征提取方法虽然有效，但随着深度学习的兴起，越来越多的研究尝试利用神经网络自动从原始音频信号中学习特征。深度神经网络通过多层结构实现从原始数据中自动提取多层次特征，无须依赖手工特征设计，极大地提升了特征的表达能力。

在基于深度学习的计算机听觉模型中，低层网络通常学习音频信号的基础模式，如频率分量和时间域的变化；中层网络逐渐提取更复杂的模式，如音频中的事件特征或声学环境的特征；高层网络则能抽象出语义信息，如音频的类别或语音内容。这种逐层特征提取的优势在于能够自动捕捉不同任务所需的关键信息。例如，在语音识别中，低层特征可以帮助网络分析语音的频率变化，中高层特征则聚焦于音素或单词级别的表达；在音频分类中，深层网络能够提取音频的全局模式，从而实现准确分类。通过自动化的特征学习，深度神经网络摆脱了对人工经验的依赖，展现出极高的灵活性和任务适应性。

此外，在特征提取方面，神经网络能够直接处理原始音频信号或频谱表示，避免了传统手工特征提取可能导致的信息丢失问题。例如，一维卷积网络能够直接从原始音频的时域波形中学习时间结构特性，这种方法在语音增强和环境声音检测等任务中表现优异。频谱图则是另一种常见的输入形式，通过短时傅里叶变换或计算梅尔频谱图，将音频信号转换为时频域表示，适用于卷积神经网络的二维卷积操作。梅尔频谱图特别适合语音识别和音频分类任务，其对数刻度设计和幅度对数操作提升了模型对弱信号的敏感度和整体性能。

深度神经网络的多样化结构设计满足了计算机听觉领域不同任务的需求。首先，卷积神经网络(CNN)以其高效提取空间特征的能力，被广泛应用于音频分类、音乐分析和环境声音检测等任务中。CNN通过参数共享机制和二维卷积操作，能够高效捕捉音频频谱图中的局部模式，例如，时间和频率成分的组合，从而实现对时频分布特性的精准建模。这种优势使其在大规模音频数据处理和分类任务中表现出色，特别是在梅尔频谱图的处理中，其对数刻度设计和弱信号增强特性更加贴合人类听觉感知。

此外，循环神经网络因其善于捕捉时间序列依赖性而在语音识别、情感分析等任务中表现突出。音频信号具有显著的时间依赖特性，通过网络的递归结构捕捉信号中的短期和长期依赖，尤其是LSTM和GRU通过门控机制能够在长序列任务中表现得更加稳定，通过捕捉语音信号的时间上下文信息，从而提高语音转文本的准确率。

近年来，Transformer模型因其自注意力机制的引入而成为计算机听觉的新兴工具。相比RNN，Transformer模型具有更高效的长序列处理能力，其多头自注意力机制能够捕捉音频信号中的全局依赖关系。例如，在语音翻译和语音合成任务中，Transformer模型通过建模音频序列的全局上下文信息，显著提升了性能[7]。同时，其并行计算能力进一步提高了效率，使其在处理复杂听觉任务时具有优势。

尽管深度神经网络在计算机听觉中表现出色，但也存在高计算成本、大规模数据需求、可解释性不足等问题。针对这些问题，研究者提出了多种改进策略，例如，通过模型压缩和硬件加速提升计算效率，利用迁移学习和数据增强缓解对大规模标注数据的依赖，采用对抗训练和多模态学习增强模型的鲁棒性，并借助可视化技术提升模型的可解释性。

3. 计算机听觉中的迁移学习

迁移学习的核心思想是将源任务的特征或模型参数迁移到目标任务，适用于小样本或标注成本高昂的音频数据处理任务。在计算机听觉领域，迁移学习通过利用在大型数据集(如ImageNet、AudioSet)上预训练的模型，复用其卷积层以提取音频频谱图的高层特征，从而将大规模预训练过的模型特性迁移到特定的音频处理任务中，大幅提升性能并降低训练成本。

迁移学习在计算机听觉领域已经被广泛应用于语音识别、情感分析、音乐分类和环境声音检测等任务。例如，将音频信号转换为梅尔频谱图后，使用在 ImageNet 上预训练的卷积网络（如 ResNet、VGG）提取高维特征，可以显著提高分类精度并缩短训练时间。在 UrbanSound8K 环境声音数据集上，研究者通过迁移学习提取频谱特征，将其用于声音分类任务，取得了优异的效果。此外，迁移学习还被用于检测特定疾病声音（如咳嗽声）、动物声音识别（如鸟鸣检测）等应用场景，展示了其强大的跨领域适应能力。

迁移学习的主要优势在于能够显著降低对目标任务大规模标注数据的需求，同时提高模型训练的效率和精度，但也面临一些挑战。例如，当音频频谱图与预训练图像在分布特性上存在较大差异时，模型迁移效果会下降，预训练模型可能需要经过大量调整才能适应。因此，研究人员需要根据具体任务与数据特点，相应调整模型架构和迁移策略。

3.4.3　计算机听觉的应用领域

1. 语音助手

语音助手是计算机听觉的主要应用之一，它能够通过处理和理解用户的语音指令来完成各种任务，如设置提醒、播放音乐、查询天气等。语音助手的核心技术包括语音识别和自然语言处理，这些技术使得计算机能够理解用户说的话并做出合理的响应。

多种人工智能技术被应用于语音助手上，包括语音识别、自然语言处理、语音合成等。实现语音助手的核心任务之一是将用户的语音转化为文本，这涉及从音频信号中提取特征，并通过深度学习模型，如卷积神经网络（CNN）、循环神经网络（RNN）和长短期记忆（LSTM）神经网络等进行分析，以实现高精度的语音识别。这是诸多语音助手的基础功能。

2. 音频监控

音频监控是一种通过捕捉和分析环境中的声音来进行监测的技术，其核心思想是通过传感器采集声音数据，结合计算机听觉技术进行分析和处理，从而实现自动化的实时监控。

近年来，音频监控得到了广泛的应用，在公共安全、智能家居、工业设备监控等场景中，异常声音的检测能够帮助系统自动识别潜在危险。在安全监控方面，音频监控系统可以在监控区域内持续监听周围的声音，如枪声、尖叫声、打斗声等异常声音。一旦检测到这些声音，系统可以触发警报或自动通知安保人员，帮助迅速反应。在环境监控方面，音频监控也用于监控自然环境的变化。例如，在野生动物保护中，音频监控可以用来监听动物的叫声，或监测自然灾害（如山体滑坡或洪水等）的预警信号。相信在不久的将来，音频监控将被更广泛地应用在人们生活的方方面面。

3. 音乐分析

计算机听觉在音乐分析领域同样应用非常广泛，最具代表性的应用之一是音乐推荐。音乐推荐是通过用户的听歌历史、偏好和习惯，结合音乐的音频特征，为用户推荐可能喜欢的歌曲。

音乐推荐任务的流程通常包括以下步骤，从数据收集到最终生成个性化的推荐列表。这一过程结合了用户行为分析、音乐特征提取和推荐算法。首先，音乐流媒体平台收集用户的行为数据，并将这些行为数据和音乐内容数据结合使用，通过对音乐内容的分析，为音乐推荐系统提供基础特征数据。其次，模型会从音乐音频中提取多种特征，以便更好地理解每首歌曲的风格。然后，系统将使用推荐算法，例如，卷积神经网络可以分析音乐音频的频谱特征，而循环神经网络可以处理用户的时间序列数据，预测用户未来可能喜欢的歌曲。通过推荐算法，最终系统会生成一组个性化的歌曲并推荐给用户。

4. 医疗应用

计算机听觉技术在医疗领域的应用正在快速发展，它能够提供非侵入性、实时和高效的诊断与监控手段。在呼吸疾病检测中，计算机听觉可以分析患者的呼吸声音，帮助医生检测和诊断呼吸系统疾病。例如，咳嗽和呼吸声分析可以帮助检测肺炎、哮喘等疾病。语音病理学也是计算机听觉的重要应用领域，通过分析患者的语音特征，计算机可以帮助识别出帕金森病等神经性疾病或喉部疾病，从而实现早期筛查和诊断。

此外，计算机听觉还被广泛应用于心理健康监控领域。通过分析患者的语音特征，如语调、语速等，可以识别出焦虑、抑郁等情绪状态，辅助心理健康的管理。在语言康复中，计算机听觉技术帮助中风患者或语言发育迟缓的儿童进行语音训练，实时提供反馈，促进语言能力的恢复。计算机听觉技术还被广泛用于听力检测和助听设备中。智能助听器通过分析环境声音，增强人声、减少背景噪声，帮助听力受损者获得更清晰的听觉体验。此外，在睡眠呼吸监测中，计算机听觉可以通过监测打鼾声和呼吸间断情况，帮助检测睡眠呼吸暂停问题，生成睡眠报告，从而提供便捷的家庭睡眠监控。

3.5　多模态大模型

多模态大模型是一种能够处理和整合来自不同信息模态（如文本、图像、音频、视频等）的深度学习模型，它能够跨越单一模态的局限，实现对多源异构数据的全面感知与深入理解[8]。这些模型之所以被称为"大模型"，不仅因为它们通常拥有庞大的参数规模和复杂的网络结构，还因为它们能够处理的数据量和信息复杂度远超传统单一模态模型。

3.5.1　多模态大模型的基本概念及特点

1. 多模态大模型的基本概念

多模态大模型的出现源于人们对人工智能更加智能化和人性化的追求。在现实世界中，信息往往以多种模态的形式存在，如文本、图像、音频、视频等。传统的人工智能模型往往只能处理单一模态的数据，无法充分利用多模态信息的优势。多模态大模型[9]打破了这种局限性，它能够跨越单一模态的局限，实现对多源异构数据的全面感知与深入理解。它们不再局限于某一种数据类型或信息形式，而是能够像人类一样，从多个角度、多个层面去理解和处理现实世界中的复杂问题。这种能力使得多模态大模型在多个领域和场景中展现出前所未有的潜力和优势。

2. 多模态大模型的特点

相较于其他基于深度学习的技术，多模态大模型有着一系列独特而显著的特点。

1) 大规模参数

大规模参数是多模态大模型的显著特征之一。这些模型通常拥有数以亿计甚至更多的参数，如此庞大的参数规模赋予了模型强大的学习能力和表示能力。通过对大规模数据的学习，多模态大模型能够捕捉到数据中的细微模式和复杂关系，从而更好地理解和处理各种不同类型的信息。例如，在处理自然语言任务时，大规模参数可以帮助模型学习到语言的语法、语义、语境等方面更为丰富的知识，使得生成的文本更加准确、流畅和富有逻辑性[10]。而在处理图像、音频等其他模态的数据时，大规模参数能够更为有效地提取出图像的特征、音频的频谱等关键信息，为后续的分析和处理提供坚实的基础。

2) 强大的表示能力

多模态大模型能够处理多种模态的数据，能够从原始数据中提取出高维特征，捕捉数据的复杂结构和潜在信息并构建出更加丰富、全面的表示空间[11]。在这个表示空间中，不同模态的数据可以相互关联、相互补充，从而更好地反映出事物的本质特征。例如，对于一个物体，多模态大模型可以同时利用文本描述、图像特征、音频信息等多种模态的数据来进行表示，使得对这个物体的描述更加立体、生动。这种强大的表示能力不仅有助于增强模型对单一模态数据的处理效果，还能够为跨模态任务提供有力的支持。例如，在图文生成任务中，多模态大模型可以根据输入的图像自动生成准确、生动的文本描述，实现图像和文本之间的跨模态转换。

3) 多模态融合能力

多模态大模型的核心能力在于其能够融合多种模态的信息并充分发挥各种模态的优势。文本可以提供准确的语义信息，图像可以呈现直观的视觉内容，音频可以传达丰富的情感和氛围，视频则综合了多种模态的特点。多模态大模型并非简单地将不同模态的数据进行拼凑，而是深入挖掘各模态之间的内在关联和互补性。通过复杂的算法和深度神经网络结构将它们整合为统一的知识表示。多模态融合能力使得多模态大模型能够更加全面地理解和表示现实世界中的复杂场景和任务。

4) 高度的通用性和泛化性

多模态大模型在面对不同类型的多模态数据和任务时，表现出高度的通用性。它可以通过调整模型的参数和结构来适应不同的输入数据和任务需求。无论是自然语言处理、计算机视觉、语音识别，还是智能客服、医疗诊断、金融分析等领域，多模态大模型都能够发挥重要的作用。例如，在智能客服领域，多模态大模型可以同时处理用户的文本提问、语音指令以及图像信息，为用户提供更加全面、高效的服务。在医疗诊断领域，多模态大模型可以结合患者的病历文本、医学影像、生理信号等多种模态的数据，进行更加准确的疾病诊断和治疗建议。

5）良好的泛化性和扩展性

随着数据的不断增加和技术的不断进步，多模态大模型可以通过不断地扩展和优化来提高自身的性能和能力。例如，可以通过增加模型的参数规模、引入新的模态数据、改进模型的架构等方式来提升模型的表示能力和处理效果。同时，多模态大模型还可以与其他先进的技术相结合，如深度学习、强化学习、知识图谱等，进一步拓展其应用范围和功能。

3.5.2　多模态大模型的架构与训练方法

1. 多模态大模型的架构

多模态大模型的发展主要得益于深度学习技术的不断进步，特别是 Transformer 模型在自然语言处理领域的成功应用[12]。Transformer 模型在自然语言处理领域取得了巨大成功，其核心是自注意力机制，能够有效地捕捉序列中的长距离依赖关系[13]。随着计算能力的提升和大规模多模态数据集可用性的增强，研究人员开始探索将其扩展以适应多种模态数据的处理需求，基于 Transformer 模型设计了多种可以适用于多模态数据处理任务的多模态大模型架构。

1）深度融合架构

深度融合架构是多模态大模型中最常见的一种架构，其核心在于使用标准的 Transformer 模型作为核心组件，并在模型的内部层添加了标准的交叉注意力层，以实现输入多模态信息的深度融合。不同模态输入通过各自的编码器进行编码，然后在模型内部层进行跨模态特征融合。这种架构能够精细控制多模态信息的流动，捕捉不同模态之间的内在联系，从而提升模型的整体性能。

2）模块化设计架构

模块化设计架构是另一种常见的多模态大模型架构。其核心思想是在输入层融合多模态输入，并采用模块化设计，将每个模态通过独立的模块进行处理，并在后续层进行融合。这种设计便于扩展和维护，可以根据需要灵活添加或删除模态模块，提高模型的灵活性和可扩展性。

3）统一表示架构

在这种架构中，不同模态的数据经过预处理后被拼接成一个统一的输入序列，然后输入到一个基于 Transformer 模型扩展而来的大型模型中进行处理。Transformer 模型的自注意力机制在这个过程中发挥着关键作用，它能够让模型同时学习不同模态数据之间的关系和模式。通过对不同模态数据的统一处理，模型可以自动地建立起它们之间的联系，从而更好地理解和融合多模态信息。

此外，还有一些其他类型的多模态大模型架构，如采用自定义层设计的融合架构、基于图神经网络的多模态融合架构等，它们在特定应用场景中具有独特的优势。

2. 多模态大模型的训练

多模态大模型能够同时处理来自不同模态(如文本、图像、音频等)的数据,并挖掘这些模态之间的潜在联系,从而实现更加智能和全面的信息处理。然而,多模态大模型的训练并非易事,它涉及多个复杂的环节,包括数据构建与预处理、模型的设计与构建及模型的训练与优化等。

1) 数据构建与预处理

数据是训练多模态大模型的基础,多模态大模型需要大量丰富的多模态数据来支撑其学习和训练。数据预处理的目的是去除噪声、对齐模态、提取特征等,以提高数据的质量和可用性。对于图像数据,可能需要剔除模糊、低质量的图片;对于文本数据,则要去除无意义的字符和错误拼写。其次,模态对齐是多模态数据预处理的关键环节,不同模态的数据在时间或语义上需要进行准确的对齐,以便模型能够更好地学习它们之间的关联。例如,在视频与文本的多模态数据中,要将视频的每一帧与对应的文本描述精确匹配,以便模型能够更好地学习不同模态之间的关联。

特征提取是预处理的核心步骤。针对不同模态的数据,分别采用合适的技术进行特征提取。对于图像数据,可以运用卷积神经网络等技术提取图像的特征向量;对于文本数据,可以使用词向量表示和语言模型提取文本的语义特征;对于音频数据,则可使用音频特征提取算法提取音频的频谱特征等。

此外,数据增强技术也常常被应用,通过对数据进行随机裁剪、旋转、翻转等操作(针对图像数据),或进行随机替换、删除、插入单词等操作(针对文本数据),增加数据的多样性和数量。

2) 模型的设计与构建

在模型构建阶段,首先需要设计和选择合适的模型架构。架构的设计需要依据具体的任务需求和数据特点,同时还需要考虑模型的复杂度、计算资源需求等应用条件及限制。模态融合设计是模型设计中关键的环节之一。

模态融合是将不同模态的特征表示融合到同一表示空间,实现多模态信息的交互与共享。可采用早期融合、晚期融合或混合融合等不同的融合策略。早期融合在数据输入早期将不同模态数据融合,如拼接图像和文本的特征向量,但可能面临不同模态数据特征尺度和分布差异的问题。晚期融合在模型后期对不同模态的预测结果进行融合,能充分利用不同模态的专业模型,提高性能和泛化能力,但可能忽略模态间的交互信息。混合融合结合两者的优点,在不同阶段采用不同融合策略,提升模型性能和鲁棒性。

3) 模型的训练与优化

在训练过程中,需要选择合适的损失函数和优化器来更新模型参数。损失函数的设计需考虑不同模态之间的关系和一致性。例如,对于图像-文本多模态大模型,可设计联合损失函数,联合损失函数由图像损失函数和文本损失函数组成,通过加权求和实现多模态信息融合与交互。优化算法的选择要考虑模型的大规模参数和复杂结构,根据具体情况选取。

此外,还可以采用预训练与微调、多任务学习、联合训练等策略来提高模型的性能。

预训练是预先在大规模多模态数据集上对模型进行整体或部分训练，以学习丰富的多模态表示；微调则是根据具体任务对模型进行进一步训练；多任务学习是通过同时优化多个相关任务来提高模型的泛化能力；联合训练是将多个模态的数据同时输入模型中，进行联合优化。这些策略能充分利用不同模态数据之间的内在联系，提高模型的准确性和鲁棒性。

3.5.3 多模态大模型的应用案例

多模态大模型已经逐渐成为推动人机交互、信息理解和生成的重要力量。多模态大模型正以其强大的能力在多个领域展现出令人瞩目的应用前景。

1. 多模态内容生成

多模态内容生成是指利用多模态大模型将一种或多种模态的数据（如文本、图像、音频、视频等）转化为另一种或多种模态的数据，或者融合多种模态的数据以生成新的、更丰富的信息表达[14]。这种能力使得多模态大模型在多个领域中都能发挥重要作用。

在图像生成领域，多模态大模型的应用尤为突出。给定一段描述性的文本，如一段风景、人物或事件的描述，模型能够生成与之匹配的图像，如图3-6所示。这一过程中，模型不仅需要理解文本中的语义信息，还需要掌握图像生成的技巧，如色彩搭配、形状构造、空间布局等。通过大量的训练数据和复杂的神经网络结构，多模态大模型能够学习到这些复杂的映射关系，并生成高质量、富有创意的图像。这种技术在广告创意、游戏设计、电影制作等领域具有广泛的应用潜力，可以极大地提高创作效率并降低人力成本。

另外，在文本生成方面，多模态大模型同样展现出了非凡的能力。给定一张图像，模型能够自动生成准确、流畅的文字描述，甚至能够捕捉到图像中的细节和情感色彩，如图3-7所示。这种技术在图像识别、图像检索、自动标注等领域具有广泛的应用价值，

图 3-6　多模态大模型基于文本生成图像示例　　　图 3-7　多模态大模型文本生成示例

（来源：文心一言 3.5 模型）　　　　　　　　（来源：文心一言 3.5 模型）

能够帮助用户更高效地理解和利用图像信息。此外，结合自然语言处理技术，多模态大模型还可以进一步拓展其应用场景，如生成图像配文、图像故事创作等，为内容创作和媒体传播带来全新的可能。

视频生成是多模态内容生成的另一个重要方面。多模态大模型能够结合文本、图像和音频等多种模态的信息，生成具有完整故事情节和丰富视觉效果的视频内容。这种能力在电影制作、动画制作、游戏设计等领域具有广泛的应用前景，它不仅能够提高视频制作的效率和质量，还能为用户带来更加沉浸式的视觉体验。

2. 多模态数据理解

多模态大模型通过整合并解析来自不同模态的数据，如图像、文本和视频，实现了对复杂信息的深度理解和高效处理，为多个领域带来了革命性的突破[15]。

在图像理解方面，多模态大模型不仅能够识别图像中的物体、场景和人物，还能解析图像中的情感、氛围和上下文信息。这种深度理解能力使模型能够更准确地解读图像内容，为图像分类、目标检测、图像描述生成等任务提供了强有力的支持。例如，在医学影像分析中，多模态大模型可以识别并分析医学影像中的细微病变，辅助医生进行更精确的诊断。

文本理解是多模态大模型另一项关键能力。它不仅能够解析文本的字面意义，还能理解文本的深层含义、语境和情感色彩。这种能力使得模型能够更准确地回答自然语言问题，进行文本分类、情感分析、语义理解等任务。在智能客服领域，多模态大模型能够理解用户的意图和需求，提供个性化的回答和服务，极大地提升了用户体验。

在视频理解方面，多模态大模型同样发挥着重要作用。视频作为一种包含图像、音频和文本等多种模态信息的复杂数据形式，其理解需要模型具备跨模态信息整合和解析的能力。多模态大模型能够识别视频中的物体、人物、动作和场景，同时解析视频中的对话、音乐和背景音，以及理解视频的整体情节和主题。这种能力使得模型能够对视频内容进行更深入的分析和解读，为视频分类、视频摘要、视频推荐等任务提供了强大的支持。

参 考 文 献

[1] RADFORD A, KIM J W, HALLACY C, et al. Learning transferable visual models from natural language supervision[C]. Proceedings of the international conference on machine learning. PMLR, 2021, 8748-8763.

[2] VASWANI A, SHAZEER N, PARMAR N, et al. Attention is all you need[C]. Proceedings of advances in neural information processing systems. Long Beach, 2017: 5998-6008.

[3] DOSOVITSKIY A, BEYER L, KOLESNIKOV A, et al. An image is worth 16×16 words: transformers for image recognition at scale[C]. Proceedings of the international conference on learning representations. Scottsdale, 2021.

[4] REN S Q, HE K M, GIRSHICK R, et al. Faster R-CNN: towards real-time object detection with region proposal networks[C]. Proceedings of advances in neural information processing systems. Montreal, 2015: 91-99.

[5] REDMON J, DIVVALA S, GIRSHICK R, et al. You only look once: unified, real-time object detection[C]. Proceedings of the IEEE conference on computer vision and pattern recognition. Las Vegas, 2016: 779-788

[6] RONNEBERGER O, FISCHER P, BROX T. U-Net: convolutional networks for biomedical image segmentation[M]//Medical image computing and computer assisted intervention. Cham: Springer International Publishing, 2015: 234-241.

[7] KIM S B, LEE S H, LEE S W. TranSentence: speech-to-speech translation via language-agnostic sentence-level speech encoding without language-parallel data[C]. IEEE international conference on acoustics, speech and signal processing. Seoul, 2024: 12722-12726.

[8] BALTRUSAITIS T, AHUJA C, MORENCY L P. Multimodal machine learning: a survey and taxonomy[J]. IEEE transactions on pattern analysis and machine intelligence, 2019, 41(2): 423-443.

[9] YIN S K, FU C Y, ZHAO S R, et al. A survey on multimodal large language models[J]. arXiv preprint arXiv: 2306. 13549, 2023.

[10] 宗成庆. 统计自然语言处理[M]. 2版. 北京: 清华大学出版社, 2013.

[11] HOCHREITER S, SCHMIDHUBER J. Long short-term memory[J]. Neural computation, 1997, 9(8): 1735-1780.

[12] TOUVRON H, LAVRIL T, IZACARD G, et al. Llama: open and efficient foundation language models[J]. arXiv preprint arXiv: 2302. 13971, 2023.

[13] VASWANI A, SHAZEER N, PARMAR N, et al. Attention is all you need[C]. Proceedings of advances in neural information processing systems. Long Beach, 2017: 5998-6008.

[14] LIANG P P, ZADEH A, MORENCY L P. Foundations & trends in multimodal machine learning: principles, challenges, and open questions[J]. ACM computing surveys, 2024, 56(10): 1-42.

[15] LIU H T, LI C Y, WU Q Y, et al. Visual instruction tuning[C]. Proceedings of advances in neural information processing systems. New Orleans, 2023: 1-25.

第 4 章

生成式人工智能

4.1　生成式模型概论

4.1.1　认识生成式人工智能

生成式人工智能(artificial intelligence generated content，AIGC)是一种新的 AI 技术，它利用 AI 模型，根据给定的主题、关键词、格式、风格等条件，自动生成各种类型的文本、图像、音频、视频等内容。随着自然语言生成(natural language generation，NLG)技术和 AI 模型的不断发展，AIGC 逐渐受到大家的关注，目前已经可以自动生成图片、文字、音频、视频、3D 模型和代码。AIGC 的特点如下。

1. 自动化

AIGC 可以根据用户输入的关键词或要求自动生成内容，无须人工编辑，从而节省了时间和成本，提高了效率。

2. 具有创意

AIGC 可以利用深度学习和强化学习等技术，不断地学习和优化内容生成策略，以生成具有创意和个性化的内容，并增加内容的吸引力，提高用户参与度和转化率。

3. 表现力强

AIGC 可以自动生成各种类型的内容，如文章、视频、图片、音乐、代码等，这样可以满足不同用户的不同需求，提供多样化的内容选择。同时，AIGC 可以利用自然语言处理和计算机视觉等技术，实现与用户的自然交流，获得用户的反馈，并根据用户的喜好和行为动态地调整内容生成的方式，增强内容的表现力和适应性，提升用户体验感和忠诚度。

4. 迭代

AIGC 可以利用机器学习和深度学习等技术，不断地更新和改进内容生成的模型与算法并根据用户反馈进行优化。这样可以保证内容生成的质量和效果，提高内容生成的可靠性和稳定性。

从商业层面看，AIGC 本质上是一种 AI 赋能技术，由于其具有高质量、低门槛、高自由度的生成能力，被广泛应用于各类内容的相关场景，服务于生产者。AIGC 可以在创意、表现力、迭代、传播、个性化等方面，充分发挥技术优势，打造新的数字内容生成与交互模式。AIGC 代表着 AI 技术从感知、理解世界到生成、创造世界，正推动 AI 迎来下一个时代。如果说过去传统的 AI 技术发展偏向于分析能力，那么 AIGC 则证明 AI 技术发展正在逐渐偏向于生成全新的内容。

4.1.2　判别式人工智能和生成式人工智能

人工智能（AI）可从不同的维度进行划分。如果按其模型来划分（人工智能是由模型支撑的），可以分为判别式 AI 和生成式 AI。

判别式 AI 学习数据中的条件概率分布，即一个样本归属于特定类别的概率，再对新的场景进行判断、分析和预测。判别式 AI 主要关注区分不同类别或结果的能力。它通过学习输入数据的特征和模式，判断这些数据属于哪个预定义的类别。例如，在图像分类任务中，判别式 AI 能够识别出图片中的物体是猫还是狗。其核心在于建立输入数据与输出标签之间的映射关系。常见的模型包括支持向量机、决策树、逻辑回归和神经网络等。判别式 AI 有几个主要的应用领域：人脸识别、推荐系统、风控系统、其他智能决策系统、机器人、自动驾驶。例如，在人脸识别领域，判别式 AI 对实时获取的人脸图像进行特征信息提取，再与人脸库中的特征数据进行匹配，从而实现人脸识别。再如，判别式 AI 可以通过学习电商平台上海量用户的消费行为数据，制订最合适的推荐方案，尽可能提升平台交易量。

生成式 AI 则学习数据中的联合概率分布，即数据中多个变量组成的向量的概率分布，对已有的数据进行总结归纳，并在此基础上使用深度学习等技术，创作模仿式、缝合式的内容，相当于自动生成全新的内容。

与判别式 AI 不同，生成式 AI 致力于学习数据的生成过程，并生成与训练数据相似的新数据样本。这些新数据在统计上与原始数据具有相似的特征，但又是全新的、独立的。其核心技术包括生成对抗网络、变分自编码器、自回归模型（autoregressive model）和扩散模型等。生成式 AI 可生成的内容形式十分多样，包括文本、图片、音频和视频等，并广泛应用于艺术创作、音乐生成、文本创作等领域。例如，输入一段小说情节的简单描述，生成式 AI 便可以生成一篇完整的小说内容；再如，生成式 AI 可以生成人物照片，而照片中的人物在现实世界中是完全不存在的。

总体来说，不管是哪种类型的模型，它的基础逻辑是一致的：AI 模型从本质上来说是一个函数，要想找到函数准确的表达式，只靠逻辑是难以推导的，这个函数其实是被训练出来的。通过喂给机器已有的数据，让机器从数据中寻找最符合数据规律的函数。因此当有新的数据需要进行预测或生成时，机器就能够通过这个函数预测或生成新数据所对应的结果。

4.2　生成式模型基础

4.2.1　生成式模型的定义与分类

1. 生成式模型的定义

生成式模型是一类能够生成数据的模型。它们通过学习数据的分布，能够生成与训练数据相似的新数据。生成式模型不仅可以用于数据生成，还可以用于数据增强、缺失数据填补等任务。生成式模型的核心目标是学习数据的概率分布 $P(X)$，其中 X 表示数据。例如，在图像生成任务中，生成式模型会学习图像的分布，从而能够生成新的、与训练图像相似的图像。不同于判别式模型（如逻辑回归、支持向量机）关注数据的分类、回归等判别任务，生成式模型关注学习数据的联合概率分布 $P(X, Y)$ 或者边缘概率分布 $P(X)$。判别式模型主要通过学习输入数据与标签之间的关系来进行预测，而生成式模型则试图理解和模拟数据本身的生成过程。

生成式模型不仅可以进行分类任务，还可以生成新数据。例如，在图像生成领域，对抗生成式模型可以生成高质量的图像，广泛应用于图像修复、图像超分辨率、风格迁移等任务。在自然语言处理领域，生成式模型可以用于文本生成、机器翻译、对话系统等。在医学领域，生成式模型可以用于生成医学图像，辅助诊断和治疗。在音乐生成、视频生成等领域，生成式模型也展现了强大的潜力。

2. 生成式模型的分类

基于神经网络的生成式模型通过深度学习技术来生成新数据。这类模型通常使用神经网络来学习数据的复杂分布，并通过生成网络生成新数据。以下是几种常见的基于神经网络的生成式模型。

1）自编码器

（1）基本原理：自编码器[1]是一种无监督学习模型，通过编码器将输入数据压缩到低维表示，再通过解码器将其重建为原始数据。生成新数据时，可以通过解码器生成与训练数据相似的新数据。

（2）应用实例：自编码器常用于数据降维、图像去噪和异常检测等任务。

2）变分自编码器

（1）变分自编码器[2]是自编码器的扩展，通过引入变分推断技术，编码器输出的是一个概率分布函数而不是一个确定的值。生成新数据时，可以从这个概率分布中采样生成新数据。

（2）VAE 常用于图像生成、文本生成和数据增强等任务。

3）生成对抗网络

（1）基本原理：GAN[3]由一个生成器和一个判别器组成，生成器生成假数据，判别器区分真假数据。通过对抗训练，生成器逐渐生成与真实数据难以区分的假数据。

(2)应用实例：GAN广泛应用于图像生成、图像修复、风格迁移等任务。

4)生成式预训练模型

(1)基本原理：生成式预训练模型(generative pre-trained transformers，GPT)[4]是基于Transformer架构的生成式模型，通过大规模预训练学习语言的结构和语义，然后通过微调适应特定任务。生成新数据时，模型通过预测下一个词的方式生成连贯的文本。

(2)应用实例：GPT常用于对话生成、文本补全、文本生成等任务。

5)自回归模型

(1)基本原理：自回归模型[5]通过递归地预测下一个数据点来生成序列数据。常见的自回归模型包括PixelRNN、PixelCNN等。

(2)应用实例：自回归模型常用于图像生成、文本生成等任务。

4.2.2　生成式模型的基本原理

1. 生成式模型中的概率分布

生成式模型的核心在于对数据分布的建模。概率分布函数是描述随机变量的可能取值及其概率的数学函数。在生成式模型中，通常假设数据是从某个未知的概率分布中生成的，模型的目标是学习这个分布。通过学习数据的概率分布，生成式模型可以生成与训练数据具有相似统计特性的新数据。例如，给定一组图像数据，生成式模型可以学习这些图像的分布，并生成新的、看起来真实的图像。在生成式模型中，概率分布的选择和建模是至关重要的。不同的生成任务可能需要不同的概率分布。

2. 最大似然估计

最大似然估计(maximum likelihood estimation，MLE)是一种常用的参数估计方法，用于找到使观测数据出现概率最大的参数值。在生成式模型中，最大似然估计用于训练模型，使其能够更好地拟合训练数据。最大似然估计的核心思想是通过最大化似然函数，找到最优的模型参数。似然函数表示在给定参数下观测数据出现的概率。最大似然估计的目标是找到使似然函数最大的参数值。

为了实现这一目标，通常对似然函数取对数，得到对数似然函数。对数似然函数具有与似然函数相同的极值点，但计算更加简便。通过最大化对数似然函数，可以找到最优的参数。最大似然估计的步骤包括以下几个方面。

(1)定义似然函数：根据生成式模型的结构，定义表示在给定参数下观测数据出现的概率的似然函数。

(2)取对数：对似然函数取对数，得到对数似然函数。

(3)最大化对数似然函数：通过优化算法最大化对数似然函数，找到最优的模型参数。

(4)验证模型：通过验证集验证模型的性能，确保模型能够很好地拟合训练数据。

最大似然估计在生成式模型中的应用非常广泛。例如，在高斯混合模型中，最大似然估计用于估计高斯分布的均值和方差。具体来说，高斯混合模型假设数据是从多个高斯分布中生成的，每个高斯分布对应一个聚类。通过最大化对数似然函数，可以找到最优的高斯分布参数，从而实现数据的聚类和生成。

3. 贝叶斯方法

贝叶斯方法是一种基于贝叶斯定理的统计推断方法，用于更新对未知参数的信念。贝叶斯定理描述了如何根据新观测数据更新先验概率，得到后验概率。贝叶斯方法的核心思想是通过贝叶斯定理，将先验概率和似然函数结合起来，得到后验概率。先验概率表示在没有观测数据时对参数的信念，似然函数表示在给定参数下观测数据出现的概率，后验概率表示在观测数据给定的情况下，参数的概率分布。贝叶斯定理的基本形式可以描述为后验概率与先验概率和似然函数的乘积成正比。通过归一化常数，可以得到后验概率的具体形式。

贝叶斯推断的步骤包括以下几个方面。

(1) 先验分布：为模型参数指定一个先验分布，表示在没有观测数据时对参数的信念。

(2) 似然函数：定义似然函数，表示在给定参数下观测数据出现的概率。

(3) 后验分布：根据贝叶斯定理，后验分布可以通过先验分布和似然函数计算得到。后验分布表示在观测数据给定的情况下，参数的概率分布。

(4) 推断与更新：通过后验分布对参数进行推断，并根据新观测数据不断更新后验分布。

贝叶斯方法在生成式模型中的应用非常广泛。例如，在贝叶斯网络中，贝叶斯推断的目标是根据观测数据更新网络中各节点的概率分布。具体来说，贝叶斯网络是一种有向无环图，用于表示随机变量之间的条件依赖关系。通过贝叶斯推断，根据观测数据更新网络中各节点的概率分布，从而实现数据的生成和推断。

4.2.3　深度生成式模型

1. 生成对抗网络

生成对抗网络是一种深度生成式模型，其通过两个神经网络——生成器(generator)和判别器(discriminator)之间的对抗训练，能够生成逼真的数据样本，如图像、音频等。

如图 4-1 所示，GAN 的基本结构包括生成器和判别器。生成器的任务是从随机噪声中生成逼真的数据样本。它是一个神经网络，输入是随机噪声向量，输出是生成的数据样本(如图像)。生成器通过学习数据分布，试图生成与真实数据分布相似的样本。判别器的任务是区分真实数据样本和生成器生成的假数据样本。判别器也是一个神经网络，输入是数据样本，输出是一个标量，表示该样本是真实数据的概率。判别器通过学习来提高其区分真实数据和假数据的能力。

GAN 的训练过程是一个对抗过程，生成器和判别器相互竞争，最终达到一个平衡状态。首先，初始化生成器和判别器的参数。然后，训练判别器，从真实数据集中采样一批真实数据样本，并从生成器中生成一批假数据样本，使用这两批数据样本来训练判别

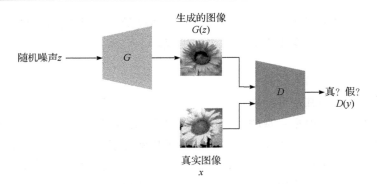

图 4-1   生成对抗网络的基本示意图

器，使其能够更好地区分真实数据和假数据。判别器的损失函数通常是交叉熵损失。接下来，训练生成器从随机噪声中生成一批假数据样本，使用判别器来评估这些假数据样本的真实性。生成器的目标是最大化判别器认为假数据样本为真实数据的概率。生成器的损失函数通常是判别器输出的负对数概率。最后，交替训练生成器和判别器，直到生成器生成的样本足够逼真，判别器无法有效区分真实数据和假数据。

2. 变分自编码器

变分自编码器(variational autoencoders，VAE)结合了概率图模型和深度学习的优势，通过变分推断来学习数据的潜在表示，并能够生成新的数据样本。VAE 在图像生成、数据压缩、异常检测等领域有广泛应用，展示了其在处理复杂数据分布和生成高质量样本方面的强大能力。

如图 4-2 所示，VAE 的基本结构包括编码器和解码器两个部分。编码器的任务是将输入数据映射到潜在空间的分布参数。具体来说，编码器将输入数据映射到潜在变量的均值和方差。编码器通常是一个神经网络，输入是数据样本，输出是潜在变量的分布参数。通过这种方式，编码器能够捕捉输入数据的关键特征，并将其压缩到一个低维的潜在空间中。解码器的任务是从潜在变量生成数据样本。具体来说，解码器将潜在变量映射回数据空间，生成与输入数据相似的样本。解码器也是一个神经网络，输入是潜在变量，输出是生成的数据样本。通过这种方式，解码器能够从潜在空间中的表示重建出原始数据，或者生成新的、与训练数据相似的样本。这种编码器-解码器架构使得 VAE 不仅能够进行数据的压缩和重建，还能够生成新的数据样本，这在许多应用场景中具有重要意义。例如，在图像生成领域，VAE 可以生成逼真的图像；在数据压缩领域，VAE 可以有效地压缩和重建数据；在异常检测领域，VAE 可以通过检测重建误差来识别异常数据。总的来说，VAE 通过其独特的编码器-解码器架构和变分推断方法，成功地将概率图模型和深度学习结合在一起，提供了一种强大的生成式模型，能够在多个领域中发挥重要作用。

3. 扩散模型

扩散模型通过逐步添加噪声并反向去噪来生成数据样本。这些模型在图像生成、视

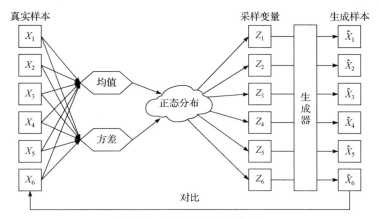

图 4-2　VAE 的基本示意图

频生成和其他生成任务中表现出色。扩散模型的核心思想是通过一个逐步的过程,将简单的噪声分布转化为复杂的数据分布。如图 4-3 所示,扩散模型包括两个过程:扩散过程和反向过程。

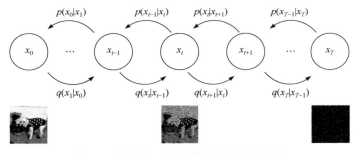

图 4-3　扩散模型的扩散过程与反向过程

1)扩散过程

扩散过程是一个逐步添加噪声的过程。具体来说,从原始数据开始,逐步添加高斯噪声,使得数据逐渐变得模糊,最终变成纯噪声。这个过程可以看作一个马尔可夫链,每一步都将当前数据添加一些噪声,直到达到预定的噪声水平。

2)反向过程

反向过程是一个逐步去噪的过程。具体来说,从纯噪声开始,逐步去除噪声,使得数据逐渐变得清晰,最终生成与原始数据相似的样本。这个过程也是一个马尔可夫链,每一步都将当前数据去除一些噪声,直到恢复到原始数据的分布。

扩散模型通过学习反向过程中的去噪步骤,能够从噪声中生成高质量的数据样本。这个逐步去噪的过程使得扩散模型能够捕捉数据中的复杂依赖关系,从而生成逼真的数据样本。

目前,扩散模型已经迭代出诸多版本,其中最常用的为去噪扩散概率模型(denoising diffusion probabilistic model, DDPM)[6]。DDPM 通过逐步添加和去除噪声来生成数据样本。具体来说,DDPM 定义了一个前向扩散过程,将数据逐步添加噪声,直到变成纯噪声。然后，DDPM 通过学习一个反向去噪过程，从纯噪声逐步去除噪声，最终生成数据样本。DDPM 的主要特点是通过逐步去噪的方式生成数据样本，这使得生成过程更加稳定和高效。DDPM 在图像生成任务中表现出色，生成的图像质量高且多样性丰富。

扩散模型在多个领域中有广泛应用，并且有许多变种和改进版本。例如，图像超分辨率任务，通过逐步去噪的方式将低分辨率图像转换为高分辨率图像；扩散模型可以用于视频生成任务，通过逐帧生成视频帧，并捕捉帧间的依赖关系，从而生成连贯的视频序列；扩散模型可以用于文本到图像生成任务，通过将文本描述转换为图像，生成与文本描述相符的图像；条件扩散模型通过引入条件变量来生成特定类别的数据样本。例如，条件扩散模型可以通过输入特定的标签或特征，生成与这些标签或特征相符的数据样本。

4. 自回归模型

自回归模型是一类生成式模型，通过逐步预测数据的每个部分来生成完整的数据样本。这些模型在自然语言处理、图像生成和时间序列预测等领域有广泛应用。自回归模型的核心思想是利用已生成的数据来预测下一个数据点，从而逐步生成整个数据序列。

自回归模型的基本原理是自回归过程，即当前数据点是由之前的数据点决定的。在这种模型中，数据序列的每个元素都依赖于前面的元素。具体来说，自回归模型通过条件概率来建模数据的生成过程，即每个数据点的生成都依赖于之前已经生成的数据点。例如，在图像生成任务中，自回归模型会逐像素地生成图像，每个像素的值依赖于之前生成的像素值。在自然语言处理任务中，自回归模型会逐词地生成句子，每个词的生成依赖于之前生成的词。这种逐步生成的方式使得自回归模型能够捕捉数据中的复杂依赖关系，从而生成高质量的数据样本。然而，这种逐步生成的方式也带来了计算上的挑战，因为每一步的生成都需要依赖之前的生成结果，导致生成过程较为缓慢。

自回归模型有许多变种和具体实现，在自然语言处理和计算机视觉上都在不断发展和应用。

1）自回归模型与自然语言处理

在自然语言处理领域，自回归模型最早应用于语言模型的构建。早期的语言模型主要基于 n-gram 模型，通过统计固定长度的词序列出现的概率来进行文本生成和预测。然而，n-gram 模型存在数据稀疏和上下文信息不足的问题，难以处理长距离依赖关系。随着深度学习的发展，循环神经网络和长短期记忆网络成为构建语言模型的主流方法。循环神经网络通过循环结构能够处理任意长度的序列数据，适用于语言模型的构建。然而，循环神经网络在处理长距离依赖关系时存在梯度消失和梯度爆炸的问题，限制了其性能。而长短期记忆网络通过引入门控机制（如输入门、遗忘门和输出门）来控制信息流动，有效缓解了梯度消失和梯度爆炸问题。长短期记忆网络在语言模型、机器翻译、文本生成等任务中取得了显著的效果。

2017 年，Transformer 的问世彻底改变了自然语言处理领域的研究方向。Transformer 模型基于自注意力机制，能够并行处理序列数据，显著提高了计算效率和模型性能。近期，在 Transformer 的基础上，OpenAI 进一步提出了 GPT-2 和 GPT-3 模型，显著提升了语言生成的质量和模型的规模。其中，GPT-3 是目前最大的语言模型之一，参数量达到 1750 亿。GPT-3 通过大规模预训练和小样本学习（few-shot learning），在多种自然语言处理任务上取得了前所未有的效果。GPT-3 不仅能够生成高质量的文本，还能够执行复杂的推理和对话任务。

除了自回归模型，基于 Transformer 的双向编码器表示和文本到文本转换器也是自然语言处理领域的重要进展。

BERT[7]：通过双向编码器捕捉上下文信息，能够更好地理解文本的语义。BERT 在问答、文本分类、命名实体识别等任务上取得了显著的效果。

T5（text-to-text transfer transformer）[8]：将所有自然语言处理任务统一为文本到文本的转换问题，通过大规模预训练和任务微调，取得了优异的性能。T5 的成功证明了统一框架在自然语言处理中的潜力。

现如今，自回归模型在自然语言处理领域已经可以实现广泛的应用，包括语言模型、机器翻译、文本生成、对话系统、自动摘要、文本补全、情感分析、问答系统、语音识别和生成以及图像描述生成等。这些模型通过逐词或逐帧生成内容，展现了强大的生成能力和对上下文的良好捕捉能力，推动了 NLP 技术的不断进步。

2）自回归模型与计算机视觉

受 Transformer 在自然语言处理领域成功的启发，Image Transformer 将自注意力机制应用于图像生成。通过自注意力机制，模型能够更好地捕捉图像中的全局依赖关系，从而生成更高质量的图像。后续也有一些工作利用 Transformer 实现自回归式生成图像，例如，VQ-VAE 引入了向量量化（vector quantization）技术，将图像表示为离散的编码向量，从而简化了生成过程。VQ-VAE 通过自回归模型对这些离散编码向量进行建模，从而生成图像。

近期，视觉自回归建模（visual autoregressive modeling，VAR）[9]作为一种新一代的图像自回归学习范式，重新定义了这一领域。VAR 将自回归学习视为一种从粗到细的"下一尺度预测"或"下一分辨率预测"，这与传统的光栅扫描方式下的"下一个 token 预测"有所不同。这种方法简单直观，使得自回归变换器能够快速学习视觉分布，并展现出良好的泛化能力。VAR 的创新使得类似 GPT 风格的自回归模型在图像生成方面首次超越了扩散变换器（diffusion transformer）。在 ImageNet 256 × 256 基准测试中，VAR 显著提升了自回归模型的性能，将 Fréchet 初始距离（Fréchet inception distance，FID）从 18.65 降低到 1.80，将 Inception 得分（inception score，IS）从 80.4 提高到 356.4，同时推理速度提高了 20 倍。这种突破性的进展展示了 VAR 在视觉自回归建模中的巨大潜力，为未来的图像生成和理解任务提供了新的思路和方法。

4.3 生成式模型的功能

生成式人工智能是一类通过模型生成各种形式数据的技术，它正在广泛地改变多个领域。生成式模型的核心在于通过学习大量数据的模式和结构，从而生成与训练数据相似或具备某种特定特征的全新内容。相较于传统的判别式模型，生成式模型不仅能够识别数据中的特征，还能够创造全新的、与现实世界相符或超越现实的数据。

这一领域涵盖了多个维度的生成任务，具体包括文本、图像、视频、音频、3D 内容和多模态内容生成等。生成式文本模型能够撰写富有创意的文章、对话或代码；生成式图像模型能从无到有绘制图画，甚至生成高度逼真的照片；生成式视频模型能够通过学习视频片段生成动态画面；音频生成技术可以合成音乐、声音效果或语音；3D 生成技术则可创造虚拟的三维物体或场景。而多模态生成式模型可以跨越不同数据类型，生成同时包含文本、图像、音频等元素的复杂内容。

这些生成式模型的背后是强大的深度学习和概率建模技术，它们不仅推动了技术的发展，还在艺术、娱乐、设计、教育等领域带来了革命性的创新。接下来，将详细探讨生成式人工智能在不同类型内容生成中的具体应用。

4.3.1　AIGC 与文本生成

随着生成式人工智能的不断发展，文本生成成为这一领域的重要应用之一。借助深度学习模型，特别是基于 Transformer 架构[10]的模型，生成系统能够自动创作各种形式的文本内容，从新闻报道、技术文章到文学作品，极大提升了文本生成的质量与多样性。在众多生成式模型中，GPT 系列模型脱颖而出，成为文本生成领域的代表性技术。

GPT 模型作为人工智能领域的里程碑，推动了自然语言处理技术的巨大飞跃。自 GPT-1 起，每代模型都在参数规模、学习效率和多模态能力上实现突破，从文本生成到理解，再到对话交互，不断拓展 AI 的应用边界，深刻影响着语言模型的发展和人机交互的未来。

ChatGPT[11]的发展历程可以追溯到 2015 年，当时 OpenAI 成立，旨在研究自然语言处理和深度学习技术。经过多年的不断探索和实验，OpenAI 在 2018 年发布了 GPT 模型，该模型可以理解和生成自然语言文本。在接下来的几年中，GPT 模型不断优化和改进，最终形成了现在的 ChatGPT。

ChatGPT 作为 GPT 系列的大型语言模型，其技术原理主要包括深度学习、自然语言处理和 Transformer 架构。深度学习是人工智能领域的一种重要技术，它通过构建多层神经网络来模拟人脑的学习过程。在 ChatGPT 中，深度学习技术被用于训练庞大的语言模型，使其能够根据输入的文本生成合理的回答。

NLP 是人工智能领域的一个分支，它旨在让计算机理解和处理人类语言。在 ChatGPT 中，NLP 技术被用于解析输入的文本，并将其转化为计算机可以理解的向量表示形式。这些向量再被用于生成回复文本。

Transformer 架构是 ChatGPT 的核心技术之一。它是一种基于自注意力机制的深度学习架构，能够有效地处理长距离依赖关系。在 ChatGPT 中，Transformer 架构被用于构建语言模型的编码器和解码器，使得模型能够生成连贯的回复文本。

ChatGPT 采用人类反馈强化学习（reinforcement learning from human feedback，RLHF）方法进行训练。RLHF 是一种强化学习方法，它将强化学习与人类反馈相结合，通过利用人类提供的反馈来指导智能系统的行为，使其能够更加高效、快速地学习任务。

在 ChatGPT 的训练中，人类反馈被纳入模型的学习过程中。ChatGPT 首先通过大规模的文本数据集进行预训练，然后通过与人类的交互进行微调。在这个过程中，人类用户的反馈被用来优化模型的输出，使得模型能够更好地理解人类意图，并生成更符合人类预期的文本。

这种训练范式的采用，使得 ChatGPT 在处理自然语言任务时表现得更为出色，如对话生成、文本摘要、语义理解等。同时，由于它可以学习人类的偏好和习惯，ChatGPT 生成的文本也更符合人类的语言习惯和逻辑。

ChatGPT 整个训练过程可以分为三个阶段：①预训练语言模型。在此阶段中，模型使用常规的监督学习方法，从大量有标签的数据中学习。这一阶段的目标是让模型能够尽可能准确地理解和生成文本。②收集数据并训练奖励模型。在这一阶段，模型会生成一些文本，然后从人类那里获得反馈。这些反馈可以是关于文本的某些特定属性的评级，或者是对文本的修改建议。这个阶段的目的是让模型逐渐学会生成符合人类期望和要求的文本。③利用强化学习微调语言模型。这一阶段中，模型会不断地生成文本，并从人类提供者那里获得反馈(这称为奖励)。模型的目标是最大化从这些奖励中获得的总回报。这一阶段的目标是让模型能够根据人类提供者的反馈和奖励来调整其生成文本的方式，从而尽可能地提高其生成文本的质量。

虽然大语言模型作为通用知识问答模型，极大地便利了人们的生活，可以用它来帮人们写文档，但这些模型也存在一定的弊端，如存在幻觉[12]，也就是现有的 LLM 偶尔会产生与现实世界事实不一致或潜在误导的输出的趋势，大模型生成的内容看似合理，其实这些内容是不正确的或者是与输入 Prompt 无关，甚至是有冲突的。

此外，GPT 生成的内容仍然存在模仿虚假信息、重复偏见以及反映社会偏见等问题。因此，在某些关键场景中，特别是涉及精密计算或金融决策的领域，使用 ChatGPT 时需谨慎，确保其生成的结果经仔细验证，以避免潜在的误导或错误影响。

4.3.2　AIGC 与图像生成

随着 AIGC 技术的发展，图像生成的门槛逐渐降低，过去只有专业设计师才能完成的图像创作，如今普通用户也能借助生成式模型轻松实现。得益于深度学习技术的进步，尤其是生成对抗网络[13]和扩散模型[14]等技术的应用，图像生成不仅变得更加高效，生成的质量和逼真度也大幅提升。用户只需输入简单的文本描述或初步草图，AI 就能够生成高度复杂的艺术作品、照片级别的图像甚至虚拟场景。这一进展大大拓展了图像创作的可能性，推动了艺术、设计、广告等多个行业的创新发展。

图像生成可以大概分成文生图(text-to-image)还有图生图(image-to-image)，也可以理解为图像翻译。

文生图是指根据文本描述生成与之相符的图像，用户只需输入一段自然语言描述，生成式模型就可以理解其语义并自动生成相应的图像。这类模型通过学习大规模的文本和图像对数据，掌握了语言和视觉信息之间的对应关系，能够生成高度契合描述内容的图像。文生图技术广泛应用于艺术创作、广告设计、概念图绘制等领域，极大地降低了非专业用户创作图像的门槛。用户可以通过输入诸如"一只企鹅在咖啡馆里读书"这样的描述，轻松生成符合意境的图像。

图生图则是基于已有的图像生成新的图像，也可以理解为一种图像翻译。它的工作原理是输入一张初始图像，模型对其进行风格化处理、改进细节，或根据特定的规则对其进行变化，生成一张全新的图像。图生图不仅可以实现风格迁移（如将照片转换为油画风格），还可以完成图像修复、增强，甚至从草图生成完整图像等功能。这项技术在影视制作、图像编辑、医学影像处理等领域有着广泛的应用价值，帮助用户在已有图像的基础上进行更丰富的创作和修改。

下面分别介绍近一两年图像生成最受欢迎的技术——Stable Diffusion[15]的基本原理，以及基于 Diffusion 的图像生成方法。

1. Stable Diffusion

Stable Diffusion[15]是一种用于文本到图像生成的潜在扩散模型。如图 4-4 所示，模型首先学习将清晰的图像逐渐转化为纯随机噪声的过程；随后在生成图像时，模型执行相反操作，从随机噪声开始，逐步去除噪声直到形成清晰的图像。

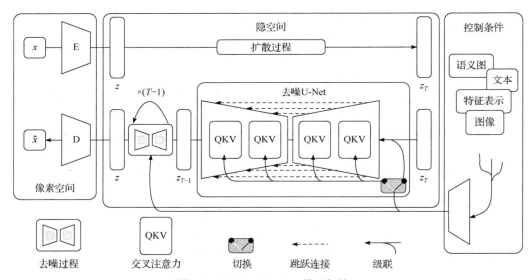

图 4-4　Stable Diffusion 模型架构

Stable Diffusion 是一种隐式扩散模型（latent diffusion model，LDM），它主要由以下几种关键技术构成。

（1）自动编码器：将高维的像素空间压缩到一个低维的隐空间（latent space）。自动编码器由编码器（E）以及解码器（D）构成。其中，E 将图像 x 映射为隐向量 z，D 则将隐向量 z 还原为 RGB 图像。

（2）隐空间扩散模型：在隐空间 z 上应用扩散模型，通过马尔可夫链的逆过程，从高斯噪声逐步得到清晰的隐向量表示。每一步去噪相当于用一个去噪自编码器 ε，输入加噪的隐向量 z_t 和时间步 t，输出去噪后的结果。

（3）时间步调度：将正向扩散过程离散为 T 个时间步，每一步加入一定强度的高斯噪声,直到得到纯噪声。然后学习逆向的去噪过程,从纯噪声开始,每一步去除一些噪声,最终得到干净的隐向量。

(4) U-Net 去噪网络:去噪自编码器 ε 的主体是一个 U-Net 结构的神经网络,它将加噪隐向量 z_t 和时间步 t 作为输入条件,输出去噪结果。U-Net 是一种具有对称的收缩路径(用于捕获上下文信息)和扩张路径(用于精确地定位)的网络结构,这种结构使得模型非常适用于图像生成任务。

(5) 交叉注意力机制:为了实现条件生成(conditional generation),如文本到图像的转换,在 U-Net 中引入交叉注意力层 h,将文本等条件信息通过注意力机制映射到 U-Net 的中间层特征上,使得去噪过程可以利用文本信息进行限制和指引。

(6) 训练目标:去噪网络通过最小化每个时间步 t 的加权均方重构误差进行训练,相当于最大化似然下界。在推理时,从高斯噪声出发,迭代 T 步去噪过程,从而得到最终的隐向量。

综上所述,Stable Diffusion 的整体流程就是:先用自动编码器学习图像的隐空间表示,随后在隐空间中用扩散模型以迭代去噪的方式生成图像隐向量,最后用解码器将隐向量映射回图像空间得到生成图像。通过在隐空间而不是像素空间做扩散,大幅提高了扩散模型的训练和采样效率。而交叉注意力条件机制的引入,则使其具备多模态条件生成的能力。

2. 可控的图像生成

在图像生成任务中,最常见的控制条件是文本输入,即通过文本描述来指导生成式模型输出相应的图像。然而,文本控制虽然强大,但属于较高维度的语义控制,往往难以精确实现用户对图像的特定区域、姿态或细节的要求。这是因为文本描述通常是抽象的,无法明确表达生成图像的空间结构或细微的视觉特征。

例如,用户可能希望生成一张特定姿态的人物图像,但仅通过文本描述“一个站立的女子”可能无法准确控制人物的具体站姿或手部动作。文本输入提供了一个宽泛的语义框架,而模型在生成图像时可能会在细节上出现偏差,导致输出的图像与用户的预期不完全一致。

为了更好地解决这一问题,研究者们引入了多种控制方法,如利用草图、关键点、分割图等方式进行更细粒度的图像控制。这些额外的输入形式可以帮助模型在生成过程中保持特定区域或姿态的一致性,进一步提升图像生成的精确性和可控性。例如,草图控制允许用户绘制出大致的轮廓,关键点控制可以设定图像中主体的骨架结构,而分割图则帮助生成不同区域的特定内容。通过这些技术的结合,用户可以更直观、细致地控制图像生成的最终结果,进一步增强生成式模型的实用性和灵活性。

代表性的工作如 ControlNet[16]、T2I-Adapter[17],基本上人们能想到的条件控制类型,ControlNet 都可以实现,如 Canny、MLSD、涂鸦(scribble)、语义分割 seg、OpenPose、深度图、线稿(line art)、动漫线稿,以及多粒度分割图[11]等。另一种相对较弱的控制条件是框或者分布(layout),如果只想控制不同物体在一幅图中的生成区域,可以只给定 layout,代表性的方法如 GLIGEN[18]、BoxDiff[19]。

4.3.3　AIGC 与视频生成

与图像视频对应，视频生成通常也可以分为文生视频(text-to-video)和图生视频(image-to-video)以及视频生视频(video-to-video)。文生视频是通过输入文本描述生成一段符合语义的视频内容，它结合了语言理解与视频生成的复杂任务，能够根据文字描述自动生成动态场景。这类技术极大地扩展了视频创作的可能性，无须专业的拍摄或后期制作，用户便可以通过简短的文字生成具备一定创意或叙事性的短视频。

图生视频则是基于现有的图像或一组静态帧生成动态视频。它可以理解为将静态图像"赋予生命"一样生成连续的帧，以构成动态画面。这类技术不仅可以从单一图像生成动画或视频，也能够在图像序列的基础上推断出合理的动态变化。这为视频制作提供了更多的灵活性，尤其在短视频制作、动画生成和电影特效等领域展现出巨大的潜力。

接下来，介绍主流的视频生成模型以及其他衍生的应用，即定制化视频生成。

1. 视频生成模型

主流的视频生成模型包括 OpenAI 在 2021 年初发布的广受欢迎的基于 Transformer 的 DALL·E[20]、2022 年 4 月发布的 DALL·E 2，以及由 Stable Diffusion 和 Imagen 开创的新一波扩散模型。Stable Diffusion 的巨大成功催生了许多产品化的扩散模型，如 DreamStudio 和 RunwayML GEN-1；同时也催生了一批集成了扩散模型的产品，如 Midjourney 等。

尽管扩散模型在文生图方面的能力令人印象深刻，但相同的故事并没有扩展到文生视频，不管是扩散文生视频模型还是非扩散文生视频模型的生成能力仍然非常受限。文生视频模型通常在非常短的视频片段上进行训练，这意味着它们需要使用计算量大且速度慢的滑动窗口方法来生成长视频。因此，众所周知，训练得到的模型难以部署和扩展，并且在保证上下文一致性和视频长度方面很受限。

扩散模型在生成多样化、超现实和上下文丰富的图像方面取得了显著成功，这引起了人们对将扩散模型推广到其他领域(如音频、3D，最近又拓展到了视频)的兴趣。这一波模型是由视频扩散模型(video diffusion model，VDM)开创的，它首次将扩散模型推广至视频领域。然后，MagicVideo 提出了一个在低维隐空间中生成视频剪辑的框架，据其报告，新框架与 VDM 相比，在效率上有巨大的提升。另一个值得一提的框架是 Tune-a-Video，它使用单文本-视频对微调预训练的文生图模型，并允许在保留运动的同时改变视频内容。随后涌现出了越来越多的文生视频扩散模型，包括 Video LDM、Text2Video-Zero、Runway Gen1、Runway Gen2 以及 NUWA-XL。

2. 条件可控视频生成

可控视频生成模型依托于先进的生成模型技术，尤其是扩散模型。扩散模型通过逐步去噪的过程，能够生成高质量的视频帧，并在高维空间中产生高质量的数据。这些模型融合了深度学习、计算机视觉以及自然语言处理技术，能够解析和理解多种输入形式，包括文本、图像和视频，并将它们转化为动态的视频内容。可控视频生成模型支持文本、图像、视频等多种输入形式，通过多模态融合技术实现对视频内容的精确控制。例如，用户可以通过文本描述、草图序列、参考视频或简单的手工绘制的动作和手绘图来指导视频生成。通过运动向量提取和处理，这些模型能够实现对视频中物体运动的精细控制。这包括控制物体的运动轨迹、速度和方向等，使生成的视频更加符合用户的预期。此外，一些模型还支持将输入图像的风格迁移到生成的视频中，增强视频的艺术表现力。这种功能在影视制作、广告创意等领域具有广泛的应用价值。

3. 定制化视频生成

除了通用的视频生成模型，定制化视频生成也逐渐成为一个重要的应用方向。定制化视频生成通过结合用户的个性化需求和生成技术，实现特定风格、主题或内容的定制化创作。例如，在广告行业中，用户可以输入与品牌相关的文本描述，模型便能够生成符合品牌风格的短视频。在娱乐和影视制作中，用户可以根据角色或场景要求生成特定的动画或视频内容。

定制化视频生成可以应用于个性化的内容创作，如生日祝福视频、婚礼视频或虚拟主播的定制视频，极大地提升了用户在视频制作过程中的参与感和互动性。通过引入更细粒度的控制条件，定制化视频生成允许用户定义视频中的元素、人物动作甚至背景情境，满足不同场景下的个性化需求。这一技术的广泛应用，正在为视频创作领域带来全新的变革和无限的可能性。

定制化视频生成可以根据定制内容不同分为两类，即主体定制和运动模式定制。视频区别于图像是因为视频可以看作一系列图像呈现的动态内容。因此，除了视频主体外，其中呈现的运动模式也是可以定制生成的。运动模式可以是相机运动，还可以是前景主体的特定动作。

4. 长视频生成

最近，能够产生高质量和逼真的视频序列的算法的开发激增。值得注意的是，长视频的特点是持续时间长，内容复杂，给开发者带来了新的挑战，激发了新的研究方向。目前大部分方法还是专注于短视频生成，即 16～24 帧，持续时间为 2～3s。最近，OpenAI 推出的 Sora[21]率先打破这一限制，实现了高保真度和无缝生成长达一分钟的长视频，其具有高品质效果，如多分辨率和镜头过渡。

生成长视频面临重大挑战，主要是由于模型训练和推理的资源需求巨大。当前的模型受限于可用资源，通常在短片段上进行训练，很难在更长的序列中保持质量。此外，一次性生成一分钟长的视频可能会占用 GPU 内存，使任务显得难以实现。现有的解决方案包括自回归方法、分层方法和将长视频拆解为短视频片段的方法，提供了部分补救措施，但存在显著的局限性。自回归方法按顺序生成帧，依赖于前面的帧。分层方法先创建关键帧，然后填充过渡帧。此外，某些方法通过将长视频切割成多个重叠的短视频片段来进行处理。然而，这种做法既无法实现端到端的全局视频理解，也会显著增加处理长视频时的计算负担。

总的来说，生成长视频仍然是一个尚未完全解决的难题，主要受到计算资源和模型设计的限制。尽管当前的自回归方法、分层方法以及将长视频拆解为短视频片段的方式在一定程度上缓解了这一问题，但它们都存在全局连续性差、计算负担重和一致性维护困难等瓶颈。因此，在未来的视频生成领域中，如何优化模型的计算效率、保持视频的整体连贯性，以及减少对资源的消耗，将是继续探索的重要方向。这些问题的解决将有助于推动生成式视频技术向更高层次发展，使得生成长视频的应用场景更加广泛，从娱乐到教育、从广告到影视制作都将受益匪浅。

4.3.4 AIGC 与 3D 内容生成

3D 内容生成是生成式人工智能的重要分支。3D 内容生成不仅仅是从二维平面上创作图像或视频，更是通过算法生成具有立体感、深度和空间结构的三维物体或场景。这一技术在影视制作、游戏设计、虚拟现实（VR）、增强现实（AR）等领域展现出广泛的应用潜力。生成式模型的引入，极大地降低了传统 3D 建模的复杂性，让用户无须具备专业的建模技能，就能自动生成逼真的三维内容，从而推动了 3D 创作的创新与普及。

在 3D 领域，随着 3D 数据量的增加以及其他领域生成技术的成功，3D 生成技术也取得了重大进步。

由于其广泛的应用，3D 内容生成的研究越来越受到关注[15]。典型的应用包括以下三方面。

（1）游戏和娱乐设计。例如，角色和物品，需要多视角概念设计、3D 模型创建和 3D 模型优化。这个过程，劳动密集且耗时。3D 内容生成技术将大大降低时间和人力成本。

（2）建筑领域。通过 3D 内容生成方法，设计师可以快速生成 3D 概念模型并与客户进行沟通。这将缩小设计师和客户之间的理解差异，并改变建筑设计领域。

（3）工业设计。当前的工业设计需要生成 3D 零部件模型，然后将它们组装成一个完整的模型。这个过程耗时且可能造成大量的材料浪费。3D 内容生成技术将虚拟生成所有的 3D 模型并将它们组装成一个完整的模型。如果模型不满意，设计师可以快速修订设计而不会产生太高的成本。

过去几年见证了 3D 朴素生成方法的许多进展。这些方法的主要思想是，首先使用 3D 数据集训练网络，然后以前馈方式生成 3D 资源。这一系列方法的局限性是需要大量的 3D 数据集，但 3D 数据集的数量很少。

由于图像文本对的数量远远大于 3D 对应物，最近出现了一种新的研究方向，即基于大规模配对图像文本数据集训练的 2D 扩散模型构建 3D 模型。一种代表性方法是 DreamFusion，它通过使用分数蒸馏采样（SDS）损失来优化 NeRF。

最近几年还出现了混合 3D 生成方法，将 3D 朴素生成方法和基于 2D 先验的生成方法的优势结合起来。典型的例子是 One-2-3-45++，它通过使用基于 2D 先验的多视角图像输入来训练 3D 扩散模型，以生成 3D 模型。最近两年见证了 3D 生成技术的显著发展，特别是文本到 3D 和图像到 3D 任务。这些进展为 3D 内容生成提供了许多潜在的解决方案，如 3D 朴素生成、基于 2D 先验的 3D 生成和混合 3D 生成。

尽管近年来在 3D 内容生成方面取得了一些进展，但仍然存在许多未解决的问题，这些问题将极大地影响 3D 内容生成方法的质量、效率和可控性。

就质量而言，当前的 AIGC-3D 方法存在一些局限性。在几何方面，它们无法生成紧凑的网格，并且无法模拟合理的连线。在纹理方面，它们缺乏生成丰富细节贴图的能力，并且很难消除光照和阴影的影响。材质属性也得不到很好的支持。

就可控性而言，现有的文本/图像/素描到 3D 方法无法精确输出符合要求的 3D 资源，编辑能力也不足。在速度方面，基于 GS 的前馈和 SDS 方法速度更快，但质量比基于 NeRF 的优化方法低。总的来说，以生产级质量、规模和精度生成 3D 内容仍然没有实现。

关于数据，一个挑战在于收集包含数十亿个 3D 对象、场景和人物的数据集。通过一个开放世界的 3D 游戏平台可能可以实现这一目标，用户可以自由创建和上传自己定制的 3D 模型。此外，从多视角图像和视频中提取丰富的隐式 3D 知识将是有价值的。这种多样、无标签的大规模 3D 数据集具有推进无监督和自监督学习方法在生成式 3D 内容创建方面的巨大潜力。

同时，也有必要探索更有效的 3D 表示和模型架构，它能够随着数据集的增长展现出规模化的性能，这提供了一个有前景的研究方向。在未来几年，可能会看到专门用于 3D 内容生成的基础模型的出现。此外，未来的大型语言模型可能会实现高水平的多模态人工智能，例如，GPT-5/6，理论上可以理解图像、文本，甚至以专家级水平运行 3D 建模软件。然而，确保这种强大系统的有益发展需要进行大量研究。

4.4　生成式大模型

4.4.1　ChatGPT

ChatGPT 是由 OpenAI 开发的自然语言处理模型，基于 GPT 架构。自问世以来，ChatGPT 逐渐成为人机对话领域的重要工具，具有广泛的应用前景。以下将详细介绍 ChatGPT 的发展历程、工作原理、应用场景及其未来发展前景。

ChatGPT 源于 OpenAI 开发的 GPT 系列模型，这些模型经历了多个阶段的迭代，逐步提升其语言生成能力。GPT 的初代版本 GPT-1 发布于 2018 年，采用了基础的 Transformer 架构。该模型通过无监督学习方法，在海量的文本数据上进行预训练，具备了基本的语言生成能力。然而，GPT-1 的模型规模较小，生成的文本质量和连贯性较为有限。2019 年发布的 GPT-2 是一次显著的飞跃，参数数量达到 15 亿。相比于 GPT-1，GPT-2 的语言生成能力得到了大幅度提升，能够生成更连贯、更具创意的文本。然而，由于 GPT-2 强大的生成能力，OpenAI 担心其可能被滥用于生成虚假信息，因此最初选择不公开整个模型。2020 年，GPT-3 横空出世，其参数量达到 1750 亿，是 GPT-2 的百倍之多。GPT-3 凭借其巨大的模型规模和强大的计算能力，具备了极高的文本生成能力，可以处理从对话到编程、翻译、文本分析等各种复杂的任务。GPT-3 的广泛应用，标志着生成式 AI 技术进入了一个全新的高度。ChatGPT 基于最新版本的 GPT-4。相比于 GPT-3，GPT-4 在模型架构、预训练数据量、生成能力和推理能力上有了进一步的提升。它不仅能够处理更复杂的对话和任务，还能够更好地理解上下文，并进行更精细的推理。

现在版本的 GPT-4 已经从语言大模型发展成为多模态语言大模型。这意味着它能够接收和输出除语言以外类型的数据，如图像、文档等。这极大地丰富了它的功能，目前，ChatGPT 可以应用于诸多场景，例如，内容创作，ChatGPT 在新闻写作、广告文案、创意写作等领域也展现了巨大的潜力。它可以根据用户提供的关键词或主题，自动生成相关的文本内容，大幅降低了人工创作的时间和成本。它也可以根据用户的需求，帮助用户编写代码，它能够理解编程语言，并生成符合语法的代码片段。开发者可以向 ChatGPT 提出编程问题，它会提供相应的解决方案和代码示例，帮助提高编程效率。在一些面向用户的场景中，ChatGPT 也能扮演很好的角色，如智能对话系统。无论是在客户服务、教育、医疗咨询，还是个人助手中，ChatGPT 都可以通过与用户的自然对话提供帮助。其强大的语言生成能力使得对话更加自然流畅，用户体验显著提升。

除了上述技术与应用，ChatGPT 也带来了诸多挑战，首当其冲的就是伦理和道德问题。ChatGPT 能够生成高度逼真的文本，这引发了关于虚假信息传播和内容操纵的担忧。此外，如何确保 AI 生成内容的公正性与伦理性也成为一大挑战。为此，OpenAI 在模型开发过程中引入了多层次的安全措施，并不断优化其内容筛查机制。此外，ChatGPT 在训练过程中使用的大规模数据集不可避免地包含了各种社会偏见。这些偏见可能会在模型生成的内容中显现出来，导致生成结果不符合公平性和中立性的要求。如何减少这些偏见，提升模型的中立性，依然是未来研究的重点方向之一。从技术上来说，计算资源消耗和对话连续性也是 ChatGPT 正面临的挑战，前者是因为 ChatGPT 的预训练和推理过程需要大量的计算资源，这使得其应用成本较高。如何优化模型结构，提升计算效率，同时保持生成质量，是当前面临的技术挑战。后者体现在长时间对话中，模型有时会"忘记"之前的上下文，导致生成的回答与前文不符。未来，如何增强模型对话的记忆能力，使其能够更好地理解并利用长时间对话中的信息，是一个重要的研究方向。

4.4.2　文心一言

文心一言（ERNIE Bot）是由百度开发的一款基于生成式预训练模型的自然语言处理对话系统，它是中国在生成式 AI 领域的一项重要突破。文心一言诞生于百度的"文心大模型"（ERNIE model）项目，是该项目的具体应用之一。自 2019 年起，百度开始研发文心大模型，并陆续推出了多个版本的自然语言处理模型，用于处理文本生成、文本理解等任务。随着 OpenAI 的 ChatGPT 和其他生成式 AI 模型在全球范围内引发关注，百度加快了对对话系统的开发步伐，并于 2023 年正式推出了文心一言，它是中国首个具有竞争力的生成式对话模型。文心一言的开发反映了中国在技术自主性和创新方面的强烈需求，尤其是在人工智能和数据处理的关键领域。

文心一言的技术核心和 ChatGPT 一样是基于深度学习的生成式预训练模型，它依赖于百度的文心大模型架构。文心大模型采用 Transformer 架构，凭借百度搜索引擎获取海量中文数据用于训练，并通过多种任务的微调优化，具备了强大的文本生成和理解能力。此外，作为中国首个具有竞争力的生成式对话模型，在技术上，文心一言根据中国汉字语言的特点，提出了字词混合的自监督对比学习预训练技术，将词和组成词的字进行对比学习。这种对比学习直接学习数据本身，能够探索数据结构信息来帮助模型学习，缓解传统模型训练策略对直接语义监督的依赖，提升模型的鲁棒性和泛化能力。其可以应用于预训练阶段和微调阶段，当前已将该任务适配至阅读理解任务、句对分类任务、句对匹配任务、单句分类任务和序列标注任务。此外，字词混合数据增强自对抗微调策略进一步增强了模型对于文字的理解能力。

4.4.3　讯飞星火

讯飞星火是由科大讯飞股份有限公司开发的一款大规模生成式预训练语言模型，其目标是成为具有智能对话、知识问答、语言理解、内容创作等多项能力的人工智能系统。作为中国人工智能领域的重要创新成果之一，讯飞星火在生成式 AI 竞赛中表现出色，与 OpenAI 的 ChatGPT 和百度的文心一言等国际知名模型相媲美。

科大讯飞股份有限公司成立于 1999 年，是中国领先的智能语音和人工智能企业。其核心技术涵盖语音识别、语音合成、自然语言处理、机器翻译等领域。教育是科大讯飞股份有限公司的重要产业领域，讯飞星火在这一领域展现了极大的潜力。通过智能对话和知识问答，讯飞星火可以为学生提供个性化的学习辅导和学科知识解释。学生可以提出各种问题，模型根据问题提供详细解答，并解释相关概念和知识点。此外，讯飞星火还可以根据学生的学习情况，生成个性化的学习计划和考试练习题，帮助学生提高学习效率。

4.4.4　通义

通义，由"通义千问"更名而来，是阿里巴巴集团旗下的达摩院推出的大规模语言模型，是中国自主研发的人工智能(AI)大模型之一。"通义千问"象征着对知识的广泛掌握和对问题的多样应对能力。作为国内领先的大规模语言模型，通义致力于解决中国在人工智能领域的自主创新问题，并提供更多适应本土需求的 AI 应用方案。

通义的研发结合了阿里巴巴在云计算、大数据、电子商务等领域的优势，通过整合数据、计算能力和业务场景，为企业和个人提供高效的 AI 解决方案。它可以根据具体行业或应用场景进行定制化训练，使其在不同行业的应用中表现出色。例如，在金融领域，通义可以帮助用户生成复杂的市场分析报告；在医疗领域，它可以提供精准的诊断建议和健康咨询。

4.4.5　天工

天工由昆仑万维与国内领先的 AI 团队奇点智源联合研发，是国内首个对标 ChatGPT 的双千亿级大语言模型。通过自然语言与用户进行问答式交互，天工的生成能力可满足文案创作、知识问答、代码编程、逻辑推演、数理推算等多元化需求，涵盖科学、技术、文化、艺术、历史等领域。

天工最高已能支持 1 万字以上文本对话，实现 20 轮次以上用户交互。其算力基于国内最大的 GPU 集群之一，采用了双千亿模型——千亿预训练基座模型和千亿 RLHF 模型，通过蒙特卡罗搜索树算法使其提供更加人性化的交互体验。

4.4.6　Kimi

Kimi 是由北京月之暗面科技有限公司(Moonshot AI)开发的人工智能助手,它在 2023 年 10 月 10 日首次亮相,成为全球首个支持输入 20 万汉字的智能助手产品。Kimi 的核心功能包括长文总结和生成、联网搜索、数据处理、编写代码、用户交互和翻译。它能够处理和分析用户上传的文件,包括 TXT、PDF、Word、PPT 和 Excel 等格式,极大地方便了用户的资料整理和信息提取。

Kimi 的长文本处理能力是其一大亮点,它在 2024 年 3 月 18 日宣布可以进行 200 万汉字的"马拉松阅读挑战",创下迄今为止大模型界的最长纪录。此外,Kimi 还提供了浏览器插件和手机 App,方便用户在不同平台上使用。它的浏览器插件支持 Google Chrome、Firefox、Microsoft Edge、Safari、Opera 等主流浏览器,具备即时问答、全文摘要和画线互动等功能。

4.4.7　LLaVA

LLaVA(large language and vision assistant)是近年来在多模态人工智能领域中出现的一种强大模型,它结合了语言和视觉能力,为自然语言处理和计算机视觉等领域带来了新的突破。通过结合图像和文本数据,LLaVA 能够更好地理解图像的语义内容,并与用户进行自然语言的交互,成为一种新型的"多模态大语言模型"。它的出现源于近年来多模态学习的需求日益增长。传统的人工智能模型要么专注于自然语言处理,要么专注于计算机视觉。然而,在现实世界中,经常需要同时处理图像和文本。例如,在社交媒体上,图片通常伴随文字说明;在电子商务平台上,商品图片和描述同时出现。因此,单一模态的模型在面对这类任务时难以全面理解内容,而多模态模型如 LLaVA 则可以结合这两种信息,提供更丰富的语义理解和智能交互。

LLaVA 的开发基于大语言模型(如 GPT-4)和先进的视觉模型(如 CLIP、Vision Transformer 等)的发展。通过训练这些模型,它们能够同时处理视觉和文本输入,并通过大规模数据集的微调,LLaVA 可以达到非常高的多模态理解能力。

LLaVA 的架构可以分为三个主要部分:视觉编码器、语言模型和多模态融合层。

1. 视觉编码器

视觉编码器的任务是将图像转换为可供语言模型处理的特征向量。LLaVA 通常采用类似于 CLIP 的视觉编码器,它能够将图像转换为一种高维的向量表示,这种表示捕捉了图像中的主要特征,如物体、背景以及它们之间的关系。视觉编码器的输出是一种与图像内容相关的嵌入,这种嵌入随后会被传递到多模态融合层。

2. 语言模型

LLaVA 的语言模型部分通常基于现有的大型语言模型,如 GPT 系列。GPT 等模型在自然语言处理任务上表现出了卓越的能力,能够生成高质量的文本,并理解复杂的语义结构。通过与视觉编码器结合,语言模型不仅可以处理纯文本输入,还可以根据视觉信息生成与图像内容相关的文本输出。

3. 多模态融合层

多模态融合层是 LLaVA 的核心，它负责将视觉信息与文本信息结合在一起。在传统的多模态模型中，通常采用简单的拼接或加权平均的方法将图像和文本表示相结合，但 LLaVA 引入了更复杂的融合机制，如跨模态注意力机制。这种机制允许模型根据文本信息对图像进行更细致的理解，或根据图像信息对生成的文本进行更精准的调整。

通过视觉编码器和语言模型的合作，多模态融合层能够生成与输入图像相关的文本，并能通过语言与用户进行交互。例如，用户可以向 LLaVA 输入一张图片，并问"这是什么地方？"LLaVA 会结合视觉和语言信息，生成关于该地点的回答。

4.4.8　Sora

Sora 是由 OpenAI 开发的一款文本到视频生成的人工智能模型，于 2024 年 2 月发布。Sora 代表了人工智能在理解和创造复杂视觉内容方面的先进能力，它可以根据文本提示生成逼真或富有想象力的场景视频，生成的视频可以长达 60s，并且包含高度细致的背景、复杂的多角度镜头，以及富有情感的多个角色。

Sora 的核心是一个预训练的扩散变换器，它使用扩散模型和 Transformer 两种技术架构的结合。Sora 能够生成符合现实世界物理规律的视频内容，并且支持生成不同时长、不同长宽比和不同分辨率的视频与图像。

Sora 可以生成具有动态摄像机运动的视频。随着摄像机的移动和旋转，人和其他场景元素在三维空间中一致地移动。跟大语言模型一样，在大规模训练下，视频模型展示出了一系列引人注目的能力。在 Sora 之前，并不能保证长时间视频中人物或场景的一致性，或者需要复杂的主题驱动生成器甚至物理模拟器来辅助生成。OpenAI 已经表明，虽然现在很多场景还并不完美，但这些行为可以通过端到端训练来实现。

4.4.9　DeepSeek

DeepSeek 系列模型由中国幻方量化旗下的创新型科技公司 DeepSeek（杭州深度求索人工智能基础技术研究有限公司）推出，涵盖多个版本的先进语言模型。初代 DeepSeek LLM 系列采用领先的神经网络架构和深度学习算法，借助海量语料数据训练，展现出卓越的自然语言理解与生成能力。DeepSeek LLM 在情感分析、文本分类、命名实体识别等任务中表现出色，且支持多语言处理，为跨语言交流提供了强有力的支持。DeepSeek-V2 系列在 DeepSeek LLM 的基础上进行了全面升级，融合了混合专家架构和多头潜在注意力技术，显著提升了模型的处理能力和效率。DeepSeek-V2 不仅在理解与生成能力上保持高水平，还增强了模型的泛化能力与鲁棒性，表现超过 DeepSeek LLM，并与其他主流大模型不分伯仲。此外，DeepSeek-V2 还支持多模态信息处理，拓展了多媒体应用和跨模态交互的可能性。

2024 年 12 月，DeepSeek 发布了开源大模型 DeepSeek-V3，DeepSeek-V3 在 DeepSeek-V2 的基础上进一步优化，采用了无辅助损失的负载均衡策略和多词元预测目标等创新技术，显著提升了处理速度与准确性。DeepSeek-V3 在问答、文本生成、代码理解等多个自然语言处理任务中表现出色,尤其在数学推理和中文处理方面超越了多个主流模型。同时,DeepSeek-V3 还支持多轮对话、对话前缀续写、JSON 输出及函数调用等多种功能,为开发者提供了灵活的接口,适应自动化任务与复杂逻辑处理需求。2025 年 1 月,DeepSeek 发布开源模型 DeepSeek-R1,模型在数学、代码、自然语言推理等任务上性能可比肩 OpenAI o1 正式版,但服务定价远低于 OpenAI。随后,英伟达、亚马逊、微软、百度、腾讯、华为等国内外企业陆续宣布接入 DeepSeek-R1 系统。

4.5　提示工程与智能体

4.5.1　提示工程

提示工程在 AIGC 领域占据着重要地位,专注于设计和优化输入提示词,旨在精细调控大语言模型的输出,以确保内容更加精准、符合用户需求,从而显著提升结果的满意度。随着对话系统、文本自动生成和智能问答等应用场景的广泛普及,这一过程的重要性愈发凸显。

作为大语言模型开发、训练及部署的核心环节之一,提示工程不仅涉及技术层面的微调,更是艺术与科学的巧妙结合。开发者需深刻理解模型的工作机制,同时具备创新思维,能够巧妙地构造提示语,激发模型产生更高质量、贴合情境的响应。

自 ChatGPT 等先进 AI 模型崛起以来,提示工程的概念迅速成为公众讨论的热点。这一现象吸引了无数用户与开发者投身于学习与实践,他们积极探索并掌握各种提示工程技巧,以期在 AI 对话体验中实现更高的效率与精准度,从而更有效地解决实际生活中的问题,推动人机交互体验向新高度迈进。

无论是艺术创作、问题解决,还是效率提升与质量优化,提示工程展现出不可替代的作用,助力人们拓宽思维边界和视野。更重要的是,提示工程的应用不仅限于语言模型,还适用于图像、音频、视频等多种 AI 模型,实现跨领域的智能内容生成。作为连接人类与 AI 的桥梁,提示工程在推动人机协同创新方面扮演着至关重要的角色。

值得一提的是,提示工程不仅局限于提示词的设计与研发,还涵盖了与大语言模型深度交互、对接以及理解其能力范围的一系列技能与技术。通过这些努力,用户不仅能够提升大语言模型的安全性,还能通过整合专业知识与外部工具,进一步激发 AI 的潜能,实现更加智能化和高效化的应用。

4.5.2　提示工程要素

在构建高效的提示工程输入时,需精心设计提示词,以融入以下几大关键要素。

1. 指令

指令是用户与 AI 沟通的桥梁,用于指导 AI 执行任务或创作内容,如文章、图像等。明确指令对 AI 理解用户意图至关重要,它设定了目标并明确了内容类型和生成参数(风格、主题、长度等)。通过关键词和上下文，AI 能更精准地捕捉用户需求，融入个性与创新。指令通常由关键词构成，直接关联生成内容。指令的传递方式多样，包括文本、语音及图形界面输入。用户在构建指令时，需考虑安全与伦理，避免误导或有害内容，确保合规性。因此，制定指令需谨慎负责。

2．上下文

上下文是理解用户意图的关键，涵盖单词、短语、对话、场景、历史行为、偏好及环境等多层面信息。文本上下文通过对话历史等帮助 AI 把握话题与需求；环境上下文(如位置、时间等)，使内容更贴合用户当前情境；用户行为记录揭示兴趣偏好，助力个性化推荐；而用户设置的偏好则直接指导内容生成，确保符合预期。

3．示例

通过展示实际案例或模型答案，为 AI 树立明确的输出标杆。这些示例可以是精选的数据样本，也可以是人工精心构造的模板，直观展示了期望的输出风格与结构，引导AI 生成符合预期的成果。

4．限制条件

明确界定 AI 操作的边界，包括输出格式的具体要求、内容主题的约束以及篇幅长度的限制等。这些规则如同精确的框架，确保 AI 生成的内容既满足用户需求，又符合特定场景下的标准。

5．目标

清晰阐述 AI 应达成的终极目标或期望效果，无论是生成特定类型的回复、提供策略性建议，还是解决复杂问题，明确的目标导向都将激发 AI 的针对性创造力。尤为值得关注的是，在追求最佳提示词的过程中，用户需经历广泛的实验与尝试，将多样化的指令与关键词巧妙组合。

4.5.3　提示工程中的技巧

在提示工程领域，精妙技巧的应用极大地促进了用户对大语言模型能力与局限性的深入理解。研究人员凭借这些技巧，提升了模型在广泛任务(如问答和复杂算术推理)中的表现。尤其在面对庞大任务时，将其巧妙分解为一系列简洁的子任务，有效避免了初期提示设计的烦琐导致的输出混乱。表 4-1 展示了一些提示工程技巧的示例。

表 4-1　提示工程技巧示例

方法	说明	输入	输出
信息提取	设计针对性提示词，从文本中精准提取特定信息，展现模型的信息筛选能力	提取日期：会议将于 2023 年 5 月 15 日在上海举行。	2023 年 5 月 15 日

续表

方法	说明	输入	输出
零样本应用	无须先例示范，仅凭简单提示，激发 AI 的零样本潜力，执行文本分类等任务	对以下文本进行情感分类：今天是个美好的日子。	正面情感
小样本提示	在有限数据环境中，通过提供少量示例，引导 AI 高效完成任务	根据示例学习拼写新单词："猫"→cat。现在拼写"狗"。	dog
问答提示	直接要求 AI 针对具体问题生成详尽回答，体现模型的理解与应用能力	地球是什么形状的？	地球是近似球形的。
数据生成	通过精心策划的提示策略，引导 AI 产出优质、一致的数据样本，加速实验与测试进程	生成关于旅行的正面评价，要求包含"风景如画"和"值得一游"。	这次旅行让我感受到大自然的魅力，风景如画，真是值得一游的好地方。

4.5.4　提示词

在使用 ChatGPT 等 AIGC 文本创作工具时，用户对"提示词"的困惑源于 NLP 模型与传统计算机的差异。NLP 模型通过预测文本序列中单词的概率来构建语言逻辑。这些模型经过海量数据训练，掌握了语言规则和上下文理解能力，并能通过微调适应不同场景。提示词作为用户意图的载体，为模型的生成提供框架。

精准且相关的提示词直接影响模型的输出质量。模型依据提示词调整生成概率，以确保文本的多样性与合理性。不同的提示策略激发各异的生成路径，丰富文本的个性化。ChatGPT 等模型进行复杂计算与推理时，提示词作为桥梁，连接用户意图与模型输出，其重要性不可忽视。

在探索提示工程的广阔领域时，深入理解并掌握提示词的多样类型与精妙结构是至关重要的第一步。表 4-2 展示了提示词的常见类型。

表 4-2　提示词类型示例

类型	输入
以清晰、直接的方式向模型提出明确的任务或问题	艺术创作：绘制一幅展现城市夜晚霓虹灯光的油画，强调色彩对比与光影效果。
自然对话场景，使用户能够更加流畅地与 AI 交互	情景模拟：如果我是即将参加重要面试的求职者，你有什么建议给我吗？
给出明确的任务目标，并附带具体的细节或限制条件，以确保输出内容的准确性	短篇小说创作：编写一个以时间旅行为主题的科幻故事，设定在未来 50 年，包含两个主要角色和一个意外转折，不超过 1500 字。
提供与当前任务相关的背景信息或上下文，帮助 AI 更好地理解用户意图	学术讨论：在探讨量子计算对密码学的影响时，请结合 Shor 算法和当前加密标准的脆弱性进行分析。
鼓励 AI 进行创造性思考，生成更深入或更全面的回答	社会影响分析：探讨互联网普及以来，社交媒体如何改变人们的社交习惯、信息传播方式及政治参与模式。
代码生成提示允许用户指定编程语言并请求生成特定功能的代码片段	Python 编程：编写一个 Python 函数，该函数接收一个字符串列表作为输入，返回列表中所有以"a"开头的字符串的集合。

提示词如同"剧本导演"，引导模型生成符合预期的回答。其质量决定最终成果的优劣，类似于明确提示提升信息填写的效率。在使用 AIGC 时，重视提示词设计是提升用户体验与输出质量的关键。以下是对优质提示词使用注意事项的进一步阐述。

1. 清晰明确，力求精练

核心要点：提示词应直接且具体地传达用户意图，确保 AIGC 系统能够精准捕捉并响应需求。例如，明确指定所需内容的类型（如新闻报道、散文）、格式（如列表、问答形式）、大致长度、特定风格（如幽默、正式）以及语言偏好（如简体中文、英文），有助于生成更符合期望的结果。

2. 避免歧义，精准表达

实践建议：选择词汇时需考虑其明确性和唯一性，减少因模糊表述导致的误解。例如，"介绍人工智能，300 字以内"相比于"介绍人工智能，不要太长"更为清晰，后者因为"太长"的界定模糊而易产生歧义。描述具体事物或情境时，采用专业术语或具体名词而非泛泛之词，能有效避免混淆。

3. 正向引导，精准定制

正向提示词的力量：通过构建积极、具体的正向提示词，用户可以引导 AIGC 系统生成符合预期的内容。这类提示词由精心挑选的词汇、短语或句子组成，可以用逗号分隔以增强清晰度。例如，"阳光洒在静谧的湖面上，一群天鹅悠然自得地游弋"，这样的提示词能够激发模型生成一幅宁静而美好的画面。

反向提示词的应用：除了正向引导，合理运用反向提示词也是优化输出内容的有效手段。它们用于明确排除不希望出现的元素或特征，如"无人物、非夜晚场景"，确保生成的内容更加贴近用户的个性化需求。

4.5.5　智能体框架简介

一般来说，大语言模型智能体框架的精髓凝聚于以下几个核心组件，它们紧密协作，共同构成这一强大系统的基石。

1. 用户请求接口

作为信息交互的起点，它精准捕捉并表达用户的问题或需求，确保智能体能够明确理解用户的意图。用户请求是智能体框架的输入端，直接决定了后续任务处理的方向和目标。用户请求应尽可能清晰、明确，以便智能体能够准确理解。这可能涉及各种领域和类型的问题，如信息查询、任务执行和对话交流等。在实时交互场景中，用户请求的响应速度至关重要，智能体需要快速处理并给出反馈。

2. 核心角色

作为整个系统的中枢与协调者，智能体核心扮演着"指挥官"的角色，负责统筹全局，管理并调度各项资源，以确保任务的高效执行。智能体集成了多种技术和算法，包括自然语言处理、机器学习、知识表示与推理等，以实现复杂任务的处理。它能够根据任务需求和环境变化动态调整策略和行为，以适应不同的应用场景和用户需求，具备学习和自我优化的能力，通过不断积累经验和知识，提升处理复杂问题的能力。

3. 规划模块

此模块具备前瞻性思维，为智能体的未来行动绘制蓝图。它通过分析任务需求，设计出一系列有序的操作步骤，引领智能体逐步向目标迈进。规划模块负责任务分解和路径规划，将复杂任务拆分为可执行的子任务，并规划出合理的执行路径和顺序。它能够根据任务复杂度和环境变化动态调整规划方案，以应对不确定性和意外情况，从而提高任务执行效率。

4. 记忆系统

作为智能体的知识宝库与经验仓库，记忆系统不仅记录历史行为轨迹，还存储学习过程中的宝贵经验。这些记忆资源为智能体提供强大的决策支持，使其能够在面对新问题时迅速调用相关知识，做出更加精准的判断。记忆模块记录智能体在处理任务过程中的所有信息，包括用户请求、决策结果、执行动作和反馈信息。它需要具备持久化存储能力，以确保历史信息不会因系统重启或故障而丢失，并具备可扩展性，以容纳更多的历史信息和经验。

通过这些核心组件的无缝协同与高效运作，大语言模型智能体展现出从应对简单查询到攻克复杂难题的广泛能力。无论是处理即时的信息查询，还是进行深度的数据剖析与可视化展示，它都能游刃有余，展现出巨大的应用潜力与广阔的前景。

4.5.6　智能体分类

大语言模型(LLM)智能体作为人工智能领域的重要分支，其类型与分类可以从多个维度进行阐述。以下是对大语言模型智能体类型与分类的详细介绍。

1. 按智能体类型分类

智能体根据其特性和功能，主要可以分为多种类型。在大语言模型的背景下，智能体主要可以归为学习智能体，特别是基于大型语言模型的智能体(LLM-based agent)。学习智能体的一个核心特征是它们能够根据经验学习和改进其行为。进一步细分，基于LLM的智能体可以归为以下更具体的类型(尽管这些分类可能不是严格互斥的)。

1) 对话型 AI Agent

特点：旨在提供引人入胜、个性化的互动体验。

应用：通过自然语言处理技术，模拟人类对话，理解上下文并生成逼真的回答。

示例：ChatGPT 等聊天机器人，能够参与类似人类对话的互动，理解用户意图并提供相应回复。

2）任务导向型 AI Agent

特点：专注于实现特定目标并完成工作流程。

应用：将高级任务分解为更小、更易管理的子任务，通过调用 API 和集成工具等方式执行操作，并最终报告结果。

示例：企业级自动化任务处理系统，能够处理复杂的业务流程和请求。

2. 按系统架构分类

基于 LLM 的智能体还可以根据系统架构的不同进行分类，主要包括以下两种。

1）单智能体系统

特点：包含一个擅长处理多个任务和领域的基于 LLM 的智能体。

应用：通常用于执行如代码生成、游戏探索和数据管理等多种任务。

示例：基于 GPT 等 LLM 构建的通用智能体，能够处理广泛的自然语言任务。

2）多智能体系统

特点：由多个智能体组成，每个智能体可能专注于不同的任务或领域，通过协作共同完成复杂任务。

应用：在需要高度协同和分布式处理的场景中表现出色，如分布式计算和多机器人协作等。

示例：在机器人技术中，多个智能体可以协同完成复杂任务，如协同搬运和环境探索等。

3. 按功能和应用领域分类

此外，大语言模型智能体还可以根据其功能和应用领域的不同进行分类。

（1）客服智能体：用于企业客服系统，提供自动化客服支持，提高服务效率和质量。

（2）教育智能体：在教育领域应用，为学生提供个性化的学习辅导和答疑服务。

（3）医疗智能体：在医疗领域应用，辅助医生进行病历分析和药物推荐等工作。

（4）金融智能体：在金融领域应用，提供风险评估和投资建议等金融服务。

这些分类方式并不是严格互斥的，一个智能体可能同时属于多个类别。例如，一个基于 LLM 的对话型 AI Agent 可能既是一个单智能体系统，又用于客服领域。

综上所述，大语言模型智能体的类型与分类是多样化的，可以根据不同的维度和标准进行划分。这些分类有助于人们更好地理解智能体的特性和应用场景，从而推动其在各个领域中的广泛应用与发展。

4.6　生成式人工智能的应用

4.6.1　AIGC 助力高效办公

在当今数字化转型的浪潮中，AIGC 正逐步确立其作为企业效能加速器与工作流程优化器的核心地位。对于广大的文职人员群体而言，掌握 AIGC 技术已成为提升工作效率、紧跟时代步伐的关键能力。

1. 编写电商文案

电商文案，作为电商营销的核心元素，旨在以创意与吸引力兼具的文字推广产品与服务。AIGC 技术的应用，使得广告创作能够实现对目标用户的精细定位，深入洞察并精准满足用户需求与心理预期。

2. 电商文案概述

电商文案，作为电子商务领域的特色商业文体，依托电商平台，以精练文字为核心，旨在吸引顾客、塑造品牌形象、强化产品宣传。伴随电商行业的蓬勃发展，此类文案既保留了传统文案的精髓，又独具创新要求。

3. 使用 AIGC 生成电商文案

随着 AI 技术的不断发展，越来越多的企业开始将 AIGC 应用到电商营销中。AIGC 可以帮助企业快速生成高质量的电商文案，提高转化率和品牌知名度。

这里以 M 品牌的新款智能电子秤为例。

【案例 1】   通过提示词表明自己的角色和需求。

输入   你是位杰出的文案设计师，我现正精心构撰 M 品牌新款智能电子秤的详尽产品介绍，力求精准传达卓越功能。

输出   【新品璀璨登场】M 品牌智能电子秤——科技生活，由此启航

一、精准测量，科技助力

M 品牌新款智能电子秤采用前沿传感器技术，测量精度高达微克级别，确保每一次称重都准确无误。创新 App 联动功能，让数据同步至手机变得轻松简单，个性化健康报告让您对身体状况一目了然。

二、时尚设计，智能体验

外观设计简约时尚，不仅是一款精准的健康管理工具，更是家居生活的美学点缀。智能识别功能，自动识别并记录用户健康数据，为您量身定制健康计划，让健康管理变得更加便捷和高效。

【案例 2】   在提示词中加入产品特点，进一步细化需求。

输入   为 M 品牌的新款智能电子秤撰写一篇详细的产品介绍文案，该产品专为 30～40 岁上班族量身打造。时尚外观融合健康与运动监测科技，精准记录，自动生成详尽健康报告，引领生活新风尚。

输出   M 品牌新款智能电子秤：专为 30～40 岁上班族量身打造的健康管理神器。

一、时尚外观，健康与科技的完美融合

专为 30～40 岁的上班族设计，时尚简约的外观，不仅是一件精准的健康管理工具，更能完美融入现代家居风格，彰显您的生活品位。

独特的 LED 显示屏，即使在光线较暗的环境中也能清晰读数，为您的健康管理带来极大的便利。

二、全面监测，精准记录，自动生成详尽健康报告

配备高精度传感器，能够精准记录您的体重、体脂率、肌肉量、水分含量等多项健康数据，让健康管理更加细致入微。

强大的 App 联动功能，将每一次的测量数据自动同步至手机，自动生成详尽的健康报告，让您对身体状况了如指掌。

根据您的健康数据，智能推荐个性化的健康计划，助您轻松实现健康目标，引领生活新风尚。

对比【案例 1】和【案例 2】的输出文案，【案例 2】细化了产品特色，彰显 AIGC 对详尽信息的依赖。多输入产品亮点，助力 AIGC 精准捕捉精髓，输出优质文案框架，便于设计师深度润色与提升。

4.6.2　AIGC 助力学习成长

近年来，AIGC 技术的飞速进步正深刻改变着教育生态，其在教育领域的广泛应用显著提升了教学互动性与成效。合理利用 AIGC，无疑是学生成绩攀升的有效途径之一。同时，培养学生正确驾驭 AI 技术的意识与能力，最大化 AI 辅助学习的正面效应。

1．文章写作

写作，作为人类交流的核心手段与学术探索的基石，其重要性不言而喻。如何有效提升写作效率与品质，始终是每位写作者孜孜以求的焦点与不懈追求的目标。

2．文章写作概述

文章，作为思想表达的载体，其结构通常遵循标题引领、引言铺垫、正文展开、结尾总结的四大基本框架。AIGC 技术在此过程中扮演的是辅助角色，它能帮助人们整理思绪、规划文章结构、搜集资料以及优化文字表达。

3．确定主题

首先由使用者向 AIGC 寻求可探讨的主题的建议，如下所示。

输入　我打算写一篇名为《人工智能对生活的影响》的议论文，有哪些适合的撰写主题？

输出　工作方式的变革：探讨人工智能如何改变各行业的工作流程，提升效率，替代某些职业，同时也创造新职业机会。

生活便利性提升：讨论智能家居、个人助理等技术如何使日常生活更加便捷，提高生活质量。

教育领域的应用：……

4. 生成提纲

一个好的提纲有助于作者有条理地搜集材料、围绕材料展开论证。使用 AIGC 撰写提纲时可使用如下提示词。

输入　请为议论文《人工智能在生活中的应用》撰写提纲。

输出　以下是一份可能适用于议论文《人工智能在生活中的应用》的提纲，供参考。

一、引言

背景介绍，人工智能（AI）的定义与发展历程……

二、智能家居

智能设备的普及，语音助手、智能灯光、温控系统……

三、个人助理与生产力工具

工作效率的提升，日程管理、电子邮件筛选等功能……

四、教育领域的应用

个性化学习，智能辅导程序与学习平台……

---

5. 提供修改建议

文章撰写完成后，使用者可让 AIGC 工具提供一些修改建议。

输入　我该如何对该议论文进行修改？

输出　加强引言部分的吸引力，通过具体案例或数据引入主题，使读者更快进入情境。

深化对人工智能教育应用的具体案例分析，结合国内外成功实践，增强论点的说服力。

在讨论挑战与对策时，增加对教育工作者、学生及家长等不同群体视角的分析，使论述更加全面……

在审视和调整议论文时，使用者可以充分借鉴上述建议，确保文章既有深度又具有吸引力。

4.6.3　AIGC 丰富日常生活

AIGC 引领着生活向智能化、个性化迈进，显著提升民众的生活质量与便利性。

1. 智能菜谱

近年来，随着 AI 的不断发展，美食制作领域也迎来了一场令人瞩目的变革。以智能菜谱为代表的创新技术，正逐渐颠覆传统的烹饪方式，引领着美食的革命。

2. 智能菜谱概述

随着科技的飞速发展，AI 正全面渗透至美食制作的殿堂，智能菜谱作为这一趋势的先锋，正悄然革新人们的烹饪体验，引领人们迈向厨房高手的行列。

3. 确定菜谱内容

小明是东北人，最近他的好朋友小蓝从重庆出差来辽宁。小明准备邀请小蓝来自己家，并亲自为他做几道菜，于是他开始了与 AIGC 的对话。对话内容如下。

输入　你现在开始是我的私人助理，我有朋友从重庆来我家，他爱吃辣，请为我们推荐几道川菜。

输出　麻婆豆腐：麻婆豆腐是川菜中的经典之作，以其麻辣鲜香、色泽红亮、豆腐嫩滑而著称。牛肉的鲜香与豆瓣酱、辣椒面的辣味完美融合，再加上花椒粉的麻感，让人回味无穷。

水煮肉片：

……

输入　请再为我配一个东北菜。

输出　可以考虑搭配锅包肉。锅包肉的酸甜口味与麻婆豆腐和水煮肉片的麻辣风味形成鲜明对比，能让整顿饭更为丰富。

制作锅包肉的步骤如下。

准备肉片：将猪里脊肉切成薄片(约 0.5cm 厚)，用刀背轻轻拍打至松嫩。加入盐、料酒和少许淀粉，搅拌均匀，腌制 15～20min。

调制浆料：在一个碗中，打入鸡蛋，加入适量的面粉和淀粉，调成较稠的浆料(可以根据需要调整比例)。

裹浆：

……

通过与 AIGC 的对话，小明心中有了计划，他打算为好朋友做三道菜：麻婆豆腐、水煮肉片和锅包肉。

4. 确定食材与熟悉制作过程

小明的朋友还有几天才来辽宁，于是小明决定抓紧时间选购合适的食材，先学习做水煮肉片，于是他又开始了与 AIGC 的对话。对话内容如下。

输入　川菜水煮肉片的主要食材用量。

输出　川菜水煮肉片的主要食材用量可以根据不同的食谱和个人口味有所调整，但以下是一种较为常见的食材用量参考。

猪肉里脊：300g；豆芽：200g(可选)；生菜：适量(可选)；干辣椒：10～15 个(根据个人口味调整)……

输入　请告诉我川菜水煮肉片的详细制作过程。

输出　步骤如下。

腌制肉片：将猪肉里脊切成薄片，放入碗中。加入料酒、生抽、淀粉和少许盐，搅拌均匀，静置腌制 20min。

准备配菜：将豆芽清洗干净，生菜洗净备用。

准备调料：蒜和姜切片，干辣椒剪成小段，花椒准备好。

焯水：锅中加水烧开，放入豆芽焯水 1～2min，捞出沥干，铺在盘底。

……

通过与 AIGC 的对话，小明打算先去选购食材，再花时间来熟悉烹饪过程，并学习做水煮肉片。

参 考 文 献

[1] BENGIO Y, GOODFELLOW I J, COURVILLE A. Deep learning[M]. Cambridge: MIT Press, 2017.

[2] KINGMA D P, WELLING M. Auto-encoding variational bayes[J]. arXiv preprint arXiv: 1312. 6114, 2013.

[3] GOODFELLOW I J, POUGET-ABADIE J, MIRZA M, et al. Generative adversarial networks[J]. Communications of the ACM, 2020, 63（11）: 139-144.

[4] RADFORD A. Improving language understanding by generative pre-training[EB/OL]. （2018-06-11）. https://cdn.openai.com/research-covers/language-unsupervised/language_understanding_paper.pdf.

[5] LÜTKEPOHL H. Vector autoregressive models[M]//Handbook of research methods and applications in empirical macroeconomics. Seattle: Edward Elgar Publishing, 2013: 139-164.

[6] HO J, JAIN A, ABBEEL P. Denoising diffusion probabilistic models[C]. Proceedings of advances in neural information processing systems. Virtual, 2020: 1-20.

[7] DEVLIN J. BERT: pre-training of deep bidirectional transformers for language understanding[J]. arXiv preprint arXiv: 1810. 04805, 2018.

[8] COLIN R, NOAM S, ADAM R, et al. Exploring the limits of transfer learning with a unified text-to-text transformer[J]. Journal of machine learning research, 2020, 21（140）: 1-67.

[9] TIAN K Y, JIANG Y, YUAN Z H, et al. Visual autoregressive modeling: scalable image generation via next-scale prediction[J]. arXiv preprint arXiv: 2404. 02905, 2024.

[10] VASWANI A, SHAZEER N, PARMAR N, et al. Attention is all you need[C]. Proceedings of advances in neural information processing systems. Long Beach, 2017: 5998-6008.

[11] OpenAI. OpenAI: introducing ChatGPT[EB/OL]. （2022-11-30）. https://openai.com/blog/chatgpt.

[12] YE H B, LIU T, ZHANG A J, et al. Cognitive mirage: a review of hallucinations in large language models[J]. arXiv preprint arXiv: 2309. 06794, 2023.

[13] ARJOVSKY M, CHINTALA S, BOTTOU L, et al. Wasserstein generative adversarial networks[C]. Proceedings of the 34th international conference on machine learning. Sydney, 2017: 214-223.

[14] YANG L, ZHANG Z, SONG Y, et al. Diffusion models: a comprehensive survey of methods and applications[J]. ACM computing surveys, 2023, 56（4）: 1-39.

[15] ROMBACH R, BLATTMANN A, LORENZ D, et al. High-resolution image synthesis with latent diffusion models[C]. Proceedings of the IEEE/CVF conference on computer vision and pattern recognition. New Orleans, 2022: 10684-10695.

[16] ZHANG L M, RAO A Y, AGRAWALA M. Adding conditional control to text-to-image diffusion models[C]. Proceedings of the IEEE/CVF international conference on computer vision. Paris, 2023: 3836-3847.

[17] MOU C, WANG X T, XIE L B, et al. T2I-Adapter: learning adapters to dig out more controllable ability for text-to-image diffusion models[C]. Proceedings of the AAAI conference on artificial intelligence. 2024, 38（5）: 4296-4304.

[18] LI Y H, LIU H T, WU Q Y, et al. GLIGEN: open-set grounded text-to-image generation[C]. Proceedings of the IEEE/CVF conference on computer vision and pattern recognition. Vancouver, 2023: 22511-22521.

[19] XIE J H, LI Y X, HUANG Y W, et al. BoxDiff: text-to-image synthesis with training-free box-constrained diffusion[C]. Proceedings of the IEEE/CVF international conference on computer vision. Paris, 2023: 7452-7461.

[20] ZENG Y, LIN Z, ZHANG J M, et al. Scenecomposer: any-level semantic image synthesis[C]. Proceedings of the IEEE/CVF conference on computer vision and pattern recognition. Vancouver, 2023: 22468-22478.

[21] OpenAI. Video generation models as world simulators[EB/OL].（2024-02-15）. https://openai.com/index/video-generation-models-as-world-simulators/.

第 5 章

智能机器人

5.1 智能机器人概述

5.1.1 智能机器人的定义

对于智能机器人，不同的机构根据不同的侧重点对智能机器人给出了不同的定义，在此采用国际标准化组织(International Organization for Standardization，ISO)对智能机器人的定义，即智能机器人是一种具有感知、计算和行动能力的机器人，能够通过自主的或交互的方式在动态和不确定的环境中执行任务。这一定义强调了智能机器人的三个核心能力，分别是感知能力、计算能力和行动能力。该定义还指出，智能机器人应具有在不确定或动态环境中自主执行任务的能力，可以根据需要与人类或其他系统进行交互。

5.1.2 智能机器人发展史

古代机械自动装置利用简单的机械原理，如杠杆、滑轮、齿轮和水力，制造出可以自主运行的机器。东汉科学家张衡发明了一种地动仪，用来探测地震的方向，木牛流马是一种由诸葛亮发明的古代自动运输工具，利用机械原理实现自动行走，类似于现代智能机器人的自主移动和任务执行功能，体现了早期的机械自动化思想。

作家卡雷尔·恰佩克(Karel Čapek)于 1920 年在科幻戏剧《罗素姆的万能机器人》(R.U.R.)中首次使用了"机器人"这个词[1]。20 世纪 40 年代，数学家诺伯特·维纳(Norbert Wiener)提出了控制论(cybernetics)理论，定义了通过反馈控制系统实现自我调节和自动化的原理，为现代机器人学奠定了理论基础。图灵在 1950 年提出了"图灵测试"，旨在探讨机器能否通过模仿人类行为表现出类人的智能[2]。1954 年，乔治·德沃尔(George Devol)发明了首个工业机器人 Unimate，在 1961 年被用于通用汽车的生产线上，标志着工业机器人革命的开始[3]。

随着计算能力的提升，20 世纪 80 年代至 21 世纪 10 年代，机器人逐渐具备智能，感知与规划技术取得突破，从而推动服务机器人、无人机等智能系统的广泛应用。21 世纪 10 年代中期至 20 年代初期，多智能体系统与集群智能成为研究重点，机器人协作在物流等领域取得显著进展。展望未来，随着人工智能的发展，机器人将在智慧城市建设中扮演核心角色，并带来伦理和社会责任的新挑战。

5.1.3　智能机器人发展现状

根据 2024 年 11 月国际机器人联合会发布的《2024 世界机器人报告》，全球工厂中运行的机器人数量已达 4281585 台，较上一年增长了 10%，年安装量第三年超过 50 万台，其中智能机器人以其自主决策、感知能力和数据处理技术的进步成为工业自动化的核心力量。从地区分布来看，2023 年新部署的智能机器人中有 70%安装在亚洲，17%在欧洲，10%在美洲，3%在其他地区，这表明亚洲在推动智能制造和自动化转型中处于领先地位。

在中国工厂中运转的工业机器人数量达 1755132 台，同比增长 17%。2023 年的年安装量达到 276288 台。虽然比前一年减少了 5%，但仍是史上第二高的水平，占全球机器人需求的 51%。国际机器人联合会主席玛丽娜·比尔（Marina Bill）表示，十多年来，中国一直在大力投资现代化生产设施，如今，中国无疑是迄今为止全球最大的机器人市场。

5.2　智能机器人分类

5.2.1　机器人的分类方法

1. 按照控制方式分类

智能机器人根据控制方式可分为以下几类：遥控型机器人，由人类操作员远程控制，适用于危险环境或需要精确人工干预的场合，如拆弹和远程医疗手术；自动控制型机器人，能够自主感知环境并做出决策，适用于自动驾驶等复杂环境；半自主机器人，在关键时刻需人为干预，如工业自动化中的机器人；协作机器人，与人类共同工作，适用于与人类互动的任务；程序化控制型机器人，通过预先编写的程序执行任务，常用于工业生产；自适应控制型机器人，通过学习和适应环境变化调整行为，适合不确定性较高的任务，如救援和探索。

2. 按照机器人的运动形式分类

为适应不同的环境需求，智能机器人根据运动形式可分为以下几类：轮式机器人，结构简单、速度快，适合平坦地面，广泛应用于工业、物流和家用场景[4]；履带式机器人，适合复杂地形，常用于军事、救援和勘探任务；腿式机器人，模仿生物运动，适应复杂地形，应用于探险和仿生研究；飞行机器人，如无人机，具有出色的机动性，广泛用于军事、民用和科研领域；水下机器人，用于海洋探测、资源开发等，克服深海环境挑战[5]；爬行机器人，能够附着在垂直表面，应用于高空作业和结构检测；仿生机器人，模仿生物运动，具备高效适应复杂环境的能力。各类运动形式为机器人在多样化场景中提供了最佳解决方案。

3. 按照应用环境分类

根据应用环境，智能机器人可分为多种类型：无人机通过自主系统或远程控制在空中执行军事侦察、物流配送和灾难救援等任务；无人车和自动驾驶车辆依赖传感器和 AI 进行自主驾驶，应用于物流运输和智慧城市；服务机器人则在人机交互场景中提供家庭服务、医疗辅助和公共导引；空间机器人用于太空探索和维护，执行样本采集和设备维护等任务；工业机器人则在制造和生产线上提高效率与精度；海洋和极地机器人专注于海洋深处和极端气候下的探测、资源开采和环境监测。这种基于环境的分类帮助明确不同场景中的需求和挑战，推动针对性的技术研发与优化。本书主要采用按照应用环境分类方式。

5.2.2 智能无人机

无人驾驶飞行器(unmanned aerial vehicle，UAV)简称无人机，又称无人驾驶航空器，是利用无线电通信设备和自备的程序控制装置操纵的不需要驾驶员的飞行器。当前，随着人工智能、深度学习及计算机视觉技术的进步，智能无人机逐渐从传统的远程操控转向更加自主化、智能化的飞行模式，不仅可以执行复杂任务，还能够实现多无人机协同作业。与此同时，智能无人机在农业、物流、救援、军事和环境监测等多个领域展现了广阔的应用前景，为行业带来了新的增长点。

军事需求促成了无人机的诞生与发展。当下最先进和著名的军用无人机代表包括美国 MQ-9 "收割者"、中国 "彩虹-5"、以色列 "哈比" 等。从自主能力的角度来看，这些无人机已经具备了自主起降、自主航线飞行、自主侦察、自主打击能力，以及一定程度上对故障的自检测能力和对飞行条件的自适应能力。例如，中国的 "彩虹-5" 具备长航时和多任务能力，适用于侦察、监视和导弹打击。民用无人机主要分为固定翼和旋翼两大类。由于大部分工农业生产在低空低速环境中作业，旋翼类无人机在民用无人机领域占据主流地位。随着通信、传感器、嵌入式系统等技术的发展，民用无人机的自主性大大提高。DJI Agras 系列无人机专为农业喷洒设计，能够高效地覆盖大面积农田，降低农药使用量，提高作物产量。

无人机的发展正朝着多元化和高度自主化方向迈进，无论是军用还是民用领域，未来无人机将更少依赖人工干预，更智能、更自主。在控制系统方面，当前无人机主要处于自动控制阶段，但未来将具备更强的自主规划和动态调整能力，飞行不再仅依靠预定航线，而是能够根据环境变化灵活调整。在人机关系上，无人机正从 "人在回路中" 转向 "人在回路上"，甚至 "人在回路外"，即无人机将更独立地执行任务，减少人的实时监控和操作。智能化是无人机发展的核心，未来无人机将具备自主航迹规划、自主任务决策以及群体协同能力，尤其是多无人机协同作业在复杂任务中的应用。

5.2.3 智能无人车与自动驾驶

智能无人车与自动驾驶技术近年来发展迅速，通过结合先进的传感器设备，如激光雷达、摄像头和超声波传感器，实现环境感知与障碍物检测，并通过人工智能算法进行路径规划和决策，使得无人车能够在复杂环境中自主驾驶。无人车不仅能够在物流配送、共享出行等商业场景中应用，还可以在紧急救援、农业作业等特殊领域发挥重要作用。随着智能交通和智慧城市的发展，通过提高交通系统的智能化水平，自动驾驶技术有望减少交通事故、降低能耗和减少环境污染，为未来的可持续发展提供强有力的技术支撑。

国内外各大企业针对无人车研究已久。特斯拉的自动驾驶技术是业界知名的系统之一，目前处于 L2 到 L3 级别，属于高级驾驶辅助系统(advanced driving assistance system，ADAS)。特斯拉汽车配备了多个摄像头、雷达和超声波传感器，结合其自主开发的神经网络，能够实现自动换道、车道保持、自适应巡航等功能。京东致力于物流领域的自动驾驶应用，推出了自主研发的无人配送车。其已经在北京、雄安新区等地进行实际应用。

在军事领域，智能驾驶和无人车技术推动了战场自动化、信息化和智能化的发展。无人驾驶车辆在侦察、运输、作战等多个军事场景中展现了巨大的潜力和应用前景。中国的"锐爪"无人车主要用于侦察、巡逻和排雷等任务，具备较强的机动性和自主决策能力，能够适应复杂地形。美国陆军推出的"多用途无人地面车辆"能够运送物资、弹药、医疗设备，并提供战术支持。

智能无人车与自动驾驶技术正快速迈向商业化和日常应用，未来将呈现多项重要趋势。首先，高级别自动驾驶(L4 和 L5)将逐步普及，尤其是 L5 级别的完全自动驾驶将无须人工干预，适应所有交通环境，显著提升交通效率并减少事故。其次，车路协同技术(V2X)将推动智能交通基础设施发展，增强车辆感知和通信能力。无人车的应用领域也将扩展至医疗、农业和工业，特别是在偏远地区和高风险环境中发挥重要作用。人工智能与大数据驱动的创新将进一步提升自动驾驶系统的感知和决策能力，使其能应对复杂的交通状况。此外，随着法规的完善，各国将逐步建立自动驾驶的安全标准和法律框架，确保技术的安全性和可靠性。

5.2.4　智能工业机器人

随着工业 4.0 时代的到来，全球制造业正朝着高度自动化和智能化的方向转型。随着人工智能、传感器技术和大数据的发展，智能工业机器人开始成为实现高效、灵活生产的重要推动力。当前智能工业机器人已成为全球制造业创新的关键领域之一。发达国家和新兴市场均在大力投入相关技术的研发与应用，以增强本国制造业的竞争力。例如，中国、日本、德国等国家通过政策引导和资金支持，推动智能机器人在制造、物流、电子和汽车等行业中的广泛应用。

智能工业机器人通过整合多种传感器，如摄像头、激光雷达、力觉传感器等，可以更好地感知周围环境，精准判断物体的位置、形状和动作轨迹，进而自主规划路径和操作任务。现代智能机器人能够通过视觉和触觉反馈自适应地调整抓取动作，处理不规则、易碎或软性物体。ABB(阿西布朗勃法瑞公司)的双臂协作机器人通过视觉引导和力觉控制，实现了高精度的装配任务。随着"中国制造2025"战略的推进，中国智能制造和工业自动化的需求激增，也推动了智能工业机器人的技术创新和产业应用。

智能工业机器人的未来发展将受技术进步、市场需求和制造业变革的推动，呈现几个主要趋势。首先，机器人将具备更高水平的智能化，集成先进的人工智能技术，通过自主学习和实时调整优化工作流程。其次，人机协作将更加深化，机器人将配备传感器和算法，实现与人类工人的无缝协作。机器人还将向多功能化和模块化发展，能够执行多种任务，并通过模块更换适应不同的生产需求。数字化和网络化趋势也将增强，机器人将与工业互联网和物联网连接，实现智能生产和数据共享。与此同时，安全和伦理问题将受到重视，法规和标准将不断完善，确保机器人的安全使用并应对相关伦理挑战。

5.2.5　智能服务机器人

服务机器人是多学科交叉与融合的结晶，是以服务人为核心，综合机械电子、自动化控制、传感器、计算机、新型材料、仿生和人工智能等多领域多学科的复杂高科技技术，被认为是对未来新兴产业发展具有重要影响的技术之一[6]。服务机器人的研发、制造、应用水平等是衡量一个国家科技创新和高端制造业水平的重要标志，其发展越来越受到各国的广泛关注和高度重视。2021年12月28日，工业和信息化部、国家发展和改革委员会等15个部门联合发布《"十四五"机器人产业发展规划》，旨在于2025年实现机器人产业的全面升级，重点发展智能服务机器人，推动其在家庭、医疗和教育等领域的应用。

近年来，国内外智能服务机器人热门产品不断涌现。在家庭服务机器人、教育娱乐机器人、医疗康复与外科手术机器人、特种机器人等方面，许多研究机构或机器人公司都取得了重要突破。我国的服务机器人技术经过近20年的发展，在机械、信息、材料、控制、医学等多学科交叉方面取得了重要成果，市场前景广阔。达·芬奇手术系统(da Vinci surgical system)通过高精度的操作帮助外科医生进行微创手术，提高了手术的安全性和有效性。

我国服务机器人技术迅速发展，初创企业大量涌现，与欧美国家并跑，并在计算机视觉、智能语音等领域取得重大突破，推动产业创新。服务机器人广泛应用于医疗、教育、消费等领域，市场需求不断丰富应用模式，一些平台型企业如科大讯飞等为机器人公司提供技术支持，促进行业高速增长。人工智能的进步推动服务机器人向家庭、社区等场景渗透，成为新的增长点。尽管我国仍面临关键技术的挑战，服务机器人市场尚未成熟，但通过政府引导和市场主导的方式，产业正处于快速发展的机遇期。认知智能技术的进展为服务机器人未来创新奠定基础，产品类型更加丰富，自主性提升，逐步向情感、教育、医疗等更多领域延伸。

5.2.6　空间机器人智能技术

空间机器人配置有成像探测敏感器、多个机械臂等，在外太空环境下具有一体化感知、决策、操控执行能力，兼有自主执行和地面遥操作模式，能够根据任务和环境约束对不同目标或任务开展多种操作。空间机器人是执行在轨维修维护、在轨组装建造以及外星球表面探索勘察等任务的主要装备，可用于服务轨道目标，在外星球表面建设多机器人协同的探测基地等。空间机器人的深入发展，将会引领下一代卫星设计的革命。

　　通过结合先进的传感器、视觉系统和智能算法，空间机器人能够在复杂的太空环境中感知周围环境并进行环境建模。自主导航与路径规划技术使其能够应对未知环境，自主避障并选择最佳路径。"嫦娥四号"搭载的"玉兔二号"月球车，能够在月球上实现自主导航、环境感知和路径规划等。"天宫二号"搭载的空间机械臂具备多自由度的操作能力和高精度的控制系统，能够进行自主对接、货物转移以及空间站维护等复杂任务。

　　空间机器人智能技术的未来发展将集中在高度自主化、多机器人协同作业、增强感知与交互能力等关键方向。随着人工智能和机器学习技术的进步，未来的空间机器人将具备自主决策、路径规划和任务执行的能力，减少对地面指挥的依赖。同时，多机器人协同工作将提升任务效率，尤其在太空建造和采矿等大规模任务中。感知系统的进化将使机器人能够更好地应对复杂环境，并通过自然的交互方式帮助宇航员。未来的空间机器人还将具备故障诊断与自我修复能力，确保长时间运行。此外，空间机器人将向轻量化和能源高效化发展，并扩展至月球基地建设、太空采矿等新兴领域。跨领域技术的融合也将进一步提升其智能化水平，推动太空探索与开发的进程。

5.2.7　海洋/极地机器人智能技术

　　一个国家参与和利用海洋/极地的能力直接决定其在国际竞争和地缘政治中是否具有主导权。我国海洋油气、矿产资源开发能为国民经济发展提供持续的物质保障，海洋管控和"海上丝绸之路"建设则能为国家创造和平发展的周边环境。根据《南极条约》，我国建设南极科学考察站，开展资源勘探和极地科学研究，积极打造"冰上丝绸之路"，为北极航道的开辟和北极的开发利用做好前期准备。海洋/极地机器人是探索海洋/极地的重要工具，在海洋/极地矿产资源开发、海洋工程、海洋保护与利用中扮演着举足轻重的角色。

　　海洋机器人的自主能力不断提升，降低了人类海洋作业的风险。海洋作业经历了三次技术革命：20 世纪 60 年代的载人潜水器(human occupied vehicle，HOV)，70 年代的遥控水下机器人(remotely operated vehicle，ROV)，以及 90 年代的自主水下机器人(autonomous underwater vehicle，AUV)。AUV 可以在简单的水下任务中代替人类，但在复杂场景中表现有限。如今，混合型机器人(autonomous and remotely operated vehicle，ARV)结合了 ROV 和 AUV 的优势，既能通过遥控精确作业，又能自主执行大面积搜索任务。目前，中国已经研制出多种类型的智能海洋/极地机器人，用于执行深海探测、极地环境监测和资源勘探等任务。

　　智能海洋/极地机器人的未来发展趋势将集中在提升自主性、耐久性、协同作业能力和环境适应性，以应对极端环境中的长期任务和复杂操作需求方面。机器人将通过人工智能和大数据分析实现更高的自主决策能力，能够自主规划路径、避障并调整任务策略。多机器人协同作业将成为常态，提升任务效率和成功率，特别在大规模资源勘探和科研任务中。未来机器人将更加耐用，依赖先进的能源管理系统和新材料技术，适应恶劣的深海和极地环境。高精度传感器和边缘计算技术的结合将使机器人能够实时监测环境并本地处理大量数据，提供更及时的科学支持。同时，跨学科技术，如量子通信和智能材料的融合，将进一步提升机器人在数据传输、远程控制和自我修复等方面的能力。

5.3 智能机器人关键技术

智能无人系统作为多学科技术的集大成者，在医疗、工业自动化等领域的应用不断扩展，逐渐改变了传统工作模式。机器人具备一系列关键能力，不仅提升了自动化水平，还推动了工作方式的变革[7]。

智能机器人软件是实现自主行为和智能决策的核心，涵盖了自主感知与理解、定位与建图、导航与路径规划、决策与行为规划、多任务协同、人机交互等关键技术模块。这些模块相互协作，共同赋予机器人感知、决策和行动的能力。

机械结构是机器人实现运动的物理基础，运动学与动力学系统确保其高效运动，控制系统通过位置、力和混合控制策略保证执行精度。随着技术的进步，基于计算机视觉、深度强化学习（deep reinforcement learning，DRL）的智能控制方法日益普及。

机器人操作系统为开发复杂机器人系统提供了模块化和灵活的开发环境，帮助开发者高效实现机器人功能集成。智能机器人各关键技术相辅相成，共同为机器人在复杂环境中的自主性和智能性提供了支持，并将持续发展以应对未来挑战。

5.3.1 智能机器人机构

1. 机器人机构的基本组成

机器人机构的基本组成是机器人运动和执行功能的核心部分，它决定了机器人在空间中的运动方式和结构特性。一个典型的机器人机构由构件、运动副和运动链组成。构件是实现运动的基础单元，运动副则是连接构件并使其发生相对运动的关键元素[8]。

2. 构件与运动副

构件是机械系统中能够进行独立运动的单元体。机器人中的构件多为刚性连杆，因此，多数情况下简称杆。但在某些特定应用中，不可以忽视构件的弹性或柔性，或者构件本身即为弹性或柔性构件。本书主要研究刚性杆。

图 5-1(a)中的所有构件都可以看作由刚性杆组成的，图 5-1(b)中连接两平台的四根杆为柔性杆。两个机器人机构中都有一个固定不动的构件，称为机架或基座。

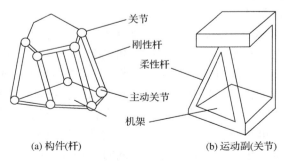

(a) 构件(杆)   (b) 运动副(关节)

图 5-1 机器人机构的基本组成

运动副是指两构件保持接触并有相对运动的基本活动连接。在机器人学中，运动副常称为铰链或关节，其类型和布局决定了机器人的运动学特性。

3. 运动链

两个或两个以上的构件通过运动副连接而成的可动系统称为运动链，组成运动链的各构件构成首末封闭系统的运动链称为闭链，反之称为开链，而既含有闭链又含有开链的运动链称为混链。图 5-2 所示为典型开链、闭链和混链的结构示意图。

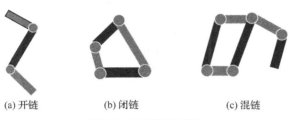

(a) 开链　　　　　　　　(b) 闭链　　　　　　　　(c) 混链

图 5-2　运动链的类型

完全由开链组成的机器人称为串联机器人，完全由闭链组成的机器人称为并联机器人，开链中含有闭链的机器人称为串并联机器人或混联机器人。图 5-3 所示为串联、并联与混联三类典型机器人的结构示意图。

(a) 串联机器人　　　　　(b) 并联机器人　　　　　(c) 混联机器人

图 5-3　串联、并联与混联机器人

4. 机构

将运动链中的某一个构件加以固定，而让另一个或几个构件按给定运动规律相对固定构件运动，如果运动链中其余各活动构件都具有确定的相对运动，则此运动链称为机构，其中的固定构件称作机架或基座。常见的机构类型有连杆机构、凸轮机构、齿轮机构等。

5. 机器人

我们很难从机构的角度给出机器人的明确定义。但是，从机构学的角度，大多数机器人都是由一组通过运动副连接而成的刚性连杆(即机构中的构件)构成的特殊机构。机器人的驱动器安装在驱动副处，而机器人的末端安装有末端执行器。图 5-4 展示了机器人的一种典型结构组成，包括驱动器、机构本体和末端执行器(手爪)。

另一种重要的机器人结构是轮式移动机器人，按照轮子数量可进一步分为两轮、三轮、四轮、六轮等类型。图 5-5 为三种常用的轮式移动机器人实物样机。

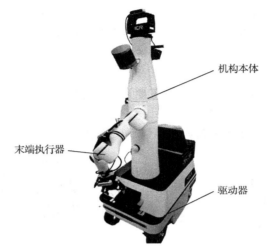

图 5-4　机器人的结构组成

(a) 两轮机器人

(b) 含三个万向轮的机器人

(c) 四轮机器人

图 5-5　三种轮式机器人实物样机

六轮移动机器人是行星探测车的首选。如图 5-6 所示，六轮摇臂探测机器人对地面的自适应和越障主要通过主摇臂相对车体和副摇臂的转动来实现。前轮 Ⅰ 遇到障碍物时如图 5-6(a)所示，水平方向的速度减小为 0，此时中间轮 Ⅱ 的推进起决定性作用，它的推进力和前轮的摩擦力产生的力矩将使副摇臂沿逆时针方向转动，带动前轮完成越障。中轮遇到障碍物时如图 5-6(b)所示，后轮的推进起决定性作用，将促使副摇臂沿顺时针方向转动，中轮上升完成越障。后轮遇到障碍物时如图 5-6(c)所示，前面两组轮子的拉力将促使主摇臂绕着与副摇臂之间的铰接点沿顺时针方向转动，后轮上升完成越障。整个越障过程中，每一部分的越障是通过其他部分机构的作用来实现的。

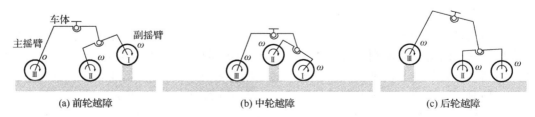

(a) 前轮越障　　　　　　　　　(b) 中轮越障　　　　　　　　　(c) 后轮越障

图 5-6　六轮摇臂探测机器人越障原理

同轮式移动机器人相比，履带式移动机器人更适合在室外环境下工作。因为履带可以缓冲路面的冲击，履带外圈突起的履刺部分还可以减少与路面之间的滑动，增大驱动系统的推进力。

在履带运动方向上，履带轮的旋转中心到地面的距离称为履带的越障中心高度，它在很大程度上决定了履带运动载体所能跨越的障碍物高度。两种常用的履带外形如图5-7所示。相较于图5-7(a)所示的外形，图5-7(b)所示的履带上端长、下端短，保证了履带单元具有一定的接近角和离去角，可有效地提高越障能力。

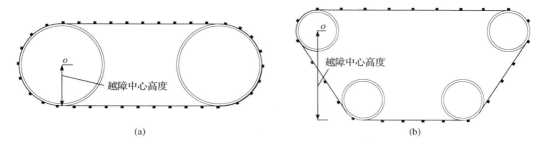

图 5-7 履带外形图

5.3.2 智能机器人运动学与动力学系统

在科技迅猛发展的当下，机器人在各领域作用重大。深入理解机器人需探究动力学与运动学。机器人动力学关注运动与力的关系，如"动力引擎"，决定机器人在力作用下的运动及所需力的大小，有助于设计控制系统，提高运动精度和稳定性。机器人运动学聚焦空间中的位置、姿态和运动轨迹，似"导航系统"，为编程和控制提供基础，能规划运动路径。二者相互关联、影响，共同构成机器人学核心内容。

1. 机器人运动学

当人们看到机器人在各种场景中灵活自如地运动时，不禁会好奇它们是如何实现如此精确的动作的。这背后的关键之一就是机器人运动学。本节将深入讲解机器人运动学的奥秘，探索机器人如何在空间中进行定位和运动[9]。

1)机器人运动学的定义

机器人运动学是研究机器人在空间中的位置、姿态以及运动轨迹的学科。它主要关注机器人各个关节的运动如何影响机器人整体的位置和姿态。想象一下，机器人就像一个由多个关节和连杆组成的复杂机械结构。机器人运动学的任务就是描述这个结构在空间中的运动规律，以及如何通过控制各个关节的运动来实现特定的任务。

2)机器人运动学的研究内容

正运动学：已知机器人各关节的角度或位移，求解机器人末端执行器在空间中的位置和姿态。这就好比知道了汽车各个车轮的转动角度，然后计算汽车在路面上的位置和方向。例如，在工业生产中，机器人需要准确地将工件从一个位置搬运到另一个位置。通过正运动学分析，可以确定机器人末端执行器在空间中的位置和姿态，从而确保机器人能够准确地完成任务。

逆运动学：已知机器人末端执行器在空间中的位置和姿态，求解机器人各关节的角度或位移。这就像是知道了汽车要到达的位置和方向，然后计算各个车轮需要转动的角度。例如，在机器人进行复杂的装配任务时，需要根据任务要求确定机器人末端执行器的位置和姿态，然后通过逆运动学求解出机器人各关节的角度，从而实现对机器人的精确控制。

3）机器人运动学的研究方法

矩阵法：一种常用的机器人运动学分析方法。通过建立机器人各个关节之间的变换矩阵，可以将机器人的运动从关节空间转换到笛卡儿空间，从而实现对机器人位置和姿态的描述。例如，对于一个多关节机器人，可以利用矩阵法建立各个关节之间的变换矩阵，然后通过矩阵乘法计算出机器人末端执行器在空间中的位置和姿态。

几何法：另一种常用的机器人运动学分析方法。通过对机器人的几何结构进行分析，可以直接求解机器人末端执行器在空间中的位置和姿态。例如，对于一些简单的机器人结构，可以利用几何法直接求解出机器人末端执行器的位置和姿态，从而避免了复杂的矩阵运算。

2. 机器人动力学

在科技飞速发展的时代，机器人已走进生活，工厂的工业机器人、家庭的服务机器人、医疗的手术机器人随处可见。要理解这些机器人如何运动和工作，需深入研究机器人动力学。

1）机器人动力学的定义

机器人动力学是研究机器人运动与力之间关系的学科。简单来说，它要回答的问题是：当给机器人施加一个力时，它会如何运动？或者，当希望机器人按照特定的轨迹运动时，需要给它施加多大的力？想象一下，一个机器人就像一个复杂的机械系统，由许多关节和连杆组成。当控制机器人的关节运动时，就会产生力和力矩，这些力和力矩会影响机器人的整体运动。机器人动力学就是要研究这些力和力矩是如何产生、传递和影响机器人运动的。

2）机器人动力学的研究内容

正动力学问题：已知机器人各关节的驱动力或力矩，求解机器人的运动状态，包括关节位置、速度和加速度等。这就好比知道了汽车的发动机动力，然后计算汽车在不同路况下的行驶速度和加速度。例如，在工业生产中，机器人需要准确地抓取和放置物体。通过正动力学分析，可以确定机器人在执行这些任务时所需的驱动力，从而确保机器人能够稳定、高效地工作。

逆动力学问题：已知机器人的运动轨迹，求解所需的关节驱动力或力矩。这就像是知道了汽车要行驶的路线，然后计算发动机需要提供多大的动力才能让汽车按照这条路线行驶。例如，在医疗机器人进行微创手术时，医生需要精确地控制机器人的运动轨迹。通过逆动力学问题的求解，可以确定机器人各关节所需的驱动力，从而实现对机器人的精确控制。

3）机器人动力学的研究方法

拉格朗日法：一种基于能量的方法，通过建立机器人系统的动能和势能表达式，利用拉格朗日方程推导机器人的动力学方程。这种方法具有简洁、通用的特点，适用于复杂的机器人系统。例如，对于一个多关节机器人，可以利用拉格朗日法推导出其动力学方程，从而分析机器人的运动特性。

牛顿-欧拉法：分别从牛顿定律和欧拉方程出发，通过对机器人各连杆进行受力分析，推导机器人的动力学方程。这种方法直观易懂，计算效率较高，在实时控制中得到广泛应用。例如，在机器人的实时控制中，可以利用牛顿-欧拉法快速计算出机器人各关节所需的驱动力，以实现对机器人的精确控制。

5.3.3 智能机器人控制系统

1. 智能机器人控制概述

1）智能机器人控制系统的特点

控制系统是决定机器人功能和性能的主要因素，在一定程度上制约着机器人技术的发展。多数机器人的结构是一个空间开链结构，各关节的运动是相互独立的，为了实现机器人末端执行器的运动，需要多关节协调运动，因此，与普通的控制系统相比，机器人控制系统要复杂一些。具体来讲，机器人控制系统主要具有以下特点。

（1）多变量控制，机器人控制系统是一个多变量控制系统，即使简单的工业机器人也有 3～5 个自由度，比较复杂的机器人有十几个自由度，甚至几十个自由度。

（2）运动描述复杂，机器人的控制与机构运动学及动力学密切相关。描述机器人状态和运动的数学模型是一个非线性模型，随着状态的变化，其参数也在变化，各变量之间还存在耦合。

（3）具有较高的重复定位精度，系统刚性好。除直角坐标机器人外，机器人关节上的位置检测元件不能安装在末端执行器上，而应安装在各自的驱动轴上，构成位置半闭环系统。

（4）信息运算量大。机器人的动作往往可以通过不同的方式和路径来完成，因此存在一个最优的问题，较高级的机器人可以采用人工智能的方法，用计算机建立起庞大的信息库，借助信息库进行控制、决策管理和操作。

（5）需采用加（减）速控制。过大的加（减）速度会影响机器人运动的平稳性，甚至使机器人发生抖动，因此应在机器人启动或停止时采取加（减）速控制策略。要求控制系统位置无超调，动态响应尽量快。

2）智能机器人控制系统的功能

机器人控制系统是机器人的主要组成部分，用于控制操作机完成特定的工作任务，其基本功能有示教-再现功能、坐标设置功能、与外围设备联系的功能、位置伺服功能。

（1）示教-再现功能。机器人控制系统可实现离线编程、在线示教及间接示教等功能，在线示教又包括示教盒示教和导引示教两种情况。

（2）坐标设置功能。一般的工业机器人控制器设置有关节坐标系、绝对坐标系、工具坐标系及用户坐标系，用户可根据作业要求选用不同的坐标系并进行坐标系之间的转换。

(3)与外围设备联系的功能。机器人控制器设置有输入/输出接口、通信接口、网络接口和同步接口，并具有示教盒、操作面板及显示屏等人机接口。

(4)位置伺服功能。机器人控制系统可实现多轴联动、运动控制、速度和加速度控制、力控制及动态补偿等功能。

3)智能机器人的控制方式

根据不同的分类方法，机器人控制方式可以有不同的分类。总体上，机器人的控制方式可以分为动作控制方式和示教控制方式。按运动坐标控制可以分为关节空间运动控制和直角坐标空间的运动控制。按照运动控制方式可以分为位置控制、速度控制和力控制(包括位置与力的混合控制)。

(1)点位控制方式。该方式用于实现点的位置控制，其运动是由一个给定点到另一个给定点，而点与点之间的轨迹却无关紧要。

(2)连续轨迹控制方式。这种控制方式主要用于指定点与点之间的运动轨迹所要求的曲线，如直线或圆弧。

(3)速度控制方式。对机器人的运动控制来说，在位置控制的同时，还要进行速度控制，即对于机器人的行程要求遵循一定的速度变化曲线。

(4)力(力矩)控制方式。在进行抓放操作、去毛刺、研磨和组装等作业时，除了要求准确定位之外，还要求使用特定的力或力矩传感器对末端执行器施加在对象上的力进行控制。

2. 智能机器人控制系统的最新趋势

在智能机器人技术迅猛发展的背景下，控制系统的创新和优化成为提升机器人性能的关键。随着人工智能、机器学习和计算机视觉等技术的不断进步，机器人控制系统的设计理念和实现方法也随之演变。传统的控制方式虽然在一定程度上满足了工业和服务领域的需求，但在处理复杂环境和动态任务时，往往显得力不从心。

本节将简要探讨这三种控制方式的基本原理、应用领域、优势及其面临的挑战，旨在为读者提供一个全面的视角，以理解智能机器人控制系统的最新发展趋势[10]。

1)基于计算机视觉的控制

基于计算机视觉的控制利用先进的计算机视觉技术对环境进行感知，提取物体特征并将其融入控制决策中。随着深度学习的进步，这种方法在环境感知能力上取得了显著提升，使得机器人能够有效处理复杂和不确定的环境。其实时性使得机器人能快速识别和响应环境变化，促进人机协作。计算机视觉和深度学习领域最近取得的成就提高了人们对此类系统可为工业机器人系统、制造业和企业本身带来的好处的认识。基于计算机视觉的方法与机器人的控制回路相结合，是处理环境不确定性和与之交互的最常见方法之一。

2)基于强化学习的控制

深度强化学习结合了深度学习与强化学习，通过与环境的互动来学习最佳控制策略。这种方法展现出强大的自适应能力，能够在复杂和动态的环境中自主学习并优化策略，特别适合处理高维状态和动作空间的问题。深度强化学习在机器人抓取、自动驾驶及复杂任务规划等应用领域展现了巨大的潜力。

在 AlphaGo 取得巨大胜利后，人们对强化学习的关注度显著提高，许多潜在的应用场景也应运而生。工业机器人控制和智能制造领域也不例外。然而，作为强化学习领域的机器人技术与最常见的强化学习基准问题有很大不同。

3）基于模仿学习的控制

模仿学习通过专家演示来学习任务，通常分为行为克隆和逆强化学习。此方法的优点在于能够通过少量的示范快速掌握任务，从而减少探索性动作的需求，避免无效尝试。在工业机器人编程和人工智能助手中，模仿学习展现出高效和灵活的特性。

利用专家行为并从演示中学习任务的能力是模仿学习的基础。在强化学习中，智能体通过与环境交互来学习机器人控制策略，而模仿学习与强化学习相反，模仿学习利用演示轨迹，这些轨迹通常由状态或状态-动作对表示。模仿学习的两大类是行为克隆和逆强化学习。

然而，模仿学习也面临覆盖范围有限的挑战。演示可能无法涵盖所有可能的状态，因此在处理未知情况时表现较差。为此，最新的发展趋势集中在利用虚拟现实和增强现实技术，以丰富演示数据的获取方式。通过在虚拟环境中进行多样化的任务演示，可以显著提高模仿学习的训练效果。

5.3.4　智能机器人操作系统

智能机器人操作系统主要使用机器人操作系统作为开发机器人应用的核心平台和基础架构。智能机器人操作系统的历史可以追溯到 2007 年，它是由加利福尼亚州斯坦福大学人工智能实验室以及其后的一些合作机构发起和发展的项目。

这里介绍最常用的智能机器人操作系统，ROS（robot operating system）是开源的机器人开发框架，有 ROS1 和 ROS2 两个版本。ROS1 基于集中式 Master 节点架构，使用 TCP/IP 通信，不适合实时应用，但在学术研究和小型项目中应用广泛，拥有丰富的社区支持，开发工具为 catkin，语言主要是 Python 和 C++。ROS2 采用分布式架构，基于 DDS 中间件，支持实时性、更高通信确定性和安全性（如加密和身份验证），兼容 Linux、Windows、macOS，适合工业和复杂系统应用，开发工具为 ament，支持现代 C++ 特性。对于初学者和学术研究，ROS1 是不错的选择，而 ROS2 更适合需要高实时性和安全性的工业应用。随着官方逐步转向支持 ROS2，新项目推荐使用 ROS2。

1. 智能机器人操作系统的功能

智能机器人操作系统的功能涵盖了从硬件抽象到任务管理的一系列支持，旨在简化智能机器人开发的流程，降低开发难度，使机器人操作系统更加灵活、智能并易于维护。具体来说，智能机器人操作系统的核心功能包括以下几个方面。

（1）硬件抽象：该功能使得智能机器人操作系统能适应各种不同的硬件平台，从而使开发者可以将注意力集中在软件设计和应用开发上，而无须处理烦琐的底层硬件控制。

(2)通信机制：智能机器人操作系统实现了模块之间的高效通信，采用了以下几种主要机制。

① 发布-订阅：用于模块之间的数据传递，消息以特定的"话题"发布，其他模块可以订阅这些话题。此机制使得感知模块、控制模块等可以灵活地连接和交换数据。

② 服务调用：用于请求-响应式的交互，当需要模块直接与另一个模块交互(如请求某个特定的任务)时使用。

③ 动作机制：用于需要长时间执行的任务，可以动态跟踪任务的进度，如移动到指定位置或机械臂的抓取任务。

2. 智能机器人操作系统的架构

智能机器人操作系统的架构通常设计为模块化和分布式，这种架构确保了系统的灵活性与扩展性，使得开发人员可以方便地集成和扩展机器人功能。典型的智能机器人操作系统架构可以概括为以下几层。

(1)硬件抽象层：这一层将硬件细节进行封装，包括智能机器人的传感器、执行器等，提供标准化的接口。通过硬件抽象，开发人员可以独立于特定硬件进行设计，使得应用软件能够在不同的硬件平台上复用。

(2)驱动层：包含所有底层设备驱动程序，用于连接和操作各种传感器与执行器，如电机驱动、摄像头驱动等。

(3)中间件层：智能机器人操作系统的核心，负责智能机器人各个模块之间的信息传递。

(4)算法和功能层：这一层包含了各种基础算法和功能模块，如同时定位与地图构建、路径规划、视觉识别等。

(5)应用层：基于以上各层开发具体应用逻辑的地方。它结合硬件抽象、算法功能，最终实现特定任务的执行，如搬运物体、清扫地面、巡逻等。

5.3.5 感知与环境理解

自主导航是机器人智能导航的基础。当前绝大多数无人系统，如无人配送机器人、无人搬运机器人、室内扫地机器人、自主巡逻机器人，都具备一定的自主导航能力。一个经典的机器人自主导航过程包含以下基本步骤，具体框架见图 5-8。

抽象控制模块是对机器人运动的控制，接收局部规划模块计算的速度，根据不同机器人运动底盘的运动学模型，解算出机器人各个电机的转动速度。在智能机器人系统中，感知与环境理解是确保机器人能够自主运作和与环境进行智能交互的基础。通过感知系统，机器人能够捕捉环境中的大量信息，如视觉图像、距离、温度和声音等，并通过传感器处理技术将这些数据转化为可操作的信息。而环境理解则是在此基础上对这些感知数据进行更深层次的分析与语义解读，使机器人能够识别物体、理解场景动态，并最终做出相应的决策。

感知与环境理解不仅决定了机器人对周围环境的感知深度和精度，也直接影响着其

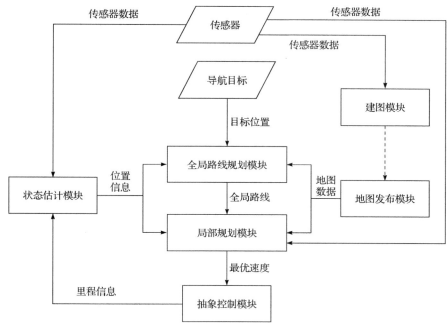

图 5-8　智能机器人导航框架

自主导航、路径规划以及任务执行的效果。本节将首先介绍感知与环境理解的基本概念，然后探讨不同类型的感知系统及其在各类机器人中的应用，最后以视觉传感器为例，深入分析机器人如何通过感知实现环境理解。

1. 感知系统

感知系统是智能机器人获取环境信息的主要途径，依赖多种传感器来感知环境中的各种物理和化学属性，如光线、声音、距离、温度、压力等。这些传感器为机器人提供原始数据，经过处理后用于环境理解、决策和行为规划[11]。感知系统是机器人自主运作的基础，它决定了机器人对周围世界的感知能力和反应速度。常见传感器简要介绍如下。

1）视觉传感器

视觉传感器是智能机器人系统中用于获取环境视觉信息的关键设备，模拟人类的视觉能力，帮助机器人"看到"周围的世界。通过捕捉光学图像或视频流，视觉传感器能够为机器人提供丰富的环境信息，如物体的形状、颜色、纹理和运动状态。视觉传感器在智能机器人中起到不可或缺的作用，广泛应用于导航、目标检测、环境理解等任务。

常见的视觉传感器包括单目摄像头、双目摄像头、RGB-D（red green blue-depth）相机、全景摄像头和红外摄像头。不同类型的视觉传感器各自有其独特的优点和适用场景。选择合适的视觉传感器需要根据具体应用需求（如深度信息、视角范围、工作环境等）进行综合考虑，表 5-1 列出了常见的视觉传感器的特点及应用场景。

表 5-1 不同视觉传感器的特点及应用场景

视觉传感器	优点	缺点	应用场景
单目摄像头	结构简单，成本低	无法获取深度信息	图像识别、监控
双目摄像头	直接计算物体的深度	成本高，光照敏感	3D建图，虚拟现实
RGB-D相机	提供彩色和深度信息	反射面受环境光影响	人机交互、三维重建
全景摄像头	提供全面的视觉信息	图像处理复杂	虚拟现实、监控
红外摄像头	低光、夜间环境工作	对材料类型敏感	夜视监控、热成像

2）激光雷达

激光雷达是一种利用激光脉冲测量距离的技术。激光雷达通过发射激光脉冲并测量其返回时间来计算到目标物体的距离。通过不断扫描，可以生成目标区域的高精度三维点云数据。

激光雷达具有高精度、实时性、三维信息以及高穿透的优点。高精度指的是激光雷达提供极高的测距精度，一般在厘米级别。实时性是能够快速获取大量数据，适合动态环境的实时感知。三维信息指的是可以生成高质量的三维地图，便于物体识别和环境理解。穿透能力指的是对一些遮挡物（如树木）具有较好的穿透能力，能提供更多的关于环境的信息。图 5-9 展示了机械狗的实时三维点云数据图，体现了三维点云地图的高精度和实时性。

图 5-9 机械狗的实时三维点云数据图

激光雷达在智能机器人中广泛应用于高精度三维环境感知和地图构建。例如，自动驾驶汽车通过激光雷达生成高精度点云数据，识别道路和障碍物，实现精确导航和避障。工业机器人利用激光雷达进行三维建模和物体识别，提升操作精度和安全性。无人机和无人船通过激光雷达获取高精度地形和障碍物信息，确保飞行和航行安全。服务机器人利用激光雷达构建室内环境地图，实现自主导航和路径规划。通过这些应用，激光雷达为智能机器人提供了高精度的三维视觉信息，增强了其环境感知和任务执行能力。

3）其他传感器

除了上述介绍的视觉传感器和激光雷达，超声波传感器、红外传感器、全球定位系统和惯性测量单元同样是常见的智能机器人系统传感器。

超声波传感器利用声波的反射原理，通过发射超声波并测量其返回时间来判断距离，广泛应用于障碍物检测和障碍避让。

红外传感器通过检测目标物体发出的红外辐射或反射的红外光进行距离测量或物体检测，常用于安全监控和环境感知。

全球定位系统通过接收来自多个卫星的信号，实时提供精确的位置、速度和时间信息，广泛应用于导航和地理定位。

惯性测量单元通过加速度计和陀螺仪来测量物体的加速度和角速度，提供运动状态信息，常用于导航、机器人和航天等领域。

2. 环境理解

机器人对环境感知的能力是其他高层行动决策（如导航避障、路线规划）的基础。当前相机和激光雷达是最主流的环境感知传感器。机器人通过它们实时获取周边环境的图像数据与点云数据，然后利用深度学习算法从这些数据中提取不同层级的语义，可以增强对周边环境的理解，使环境感知转变为环境认知，从而完成更高级、更智能的导航任务。

下面主要讨论基于视觉图像的语义感知，涵盖了目标检测、图像分割和目标跟踪等关键技术。这些技术依赖于视觉传感器的精确数据输入，来帮助机器人或其他智能设备理解并解析周围环境。

1）目标检测

目标检测旨在识别并定位图像或视频中的物体。目标检测不仅要确定物体的位置，还要准确分类物体的种类，因此涉及边界框预测和分类两个方面。这将为机器人导航过程中的目标分析与路径规划提供支撑。随着深度学习的快速发展，目标检测技术已经从传统的特征提取方法转向基于卷积神经网络的端到端学习方式，大幅提升了检测的精度和速度。

2）图像分割

图像分割旨在将图像分割成不同的区域，每个区域代表不同的物体或场景部分。其目标是为每个像素赋予一个标签，表示它属于哪个对象或类别。图像分割通过识别图像中的不同对象、边界和区域，帮助机器对图像进行更加细致的理解和处理，广泛应用于自动驾驶、医学图像分析、虚拟现实等领域。

3）目标跟踪

目标跟踪旨在从视频序列或连续帧中识别并保持对特定目标的持续跟踪。与目标检测不同，目标跟踪不仅需要识别物体，还要在时间维度上保持对目标的精确跟踪。这项技术在自动驾驶、无人机导航、智能监控等领域具有广泛的应用，尤其在复杂动态场景中，目标跟踪能精确获取物体的运动轨迹和状态。

5.3.6　定位和建图

定位系统是无人系统自主控制与决策的核心，负责确定其在环境中的具体位置。通过传感器感知环境和测量运动，定位技术结合多源信息来精确估计系统的位置和姿态，使其不仅能够理解自身所在，还能与环境互动，完成复杂任务。

建图是机器人通过传感器感知环境并生成地图的过程，为导航和路径规划提供空间参考。它与定位系统紧密结合，确保机器人能够在未知或动态环境中进行自主决策和执行任务。建图的核心在于提升机器人对环境的空间感知和任务规划能力，确保其在复杂环境中避障并准确导航。它直接影响机器人在自动驾驶、服务机器人等场景中的可靠性和执行效率，是自主系统中不可或缺的关键技术。

本节将对常见的智能机器人定位和建图方法进行介绍。

1. 定位方法

根据智能机器人依赖的传感器和处理方式，定位方法通常分为绝对定位、相对定位和混合定位。各类方法具有不同的优缺点，适用于不同的场景。

1) 绝对定位

绝对定位通过使用全局参考系统，直接在环境中的全球坐标系下确定机器人或无人系统的绝对位置。该方法依赖于外部传感器，能够提供全局参考信息。

以下是常见的几种绝对定位技术。

(1) 全球定位系统：利用卫星信号为设备提供全球范围内的位置信息，适用于室外应用，常见于无人车、无人机和户外机器人。

(2) 实时动态差分全球定位系统：通过在标准全球定位系统基础上加入地面基站，实现厘米级的高精度定位，常用于需要高精度的任务，如自动驾驶和精确农业。

(3) 标志物定位：通过已知环境中的视觉标志物(如二维码、视觉图案)，利用摄像头检测标志物相对位置，确定机器人的绝对位置，常见于室内机器人、无人仓储和移动服务机器人。

2) 相对定位

相对定位依赖机器人自身的传感器，如摄像头、惯性测量单元和激光雷达，通过积累运动数据来估计位置，相对于初始位置不断更新。

以下是常见的几种相对定位技术。

(1) 视觉里程计：通过摄像头分析连续图像帧的变化，估算机器人或无人机的运动轨迹，常用于自动驾驶、无人机等领域。视觉里程计对光照条件敏感，适用于环境光线充足的场景。

(2) 惯性导航系统：利用惯性测量单元测量加速度和角速度，通过积分计算系统的位移和姿态，但误差会随着时间累积。惯性导航系统常用于短期定位，例如，在临时失去全球定位系统信号的情况下维持定位。

3) 混合定位

混合定位结合绝对定位和相对定位技术，利用多个传感器的融合技术提升定位精度，增强在复杂环境下的鲁棒性。

以下是常见的几种混合定位技术。

（1）视觉-惯性融合：通过融合摄像头和惯性测量单元，视觉数据用于校正惯性导航的累积误差，惯性测量单元则弥补视觉信息的暂时丢失。这种方法适用于对定位精度和实时性要求较高的任务。

（2）全球定位系统-惯性测量单元融合：在户外环境中，全球定位系统提供全局定位信息，而惯性测量单元通过惯性测量补充短时失去全球定位系统信号的情况，常用于无人车和无人机的长时间导航。

2. 建图方法

建图技术通过传感器采集环境数据，并使用算法生成机器能够理解的环境表示。建图方法主要分为两大类：同步定位与建图（simultaneous localization and mapping，SLAM）和基于拓扑的建图。

1）SLAM

SLAM 是一种重要的技术，主要用于机器人或其他智能设备在未知环境中同时进行定位和地图构建[12]。

在 SLAM 过程中，智能机器人首先通过传感器获取周围环境的信息。这些传感器可能是激光雷达、摄像头或超声波传感器等。智能机器人以一定的速度移动，并持续收集这些数据，形成一系列的观测值。通过分析这些观测值，SLAM 能够识别出周围环境中的特征，如墙壁、家具或其他障碍物。

与此同时，SLAM 还需要实时计算出设备在环境中的位置信息。这通常依赖于传感器数据，以及提前计算好的运动模型，来推断设备的当前状态。SLAM 的核心挑战之一就是在不断变化的环境中保持准确的位置估计，同时有效地更新地图。

随着时间的推移，SLAM 系统会逐步构建出周围环境的地图。这个地图不仅反映了各个特征的位置，还包含环境的其他信息。通过不断迭代和优化，SLAM 能够修正之前的估计，使得地图更加精确。

SLAM 技术在许多领域都有广泛的应用，包括自动驾驶、无人机导航、增强现实等。由于不依赖于预先构建的地图，SLAM 使得设备能够在未知和动态环境中自主导航，极大地推动了智能机器人的发展和应用。

2）基于拓扑的建图

基于拓扑的建图是一种将环境表示为抽象的图结构的建图方式，其中，节点表示环境中的特定位置（如拐角、房间入口等），边表示这些位置之间的可行路径。这种方法主要用于机器人导航，以便高效地进行路径规划和位置识别。拓扑建图通过抽象环境结构，简化了建图和路径规划的计算复杂度，尤其适用于具有较少几何信息需求的场景。

基于拓扑的建图方法通常根据节点和边的表示方式进行分类，主要包括单层拓扑建图、分层拓扑建图。

单层拓扑建图通过使用节点表示关键位置、边表示路径，将环境抽象为拓扑结构图。机器人可以利用这些节点和边实现高效的定位与导航。其优势在于结构简单、计算效率高，适用于小型和规则化的室内场景，如家庭或办公室的机器人导航任务。相比几何建图，单层拓扑建图具有低存储需求和较低的计算成本，能够快速进行路径规划和位置识别。

单层拓扑建图广泛应用于小型和规则化的室内环境，适用于低复杂度的机器人导航任务。例如，扫地机器人使用单层拓扑建图表示家庭环境，将房间、走廊作为节点，通过最短路径规划实现高效清洁。智能机器人利用单层拓扑结构提供简单高效的路径规划和定位，适合家庭和办公室的导航需求。

分层拓扑建图通过将环境抽象为不同层次的拓扑结构，将节点从较高层次的区域（如房间、楼层）逐级细化到较低层次的具体位置（如走廊、入口）。机器人可以通过这些不同层次的节点实现全局与局部的高效导航。分层拓扑建图的优势在于其层次化的结构，使得系统可以在全局规划和局部避障之间自由切换，特别适用于大规模复杂的室内外场景，如商场、医院等。相比单一层次的建图，分层拓扑建图能够有效地在全局导航和局部细节控制之间提供更好的平衡。

分层拓扑建图广泛应用于大规模室内环境，适用于需要全局与局部导航结合的机器人任务。例如，商场服务机器人使用分层拓扑建图，将商场各楼层作为高层次节点，而各个店铺作为低层次节点，从而在全局规划和局部引导之间实现快速切换。智能机器人通过分层结构的拓扑建图，实现了对复杂环境的高效导航与精准引导，特别适用于需要多层次控制的场景。

5.3.7　导航与路径规划

导航是一门古老的科学。导航能力源自生物的本能和人类对于大自然的探索。对于智能机器人而言，导航是引导机器人从一个位置移动到目标位置的过程，是机器人实现后续功能和工作的基础。导航主要围绕三个基本问题，即"我在哪"、"我要去哪"以及"如何去"进行研究，在5.3.6节中介绍的"定位"和"建图"主要是解决"我在哪"和"我要去哪"的问题。本节将详细阐述"如何去"的问题，即路径规划。

路径规划是在具有障碍物的环境中，按照一定的评价标准，寻找一条从起始状态到目标状态的无碰撞路径。通过路径规划，可以提高前往目标位置的效率，降低"碰撞"的危险性，实现智能机器人可靠、高效的运行。

本节将介绍智能机器人常见的路径规划算法和导航实现流程。

1. 路径规划算法

路径规划算法是智能机器人导航中的重要环节，主要是指机器人在相应区域内自动规划一条从起始点至目标点的路径，在这个过程中，需要保证不发生碰撞，并且寻路代价较低。传统的路径规划算法需要在建立全局地图的基础上进行路径规划，即在已知地图中进行，这导致感知和决策分离，难以应用到未知环境中，因此研究者针对各种智能算法进行了深入的探索。

1）A*算法

A*算法是一种经典的路径规划启发式搜索算法，旨在找到从起始点到目标点的最短路径。其核心在于结合广度优先搜索和启发式搜索策略。算法在图中把每个位置视作节点，并通过一个评价函数 $f(n)=g(n)+h(n)$ 来指导搜索，其中，$g(n)$ 表示从起点到当前节点的实际路径成本，$h(n)$ 表示从当前节点到目标节点的估计成本。通常，采用欧几里得距离或曼哈顿距离作为路径成本[13]。

A*算法初始化时，将起点加入开放列表，这个列表用来存储待扩展的节点，同时利用一个关闭列表记录已扩展的节点。在搜索过程中，从开放列表中选取 $f(n)$ 最小的节点进行扩展，如果该节点是目标节点，搜索结束；否则，扩展该节点的所有邻居。如果某个邻居不在开放列表中，就将其加入，并更新其 $g(n)$ 和 $h(n)$；如果已经存在，比较并更新路径成本以保证更优。

A*算法具有许多优点，例如，在有限空间内能够找到解且保证解的最优性，同时通过启发函数有效减少无效路径的扩展。然而，A*算法也存在空间复杂度高的问题，因为需要同时维护开放和关闭列表。启发函数的选择对于算法效率至关重要，越接近实际路径代价，其性能越高。

A*算法适合静态环境中的机器人导航任务，例如，室内导航和地图应用中的路线规划。

2) 遗传算法

遗传算法（genetic algorithm，GA）是一种搜索最优解的优化算法，通过模拟基因的选择、交叉、变异来进行仿真，在搜索过程中具备自我学习能力，能够自适应控制搜索过程来获取最优解。

遗传算法的选择、交叉、变异等操作使其具有较好的全局搜索能力，可以有效避免陷入局部最优解。同时，遗传算法能在不同的环境和条件下自我调整，适应性较强。遗传算法解决机器人路径规划的基本流程如下。

(1) 确定目标：在有障碍物的环境中找到从起点到终点的最优路径。

(2) 编码：将机器人的运动序列编码为染色体。

(3) 适应度函数：根据路径长度和避障情况来计算适应度。

(4) 选择：选择路径短且避障成功的染色体。

(5) 交叉和变异：通过交叉和变异操作生成新的运动序列，优化路径。

3) 强化学习方法

基于强化学习的路径规划算法是利用强化学习的原理和方法来解决机器人或智能体在环境中寻找最优路径的问题。这些算法的核心思想是通过与环境的交互来学习路径规划策略。

在这种方法中，智能体接收状态信息（如当前位置、环境障碍物等），并在此基础上采取行动（如移动的方向和速度）。智能体根据所采取的行动获得奖励或惩罚，奖励通常与是否达到目标、路径的长度或安全性等因素相关。通过多次的尝试和积累经验，智能体不断更新自身的策略，选择出最优的行动，从而达到目标。

在基于强化学习的路径规划中，智能体的学习过程往往是通过模拟环境进行的。待算法训练完成后，智能体可以在实际环境中迅速执行路径规划任务。通过这种方式，基于强化学习的路径规划算法能够适应动态变化的环境，提升自主导航的能力。

2. 导航实现流程

智能机器人导航与定位和建图关系密切，共同组成了智能机器人导航的技术实现流程。本节将介绍智能机器人导航的通用实现流程，主要包含四部分：环境感知、定位、路径规划和运动控制。

(1)环境感知是智能机器人的"眼睛"，承担着信息提取和数据融合的任务。智能机器人使用各种传感器收集周围环境的信息，构建环境地图，获得准确的环境模型。

(2)定位是智能机器人的"知觉"，为智能机器人提供空间方向感，帮助其确定自己在地图模型中的位置，获取在环境中的位姿。

(3)路径规划是智能机器人的"大脑"，是智能机器人导航的核心。路径规划会根据机器人当前位置和目标位置,使用合适的算法计算出一条从起点到目标点的最优路径,该算法会考虑环境中的障碍物和其他约束条件。

(4)运动控制是智能机器人的"四肢"，生成控制信号以引导机器人沿规划的路径移动。这个过程包括动态避障、速度控制和转向调整，以确保安全和高效的导航。

环境感知、定位、路径规划和运动控制在机器人导航中相互依赖，形成一个循环的、动态调整的系统。环境感知提供了导航所需的基础信息，没有准确的环境数据，后面的步骤无法顺利进行。感知数据用于地图构建和障碍物检测。定位依赖感知数据来确定机器人的当前位置。定位的准确性对路径规划和运动控制至关重要。路径规划使用定位信息和环境数据制定从起点到目标的最佳路径。规划需要考虑当前环境中的障碍物和其他动态因素。运动控制则负责执行路径规划的结果，将路径转化为具体的运动指令，引导机器人移动。

下面将介绍一些典型的实际案例，通过分析这些案例加强对智能机器人导航的阐述说明。

1) 自动驾驶

环境感知是自动驾驶的第一步，通过各类传感器获取周围环境的信息。激光雷达利用激光脉冲测量与周围物体的距离，生成三维点云图，有助于实现高精度环境建模。摄像头通过图像识别技术检测道路标志、车道线和行人等，而毫米波雷达在不同天气条件下提供车辆与前方物体的距离和速度信息。为了提升对环境的理解，数据融合技术将来自不同传感器的数据整合，获得更全面的信息。

此外，精确定位是确保自动驾驶车辆在地图上准确位置的关键环节。全球导航卫星系统提供车辆的全球位置坐标，但在城市峡谷或隧道等环境中，其精度可能下降。结合高精度地图数据，车辆在复杂环境中的定位精度显著提高。同时，内部传感器如惯性测量单元等通过惯性导航有助于弥补全球导航系统的不足。

路径规划则包括全局和局部的两种方式。全局路径规划从起点到目标点生成最优路径，而局部路径规划则采用动态规划，实时调整路径以应对突发障碍物或交通情况的变化。同时，路径规划需要考虑约束和多优化目标的要求。一般而言，约束条件通常是基于时间、距离和安全性等因素制定成本函数，而优化目标则是在确保安全的前提下，最大限度地缩短行车时间、提升燃油经济性等。

最后，在获得最佳路径后，车辆需做出相应的运动控制。行为控制能够分析周围的交通情况，选择适当的加速、减速或变道等驾驶动作，而运动控制确保车辆准确跟随规划路径，实现平稳驾驶。这一系列复杂的流程共同构成了自动驾驶系统的重要组成部分。

2）无人机导航

无人机导航是一个依赖多种技术和系统来引导无人机实现自主飞行的复杂过程，涉及环境感知、定位、路径规划和运动控制等多个方面。

在环境感知方面，无人机使用摄像头、激光雷达、超声波传感器和惯性测量单元获取周围环境的信息。摄像头通过图像识别技术识别地面目标、障碍物和地形特征，激光雷达生成详细的三维地形模型，非常适合复杂地形的探测。超声波传感器用于测量与地面或障碍物的距离，确保安全飞行，而惯性测量单元通过加速度计和陀螺仪提供无人机的姿态和运动信息。

无人机定位的准确性对于其导航至关重要，主要依赖全球导航卫星系统、地面基站和视觉定位系统。全球导航卫星系统提供全球范围的位置信息，但在城市、峡谷和森林等环境中可能受到限制。地面基站通过差分全球卫星定位技术在特定区域提高定位精度，而视觉定位系统结合摄像头和计算机视觉，通过识别地标来确认无人机的相对位置。

在路径规划方面，无人机需要计算从起点到目标点的飞行路径，这分为全局路径规划和局部路径规划。全局路径规划利用图搜索算法在预设地图上寻找最优路径，而局部路径规划则实时调整路径，以应对突发障碍物或气候变化，常用的方法有动态规划和人工势场法。优化飞行路径不仅可以提高效率，还能确保安全性。成本函数设定飞行成本，如飞行时间、能耗和安全风险，以此为基础优化路径；而多目标优化则在保证安全的前提下，尽可能缩短飞行时间并提升飞行稳定性。

无人机的控制系统则负责根据路径指令调整飞行姿态和动作。飞行控制器是核心硬件，能够通过传感器反馈来调整无人机的姿态，实现平稳飞行。同时，自主控制算法如PID 控制器和模糊控制能实时修正无人机的飞行状态，确保飞行过程的稳定和安全。通过这些技术的结合，无人机能够实现高效、安全的自主飞行。

5.4　具身机器人

随着人工智能的发展，社会对智能系统的期望不断提升，从单纯依赖算法的模式转向追求能模拟人类感知和行为的系统。这一需求推动了具身智能的兴起。具身智能融合了计算机科学、机器人技术、认知科学和神经科学。具身机器人在工业、医疗、家庭服务和教育等领域具有广泛应用，有助于提升生产效率和生活质量。

5.4.1　具身机器人概述

1. 定义

具身机器人是能够在物理环境中活动并与环境实时交互的智能系统，不仅具备机械功能，还具备感知、决策和行动能力。其"具身性"体现在机器人通过传感器(如视觉、触觉、听觉等)感知环境，并将感知信息传输到控制系统中进行分析，从而实现自主决策和行为调整。

具身机器人通过多种传感器(如视觉、触觉和距离传感器)全面感知周围环境，并将信息传输至控制系统。机器人在决策过程中综合考虑感知数据、任务目标和以往经验。例如，在执行抓取任务时，机器人依据视觉和触觉传感器的反馈，制定最佳抓取策略。其执行器(如机械臂或轮子)会将决策转化为具体动作，并根据反馈信息不断调整动作以确保任务顺利完成。

与传统机器人相比，具身机器人在智能性、自主性和适应性方面具有显著优势。

(1)智能性：传统机器人依赖预设程序，而具身机器人通过与环境的互动，不断学习，具备更高的智能水平。

(2)自主性：传统机器人需要人类远程控制，具身机器人则可自主探索环境，寻找完成任务的最佳路径。

(3)适应性：传统机器人在面对环境变化时需重新编程，而具身机器人能实时适应环境变化，根据环境反馈自动调整策略。

2. 具身机器人的发展历程

早期萌芽阶段(1950~1980 年)：1950 年，图灵首次提出机器能够与环境交互、感知并自主决策的概念，为具身智能奠定基础。早期人工智能主要聚焦于抽象思维和逻辑计算，但这不足以全面理解自然智能。罗德尼·布鲁克斯(Rodney Brooks)提出"行为主义智能"理论，认为智能来源于身体与环境的互动，主张机器人应通过与环境直接互动学习，而非依赖预设程序，为具身智能提供了重要的理论支持。

理论发展与早期探索阶段(1981~2000 年)：此阶段，研究逐渐跨学科化。机构学、机器学习与机器人学的进展为具身智能奠定了基础。学者通过研究机器人结构和运动方式，提升其环境适应性。同时，机器学习使机器人能够通过感知环境不断学习、完成各类任务。

跨学科融合与技术突破阶段(2001~2010 年)：这一时期，机构学、机器学习与机器人学的结合推动了具身智能的发展。机器人结构设计变得更加灵活、轻量，其动作更接近人类。深度学习与强化学习的进步提升了机器人的认知与适应能力，而传感器与运动控制算法的优化则提高了任务执行的精确度。

深度学习推动与快速发展阶段(2011~2020 年)：深度学习带来了具身智能的新机遇。虚拟物理环境和强大的计算能力让机器人在模拟环境中进行大量训练，提高了感知与认知能力。工业制造、医疗和家庭服务等领域开始应用具身智能机器人，展现出广阔的应用前景。

持续发展阶段(2021 年至今)：2021 年起，科技巨头与学术界加大了具身智能的研究投入。2022 年，基于大语言模型(如 ChatGPT)的突破推动了机器人在自主决策与拟人化交互方面的进步。这些模型作为"机器人大脑"，能够更好地处理信息，并提升了智能感知能力。2023 年，人形机器人等具身智能产品逐渐进入市场，引发广泛关注。

5.4.2　具身机器人关键技术

1. 具身感知

具身感知是连接智能体与现实环境的关键枢纽，推动人工智能和机器人技术的发展。视觉感知作为其重要的组成部分，不仅限于物体识别，还涉及机器人在物理世界中的移动和交互，对三维空间及动态环境有深刻理解。主动视觉感知使机器人主动探索环境，获取更精确的信息；3D 视觉定位则帮助其在动态环境中精准定位；视觉语言导航（visual language navigation，VLN）赋予其理解语言指令并结合视觉信息进行导航的能力；触觉感知则增加了与环境互动的维度，丰富了整体感知能力。

1）主动视觉感知

主动视觉感知系统需要具备场景感知与理解、环境探索等能力。这些能力已经在视觉同步定位与建图（visual SLAM，vSLAM）、3D 场景理解和主动探索等领域得到了广泛的研究。

（1）视觉同步定位与建图。

同步定位与建图是一种让移动机器人在陌生环境中找到自己的位置并绘制地图的方法。传统的 SLAM 系统一般使用激光雷达或声呐设备来生成点云图。但这些设备价格昂贵，并且获取的信息相对有限。相比之下，vSLAM 通过摄像头获取图像，不仅硬件成本低，还能捕捉到更多细节，非常适合在小规模环境中使用。vSLAM 可以分为传统 vSLAM 和语义 vSLAM。

传统 vSLAM 通过摄像头拍摄的图像，计算机器人在空间中的位置和姿态，并生成地图。这些地图可以是稀疏、半密集或密集的。常用的方法包括滤波算法、关键帧选择以及直接跟踪。但这种地图只是一堆点云，无法识别出具体物体的类型和用途，因此机器人难以根据这些地图作出更复杂的判断。

语义 vSLAM 加入了"语义"信息，也就是为机器人提供对环境的理解能力。它不仅绘制地图，还识别出具体物体，如区分出桌子、椅子或人。这样，机器人能避开移动的物体（如行人），从而提高导航效率。此外，语义 vSLAM 还能生成带有丰富语义标签的 3D 地图，让机器人对环境有更深入的理解。

（2）3D 场景理解。

3D 场景理解指的是计算机或机器人分析和理解周围环境的三维信息，是自动驾驶、机器人导航和人机交互的重要技术基础。目前，3D 场景理解主要有三种方法：基于投影、基于体素和基于点云。基于投影方法将 3D 点云转换为 2D 图像，像把立体物体拍成照片，计算简单（如 MV3D、PointPillars），但会丢失部分空间信息。基于体素方法将点云转为三维小方块（如 VoxNet、SSCNet），方便 3D 卷积分析，但在高分辨率时可能损失细节。基于点云方法直接处理原始数据（如 PointNet、PointNet++），保留完整信息，但计算复杂，成本较高。每种方法在速度、精度和计算要求之间有所取舍。

（3）主动探索。

被动感知指机器人通过摄像头或传感器观察环境，为理解世界奠定了基础，但仅靠观察在变化的场景中会遇到瓶颈。机器人不仅能"看"，还可以移动和与环境互动，因此需要主动探索的能力。当前解决主动感知问题的两大方法包括与环境交互和改变视角获取信息。

与环境交互让机器人通过触摸或移动物体学习特性，不再依赖预标注数据，并通过多阶段投影框架传递隐性知识，提高感知能力和适应性。

改变视角获取信息则通过移动摄像头从不同角度观察，借助强化学习和递归神经网络构建 3D 全景，减少对未知区域的误判。"无映射规划"技术帮助机器人调整视角，捕捉信息量最大的图像。此外，探索算法结合状态值函数、蒙特卡罗训练和内在奖励机制，让机器人在复杂环境中更灵活、智能地行动。

2）3D 视觉定位

3D 视觉定位是让机器人通过自然语言在三维环境中精准找到物体的核心技术。它广泛应用于智能机器人导航、自动驾驶、仓储管理等领域，帮助机器理解复杂场景中的物体关系。在工作方式上，目前 3D 视觉定位分为两阶段方法（先检测物体候选，再匹配语言描述）和单阶段方法（在语言指导下完成物体检测）。这项技术的意义在于让机器人能灵活响应自然语言指令，提升人机交互的智能性和应用价值，使它们在多变环境中更加准确地完成任务。

3）视觉语言导航

视觉语言导航（VLN）是具身智能领域中的关键研究问题，旨在使智能机器人能够在复杂环境中根据自然语言指令进行准确导航。VLN 的核心任务是整合视觉信息和语言指令，从而做出合理的动作决策。视觉信息通常是机器人在环境中的观察记录，而语言指令明确了导航目标，如图 5-10 所示。VLN 的方法分为基于记忆理解和基于未来预测两类。

基于记忆理解的方法通过机器人对历史信息的记忆和理解来导航。图学习是一种重要的策略，通过图的节点表示导航过程中的环境和状态信息，帮助机器人理解历史轨迹。基于这种图的导航方法，智能机器人可以获得全局或部分的导航图信息，有助于决策。此外，环境编码也在这类方法中起重要作用，通过 RGB-D 观察和语义分割等技术，构建语义图以全面反映环境的结构和信息，辅助导航决策。为了更好地利用历史信息，使用的方法包括对抗学习、因果学习，以及使用目标导向的奖励

图 5-10　视觉语言导航——机器人
根据指令选择导航路径

等。对抗学习交替进行模仿学习和探索鼓励，以加强机器人对指令的理解。大型模型也在基于记忆理解的方法中起着重要作用，通过整合历史观察信息，结合广泛的世界知识，提升模型性能。

基于未来预测的方法则注重智能机器人对未来环境和状态的预测，以指导导航决策。在这类方法中，图学习被用来预测未来路径，通过将复杂的导航过程简化为节点到节点的导航，帮助机器人在连续环境中更好地做出决策。通过融合编码来观察信息，或

利用大规模预训练模型直接预测未来环境的视觉表示，提升了机器人对未来环境的理解和导航效率。一些强化学习方法也被用于预测未来状态。例如，通过强化预测模块使机器人能够模拟未来状态，直接将当前观察和预测的未来状态映射到动作。

触觉感知在具身智能中至关重要，提供关于环境和物体的详细信息，增强了智能体的理解和交互能力。触觉传感器的设计受到人类触觉机制启发，主要分为非视觉型、视觉型和多模态型。非视觉型基于电气和机械原理，记录力、压力等基本感官信息；视觉型通过光学原理记录凝胶变形图像，获取高分辨率触觉信息；多模态型结合压力、加速度等模态，模拟人类皮肤的感知。

2. 具身交互

1）具身问答

具身问答（embodied question answering，EQA）任务要求智能体从第一人称视角探索环境，收集回答问题的信息。智能体需要自主决策如何探索环境以及何时停止以回答问题，任务涉及导航和问答。实现方法主要分为神经网络方法和基于大型语言模型（LLM）/视觉语言模型（visual language mode，VLM）的方法。

（1）神经网络方法：早期研究通过构建深度神经网络解决具身问答任务，主要利用卷积神经网络（CNN）和循环神经网络（RNN），并采用模仿学习和强化学习训练模型。例如，EQA 任务将导航和回答模块在专家演示数据上独立训练后，再微调。后续研究对这些模块进行了改进，如通过联合训练导航和 QA 模块，避免强化学习过程中的问题。此外，还有工作将任务从单对象扩展到多对象，增加问题的复杂性，并引入分层交互式记忆网络以更好地控制导航和问答决策。

（2）基于 LLM/VLM 方法：LLM 和 VLM 的进步推动了具身问答任务的发展，研究人员尝试直接应用这些模型完成任务，而无须额外微调。例如，LLM 和 VLM 被用于情节记忆 EQA（EM-EQA）和主动 EQA（A-EQA）任务中，A-EQA 扩展了 EM-EQA 方法，采用基于前沿的探索进行环境探索。其他工作还通过基于前沿的探索方法识别后续探索区域，并构建语义图，缩短探索时间。

2）具身抓握

具身交互不仅包括与人类的问答，还涉及根据人类指令执行操作，如抓握和放置物体，以实现人与机器人之间的交互。抓握任务需综合语义理解、场景感知、决策制定及稳健控制。当前研究集中在两指平行抓握器和五指灵巧手的抓握技术上，其中五指灵巧手复杂度高，但能模拟更精细的操作。

（1）语言引导抓握：结合了多模态语言模型（MLM）的语义推理能力，使机器人能够执行基于语言指令的抓握任务。语义可以来自明确指令（如抓握指定香蕉）或隐含指令（如"我渴了，帮我接杯水"，机器人需进行空间或逻辑推理）。通过语义理解与推理结合，机器人能够更有效地完成复杂抓握任务。

（2）端到端方法：CLIPORT 结合视觉-语言预训练模型 CLIP 和 Transporter Net，形成用于语义理解和抓握生成的架构。CROG 和 Reasoning Grasping 等方法基于不同数据集进行训练，通过融合多模态模型生成抓握姿势。SemGrasp 利用语义信息生成灵巧手抓握姿势，并通过大规模抓握-文本对齐数据集支持训练。

（3）模块化方法：F3RM 通过扩展 CLIP 模型，将 3D 几何与语义结合，展示了对未见过对象的泛化能力。GaussianGrasper 利用 3D 高斯场实现语言引导抓握，将开放词汇语义与几何信息相结合。这些方法提高了机器人通过语言指令执行抓握任务的能力，但现有方法仍依赖大量数据，泛化能力有限。未来研究将聚焦提高机器人理解复杂语义及抓握新对象的通用性。

3. 具身决策

具身机器人需要具备视觉识别、听觉理解指令和理解自身状态的能力，需要整合多种感知模态和自然语言处理能力来实现复杂的交互和操作，这促使具身多模态基础模型的发展。

1）多模态大模型

早期的基础机器人模型采用独立模块处理规划、可操作性判断和策略制定，但模块分离导致效率较低。Q-Transformer 统一了可操作性判断与低层策略，降低了模型复杂性。谷歌的 RT-2 将三个功能整合为一个模型，具备"思维链"推理能力，在不同任务中提高了泛化性。RT-H 进一步在 RT-2 基础上提升，具有动作层级结构，从宏观规划到微观执行都能有效控制。未来研究应将强化学习融入训练框架，以提升 VLA 模型在现实中的自主学习能力。

2）任务规划

具身任务规划将复杂任务分解为子任务，分为高层任务规划和低层动作规划。传统方法基于规则和逻辑推理，但难以适应动态变化环境。LLM 的进步使其在无须训练的情况下通过"思维链"推理分解任务，如通过 Translated LM 和 ReAct 等方法进行多智能体协作，利用视觉信息更新计划，解决任务执行中的潜在失败。VLM 模型通过捕捉潜在视觉细节，有助于智能体理解环境、提升规划和执行的效果，如 EmbodiedGPT 等模型集成视觉和文本信息以执行任务。

3）行动规划

行动规划解决任务规划后的实际执行问题，确保任务顺利完成。利用 API 进行行动规划时，LLM 可调用预训练的策略模型执行子任务，通过生成代码将工具抽象为函数库，以提高泛化性。模块化设计增强了灵活性，但可能引入延迟并依赖策略模型的质量。利用视觉-语言-动作模型的方法将感知、决策和执行紧密集成，可减少延迟，增强系统鲁棒性。

4. 具身控制

具身控制研究智能体如何通过与环境的交互获取认知能力，并在这种循环交互中持续学习与适应环境。智能体借助感知系统采集环境信息，根据信息作出决策并执行动作，动作结果反馈至环境，进一步影响感知与决策。

1）深度强化学习

深度强化学习擅长处理高维数据并学习复杂行为模式，因此适用于具身控制中的决策和控制任务。混合动态策略梯度可动态优化双足运动控制策略，而 DeepGait 结合了地形感知规划器与控制器，通过深度强化学习优化模型参数，提升了地形运动性能。然而，深度强化学习需要大量实验数据，数据获取难度限制了其应用。

2）模仿学习

为满足深度强化学习对大量数据的需求，模仿学习通过高质量的演示最小化数据使用量，直接从少量演示中学习有效行为。例如，在人形机器人中，模仿学习可以通过记录人类运动数据使机器人学习人类行为。常见的演示方法包括拖动示教、遥操作以及被动观察。模仿学习的好处在于数据利用率高，能够快速学得基础技能，为后续强化学习打下基础，如人形机器人"领航者 1 号"结合模仿学习和强化学习，在算法和硬件方面取得突破性进展。

5.4.3　具身机器人的分类

随着机器人技术的不断发展，各种类型的机器人逐渐被应用于不同行业和场景中。每种类型的机器人根据其独特的设计和技术特点，适应了不同的操作环境和任务需求。从高精度的工业制造到复杂地形的探索，不同类型的机器人展现了广泛的应用潜力。表 5-2 概述了几种常见机器人类型、它们的主要应用领域以及相应的技术细节，以便更好地了解它们的特性和用途。

表 5-2　具身机器人分类与应用

机器人类型	主要应用领域	技术细节
固定基座机器人	工业制造、精密零件加工	高精度操作，配备位置和力传感器，范围有限
人形机器人	服务行业、医疗行业	灵巧手，类人外形，复杂抓取与行走平衡
轮式机器人	物流、仓储	结构简洁，适合平地，自主导航，移动速度快
履带机器人	农业、建筑、灾难恢复	越野能力强，适合复杂地形，速度较慢
四足机器人	复杂地形探索、搜救	模仿生物步态，适应复杂地形

5.4.4　具身机器人的挑战与未来方向

具身机器人作为人工智能的重要领域，面临多重挑战，这些挑战限制了其发展和应用。

（1）在数据层面，标准化和多样性是阻碍通用型具身机器人发展的主要障碍。目前的预训练数据集缺乏对多模态感官信息（如图像、文本、触觉等）的整合，影响机器人对多元信息的处理能力。此外，多机器人数据集缺乏统一格式，不同平台之间的数据共享和交互困难，数据量匮乏也制约了大规模预训练。而融合模拟与真实数据的数据集稀缺，加剧了从模拟到现实环境过渡的困难。

（2）现实世界数据的收集面临高昂的时间和资源成本，依赖模拟数据并不能满足需求，这进一步加剧了从模拟到真实环境的差距。因此，创建多样化的现实数据集需要广泛的跨机构合作，但协调和资源分配是巨大的挑战。

（3）赋予具身机器人自主因果推理能力。通过跨模态的因果关系构建和结合反事实策略，将提升其在现实世界中的决策能力。同时，持续学习方法的探索也不可或缺，如通过分层学习实现实时推理，提升其在不同环境中的适应性。

（4）制定统一评估基准也是未来发展的关键环节。评估具身机器人的多种技能，包括高级规划和低级控制策略在长时任务中的综合表现，为机器人能力的客观评价提供标准，推动其向高效、智能的方向发展。

5.5 集群机器人

集群机器人是由多个自主或半自主机器人组成的系统，通过协调合作完成复杂任务，具备更高的灵活性、效率和鲁棒性。随着技术的发展，集群机器人在工业、农业、环境监测和救援等领域展现了广泛的应用前景。

集群机器人的发展起源于对单体机器人的研究，随着计算能力和通信技术的提升，研究者逐渐探索多机器人协作的可能性。如今，不同类型的集群机器人被应用于多种场景，形成丰富的分类体系。

在实际应用中，集群机器人能够解决传统单体机器人无法完成的任务，如大规模环境监测和灾后救援，其依赖于定位与导航、通信与协作、任务分配与调度等关键技术。然而，集群机器人也面临诸多挑战，如有效通信的保障、信号干扰、处理机器人之间的冲突及实时决策等问题，这些都是当前研究的热点。

本节将从集群机器人的介绍、分类、关键技术、应用和展望四个方面进行讨论。

5.5.1 集群机器人介绍

1. 集群机器人的概念

集群机器人是指一组自主移动的机器人通过协作完成特定任务的系统。这种机器人系统的设计灵感来自自然界中群体动物的行为，如蜜蜂、蚂蚁和鱼群，它们通过简单的规则和局部信息，实现复杂的集体行为。

集群机器人的主要优势在于其高效性和灵活性。在执行任务时，多个机器人可以分工合作，各自负责不同的部分，这样可以显著提高任务的完成速度和效率。为了实现有效协作，集群机器人依赖多种算法，包括分布式控制和路径规划，能根据环境变化动态调整行为，展现出色的自适应能力，如图 5-11 所示，展现了集群机器人的典型例子。

2. 发展史

集群机器人技术起源于 20 世纪 80 年代，最初的研究集中在多智能体系统和分布式控制方面。90 年代，随着计算能力的提高，研究者开始探索集群算法，如蚁群算法和粒子群优化（particle swarm optimization，PSO）算法。进入 21 世纪，集群机器人在物流、农业和搜索救援等领域得到了广泛应用。例如，2010 年，麻省理工学院的机器人团队展示了集群机器人通过集群协作进行复杂任务的能力。近年来，人工智能和机器学习的进步进一步推动了集群机器人的发展，使其在自主决策和协同作业上达到新的高度。

图 5-11　集群机器人图片[14]

5.5.2　集群机器人的分类

集群机器人分类方式有很多种，本节选取了按控制方式分类的方法进行介绍和说明。

1. 集中式控制

集中式控制是集群机器人中一种经典的控制方法，其核心在于通过一个中央控制器对所有机器人进行管理。随着技术的发展，虽然分布式控制和混合式控制方法逐渐受到关注，但集中式控制在许多应用场景中依然占据重要地位。

集中式控制具有几个显著特点：首先，中央决策提供全局视角，使决策更有效；其次，信息集中简化了通信需求；再次，决策集中降低了协调复杂性；最后，便于监控与管理，提高任务分配效率。

集中式控制的优点包括统一决策机制简化协调、降低操作复杂性、促进高效信息共享和便于软件更新，提升了协同能力和管理效率。但其缺点也很明显：单点故障风险、响应延迟、集群规模扩大带来的性能瓶颈，以及抗干扰能力弱等。这些缺陷需在应用中谨慎考虑。

通常，集中式控制的实现方法涉及多个关键环节，确保各个机器人的高效协同和资源优化。例如，每个机器人应配备多种传感器（如 GPS、激光雷达）以实时获取位置信息，并通过无线通信技术（如 Wi-Fi、蓝牙）将状态信息及时传输至中央控制器，提升自主性和协同能力。中央控制器根据任务紧急性制定优先级，并运用优化调度算法（如最短作业优先）动态调整任务分配，以增强机器人的响应能力。

2. 分布式控制

随着机器人技术的迅速发展，集群机器人系统已经成为多个领域的重要研究对象。分布式控制作为集群机器人系统中的另外一种重要控制架构，通过让各个机器人自主决策和协同工作，能够有效提高系统的灵活性和鲁棒性。

分布式控制允许机器人在没有中央控制器的情况下自主地进行信息共享和决策，从而提高整体系统的效率和适应能力。相较于传统的集中式控制，分布式控制在动态环境中的应用效果更加显著。

分布式控制相较于集中式控制有几个显著特点：首先，每个控制单元具备独立决策能力，可以自主判断，提升了安全性和效率。其次，单个单元故障不会导致系统失效，增强了鲁棒性，适用于关键任务，如灾害救援。系统能快速适应动态环境，实时调整行为，且易于扩展，适合智能城市等场景。最后，各控制单元并行处理任务，显著提高了系统效率，尤其在大量数据处理方面表现突出。

集群机器人分布式控制系统在自动化与智能化领域展现灵活性和鲁棒性，允许机器人独立决策、快速响应，避免单点故障，适合救灾和医疗等应用。尽管系统可扩展性强，但缺乏中央控制，可能导致局部最优解和高信息共享成本。此外，设计分布式算法复杂，需协调实时决策，存在安全和管理挑战。因此，尽管优势明显，仍需有效管理和技术支持。

实现分布式控制的方法包括利用传感器网络共享环境信息、信息融合提升决策准确性、使用协作算法协调任务分配，以及灵活的任务调度策略。容错与恢复机制也很关键，以确保系统稳定运行，提升集群的可靠性。

3. 混合式控制

混合式控制是一种将多种控制策略相结合的技术，为集群机器人提供了更灵活和高效的操作能力。集群机器人由多个自主或半自主的机器人组成，这些机器人通过协作完成复杂任务。然而，传统控制方法在动态环境适应、任务分配和协同工作等方面面临挑战。混合式控制策略通过结合经典控制方法与现代智能控制技术，为解决这些问题提供了新的思路。

集群机器人混合式控制结合了集中式和分布式控制的特点，既利用中央控制器进行全局任务规划，又允许个别机器人根据局部信息自主决策。这种方法旨在发挥集中式控制的协调能力和全局视野，同时保持分布式控制的灵活性与适应性，从而在复杂动态环境中优化任务执行过程和提升系统性能与可靠性。

5.5.3　集群机器人的关键技术

集群机器人的有效运行依赖于多种关键技术，主要包括通信技术、协同感知技术、决策与控制技术、路径规划与导航、任务分配与调度等。

1. 通信技术

在集群机器人系统中，机器人之间的有效通信是确保协作成功的关键因素。良好的通信不仅能够促进信息共享，还能提高系统的灵活性和响应速度，从而优化任务执行过程。有效的通信方式可以分为两大类：无线通信协议和网络拓扑结构。

1）无线通信协议

集群机器人的关键技术之一是无线通信技术。其中，无线通信协议为信息传输提供基础，不同协议适用于不同场景，选择合适的无线通信协议对系统性能至关重要。常见的无线通信协议包括 ZigBee、Wi-Fi 和 LoRa（long range）。

2）网络拓扑结构

在集群机器人系统中，网络拓扑影响通信方式和效率。星型拓扑结构简单，适合小规模集群，但中心节点故障会影响通信。网状拓扑支持多路径通信，增强了冗余性和可靠性，适合大规模集群。树型拓扑结合两者的优点，适合中型集群，有效管理复杂任务。合理选择拓扑结构可提高机器人在多样化应用中的协作效率。

2. 协同感知技术

协同感知技术是集群机器人系统中关键的组成部分，它允许多台机器人共同工作，以获取、共享和分析环境信息。这种技术通过有效地整合各个机器人的感知能力，提升了整体系统的感知精度和范围，使得机器人能够更好地应对复杂和动态的环境。协同感知技术的几个重要方面如下。

1）信息共享与融合

信息共享是实现协同感知的基础。每个机器人通过传感器收集环境数据，并通过无线通信实时共享这些信息。信息融合技术将来自不同机器人的数据整合，形成全面的环境模型，从而提高目标识别的准确性和数据的可靠性。

2）分布式算法

协同感知依赖分布式算法，使机器人能够独立又协调地决策。通过动态调整行为，机器人能更高效地进行路径规划和任务分配。例如，强化学习算法让机器人通过互动学习最佳协同策略，增强系统的鲁棒性。

3）实时数据处理

实时数据处理是协同感知的关键，要求机器人具备快速反应能力。边缘计算的应用使数据在本地进行处理，提升响应速度。在快速变化的环境中，机器人能够迅速识别和跟踪目标，并根据实时共享的信息协同制定最佳路径，以便更有效地完成任务。

3. 决策与控制技术

集群机器人的决策与控制是系统实现智能化和自主化的基础，其主要算法包括基于规则的决策、群体智能算法和强化学习。这三种技术各具特性，适用于不同的任务与环境。

1）基于规则的决策

基于规则的决策通过预定义规则进行任务分配和执行，核心在于规则设计和执行效率。规则设计需明确任务性质和环境特征，可分为条件规则、优先级规则和约束规则。规则引擎是决策系统的关键，包括规则库、推理引擎和执行引擎，优化推理算法可提高决策的实时性和准确性。此外，集群机器人集成反馈机制，通过实时监控和学习能力优化规则，确保环境变化时仍能稳定运行。这些机制提升了机器人的整体效能和可靠性。

2）群体智能算法

群体智能算法借鉴自然界中群体行为的特征，通过模拟群体间的互动来实现优化决策。这类算法在处理复杂问题时表现出色，能够自适应地调整以应对动态环境。

3）强化学习

强化学习的基本步骤包括四个部分：状态识别、行动选择、获得反馈和策略更新。在集群机器人中，常见的强化学习算法有 Q 学习、深度 Q 网络和策略梯度方法。Q 学习是一种无模型的离线学习方法，通过学习"状态-行动"对的 Q 值来选择最优行动；深度 Q 网络结合深度学习与 Q 学习，适合处理高维状态空间；策略梯度方法则直接优化策略函数，增强灵活性。这些算法使集群机器人在动态环境中能够有效协作和执行任务。

4. 路径规划与导航

路径规划与导航（多机器人协同规划）集群机器人在各领域广泛应用，其核心在于多机器人协同工作。路径规划与导航是实现协同的关键，主要包括环境建模、路径生成和路径优化。环境建模通过传感器和 SLAM 技术构建地图；路径生成常用 A*算法、Dijkstra 算法和 RRT 算法，深度学习方法也逐渐兴起；路径优化关注路径的平滑性和安全性，并需解决多机器人间的路径冲突。

多机器人协同规划需满足个体要求并实现信息共享，以避免碰撞。常见方法包括集中式规划（全局最优解）和分散式规划（高效但可能局部最优）。为提高效率，研究者采用博弈论模型、拍卖机制和群体智能算法。

在导航技术方面，传统 GPS 在复杂环境中存在局限性，视觉导航和超声波导航逐渐流行，动态避障算法能根据障碍物位置调整机器人轨迹。

5. 任务分配与调度

任务分配与调度是集群机器人协作的基础，直接影响系统的整体性能与效率。在集群操作中，机器人通常面临复杂的任务需求和动态的环境变化，因此，合理的任务分配与调度机制至关重要。有效的任务分配可以确保资源的最优利用，使每个机器人在适合的时间和地点执行合适的任务，从而提高系统的响应速度和灵活性。同时，调度策略需要实时考虑机器人状态、任务优先级以及环境条件，确保在任何突发情况下都能快速做出调整，以维持系统的稳定运行。通过结合集中式与分布式的方法，任务分配与调度不仅能实现个体机器人之间的高效协作，还能提升集群整体的自适应能力，使其在各种复杂任务中表现出色。

多任务处理过程也是集群机器人的一个难点。其原因是，多任务的能力需要众多复杂机制的共存，包括将复杂任务分解为更简单的子任务、为每个子任务分配适当数量的个体、个体有效执行每个子任务的能力，以及这些子任务的协调执行，灵活分工以适应不断变化的环境条件的要求使这一问题复杂化[14]。

如图 5-12 所示，该图是在实际场地中，四个机器人共同完成任务，充分协同合作，从而完成指定任务。

图 5-12　实际场地集群机器人

5.5.4　应用和展望

集群机器人技术正逐渐渗透到各个行业，为多种应用场景提供了高效、灵活的解决方案。这一技术的核心在于多个机器人通过协同工作，优化任务执行和资源利用，形成强大的合力。随着技术的进步和智能算法的发展，集群机器人的应用范围日益扩大，从工业制造到农业，几乎无所不包。本节选择工业、农业这两个方面进行阐述和说明。在工业制造领域，集群机器人被广泛应用于自动化生产线。与传统的单一机器人相比，集群机器人能够同时执行多项任务，从而大幅提升生产效率。通过分工协作，集群机器人可以在短时间内完成复杂的装配、搬运和检验等工作。例如，在汽车制造业中，多台机器人可以协同完成车身的焊接、喷漆和装配，缩短生产周期，同时提高产品质量。这种高效的生产模式不仅降低了人工成本，还提升了企业的竞争力。

农业是另一个集群机器人技术展现潜力的重要领域。随着全球人口的增长和资源的紧张，农业生产面临着巨大的挑战。集群机器人能够通过精准的农业管理，提高作物的产量和质量。例如，农田中可以部署多台无人机和地面机器人，它们可以共同监测土壤湿度、植物生长情况，以及病虫害的发生。通过实时收集和分析数据，机器人可以在合适的时间进行灌溉、施肥和喷药，大大提高了农业生产的效率和可持续性。此外，集群机器人还可以在收获季节进行自动化采摘，降低人力成本，同时降低作物的损耗率。

深度学习与人工智能的结合显著增强了集群机器人的自主决策能力，使其能够在复杂环境中高效学习和适应。通过深度学习，机器人可以优化路径规划、任务分配和环境感知，减少人工干预，提高系统效率。同时，增强现实（AR）和虚拟现实（VR）技术为机器人提供了直观的环境感知和操作界面，提升了任务设计和调试效率。未来，多领域协同作业将使集群机器人在不同应用场景中互联合作，通过信息共享与标准化协议，实现资源优化配置。结合云计算和区块链技术，将增强集群机器人的灵活性和安全性。

　　未来，集群机器人将随着人工智能和深度学习的发展具备更高的自主能力，同时增强现实技术将提升其环境感知和执行能力。通过技术创新和跨领域合作，集群机器人将在可持续发展中发挥更大作用，并成为推动社会进步的重要力量。

参 考 文 献

[1] CRAIG J J. 机器人学导论: 第 4 版[M]. 负超, 王伟, 译. 北京: 机械工业出版社, 2018.

[2] 薛扬, 梁循, 赵东岩, 等. 镜像图灵测试: 古诗的机器识别[J]. 计算机学报, 2021, 44(7): 1398-1413.

[3] 卢远, 国凯, 孙杰. 工业机器人轨迹精度力-位置复合补偿方法[J]. 机械工程学报, 2022, 58(14): 181-189.

[4] 李磊, 叶涛, 谭民, 等. 移动机器人技术研究现状与未来[J]. 机器人, 2002, 24(5): 475-480.

[5] 陈旭光, 寇海磊, 牛小东, 等. 深海水下技术装备发展研究[J]. 中国工程科学, 2024(2): 1-14.

[6] 王田苗, 陶永, 陈阳. 服务机器人技术研究现状与发展趋势[J]. 中国科学: 信息科学, 2012, 42(9): 1049-1066.

[7] ZGHAIR N A K, AL-ARAJI A S. A one decade survey of autonomous mobile robot systems[J]. International journal of electrical and computer engineering (IJECE), 2021, 11(6): 4891-4906.

[8] 刘辛军, 于靖军, 孔宪文. 机器人机构学[M]. 北京: 机械工业出版社, 2021.

[9] 杨辰光, 程龙, 李杰. 机器人控制: 运动学、控制器设计、人机交互与应用实例[M]. 北京: 清华大学出版社, 2020.

[10] NGUYEN-TUONG D, PETERS J. Model learning for robot control: a survey[J]. Cognitive processing, 2011, 12(12): 319-340.

[11] 蔡自兴, 邹小兵. 移动机器人环境认知理论与技术的研究[J]. 机器人, 2004, 26(1): 87-91.

[12] 刘鑫, 王忠, 秦明星. 多机器人协同 SLAM 技术研究进展[J]. 计算机工程, 2022, 48(5): 1-10.

[13] 张明路, 沈祺宗, 高春艳, 等. 针对多障碍陆战场路径规划的改进 A*算法研究[J]. 机械设计与制造, 2023(1): 264-267.

[14] DORIGO M, THERAULAZ G, TRIANNI V. Swarm robotics: past, present, and future[J]. Proceedings of the IEEE, 2021, 109(7): 1152-1165.

第 6 章

人工智能驱动科学研究

6.1 AI for Science 新范式

人类科研范式的发展是一个螺旋式上升的过程——最初是基于观测数据归纳的经验范式，以开普勒为代表，他通过观察和简单的数学计算，发现了行星运动的定律；接着是第一性原理驱动的理论范式，代表人物是牛顿，即从事物的本质出发，发现事物的规律，并用方程来描述；随着数据量越来越大，科学研究进入了计算范式和数据驱动范式的阶段。

尽管数据驱动的方法可以有效地通过数据发现事实，但是该方法不能很好地帮助人们找到事实背后的原因；基于第一性原理列出的数学方程，通常却很难求解。随着人工智能的飞速发展，AI for Science（AI4S）这种融合第一性原理驱动和数据驱动的第五范式应运而生。目前，AI for Science 发展势头迅猛，且在国内外都获得广泛的关注。

在国内，2023 年，科学技术部联合国家自然科学基金委员会启动了"人工智能驱动的科学研究"（AI for Science）专项部署，旨在建设前沿科技研发体系，推动人工智能在科学研究中的应用。科技创新 2030——"新一代人工智能"重大项目也将 AI for Science 纳入重要发展方向，部署了"重大科学问题研究的 AI 范式"任务，涵盖地球科学、空间科学和海洋科学、化学和材料科学、生物医药和临床医学等领域的创新研究。同时，聚焦蛋白质结构预测等国际竞争激烈的领域，支持国内优势团队开展攻关。此外，科学技术部正在加快推动公共算力开放创新平台建设，为 AI for Science 发展提供智能算力支撑。

在国外，埃隆·马斯克宣布成立 xAI，致力于建立理解自然规律的人工智能系统；谷歌前 CEO 埃里克·施密特（Eric Schmidt）捐资 1.48 亿美元，成立 AI for Science 博士后奖学金，并支持 9 所大学；微软设立专门的 AI for Science 部门；英伟达与 IIT 联合发布 AI for Science 公开课程；赛诺菲宣布全面投入 AI for Life Science；美国能源部发布《面向科学、能源和安全的人工智能》(AI for Science, Energy and Security)报告；OECD 发布全球政策建议，推动 AI 在科学领域的应用。

各行业的 AI for Science 应用正在加速涌现，从学术界到产业界，AI for Science 已经成为全球科研发展的重要趋势。AI for Science 新范式的出现，极大拓宽了科学研究的边界，提高了研究效率，为科学探索带来了新的可能性。

6.1.1 AI 与科学研究范式的变迁

自文艺复兴以来,科学研究主要遵循两种范式:"开普勒范式"和"牛顿范式"。

开普勒范式是一种数据驱动的研究方法,通过分析数据发现科学规律并解决实际问题。经典案例有开普勒定律。开普勒范式主要依赖统计方法和机器学习,已成为强大的工具,在缺乏明确原理的情境中尤其有效。尽管这种方法能帮助解决具体问题,但其缺乏可解释性,难以阐明背后的原因。

牛顿范式则是一种基于第一性原理的研究方法,旨在揭示物理世界的基本规律。经典案例包括牛顿、麦克斯韦、玻尔兹曼、爱因斯坦、薛定谔等的理论工作。这一范式推动了物理学的巨大进展。而量子力学的建立则标志着这一道路的转折:狄拉克指出,量子力学提供了大多数工程和自然科学所需的基本原理。然而,在实际应用中,面对复杂物理模型时,尽管具备理论原理,但计算量常常过大,这导致有原理但无法高效应用的困境。

从启蒙运动到工业革命,再到今天,开普勒范式和牛顿范式一直支撑着人类文明的进步,推动了经济和社会的繁荣与发展。而在未来,人工智能将扮演关键角色,进一步加速这两种范式下科学的探索与发展,提升研究的速度和深度。根据不同的驱动方式,AI for Science 可以分为三种,分别是数据驱动、模型驱动和混合驱动。

1. 数据驱动的 AI4S

数据驱动的 AI4S 依赖于大量实验或观测数据,通过机器学习和统计方法提取模式和规律。这种方式不依赖于明确的物理原理,而是通过分析数据本身来进行科学发现和预测。

传统数据处理方法通常依赖统计模型,适用于小规模数据。然而,这些模型的表达能力受到数据规模的限制,无法满足高精度要求。在这种情况下,需要大量数据来提升模型的准确性。各领域数据种类和数量的激增,提供了解决这一问题的数据基础,但同时,数据噪声的增加和信噪比的下降也带来了挑战。传统方法在面对海量数据时容易陷入"维度灾难",即无法在合理的时间内建立高精度模型。因此,新的数据处理方法是必需的。

DeepMind 公司开发的蛋白质结构预测算法 AlphaFold2 便是数据驱动的 AI4S 的成功案例,它通过 AI 技术有效解决了蛋白质折叠这一高难问题,彻底改变了传统的技术路线。AlphaFold2 完全是数据驱动的,没有用到任何物理模型,输入蛋白质的序列(更准确地说是 multiple sequence alignment,简称 MSA,多序列比对),就能得到蛋白质的结构。这是第一次通过计算方法达到了实验的精度;过去 60 年间,人类通过实验手段测得了 20 万种蛋白质的结构,AlphaFold2 在不到 3 年时间里就成功预测了数亿种蛋白质结构,这意味着实现了千倍以上的效率提升。

AlphaFold2 能够取得成功的重要原因之一是引入了多序列比对(MSA)的数据。过去数十年间,随着生物技术的不断发展,人类已经积累了巨量的宏基因组数据。这使得研究者可以对某种蛋白质去做蛋白质序列的多序列比对,即分析和比较同一蛋白质在不同物种(人、猪、鸡、鱼、真菌、细菌等)中序列的异同。也就是说,结构比序列更保守,序列的变化模式也提示了结构信息。

在某种程度上可以说,AlphaFold2 是一个完全基于数据的、以多序列比对为条件约束的蛋白质结构生成模型。同时,它对"AI 驱动的各种模型到底能不能精准地解决问题"这一疑问给出了肯定的回答。

2. 模型驱动的 AI4S

模型驱动的 AI4S,是用 AI 来连接、处理各种尺度的物理模型或者基本原理。这些物理模型和基本原理往往难以通过常规方法求解,或者说当前的数据量不足以实现有效观测和计算,如薛定谔方程、波尔兹曼方程、密度泛函、分子动力学、量子力学等。

前面提到过,数据驱动的 AlphaFold2 能够成功的一个前提,是有相关的海量数据。然而在很多领域,一个典型的难题恰恰在于数据的匮乏。此时,AI4S 的任务是帮助求解物理模型,从而解决问题。

以北京深势科技有限公司的深度势能面计算来举例。利用密度泛函或者量化计算来计算势能,是一个复杂度为 $O(N^3)$ 的问题,其计算量和复杂度随着粒子数量的增加迅速变得无法承受。该公司利用 AI 对高维势能面进行高效采样,AI 结合量化计算,把复杂度降到了 $O(N)$。具体而言,可以用物理基本原理的方法分别较为准确地算出势能面上点的能量,然后让神经网络去学习精准物理计算的结果,得到一个深度势能的神经网络;那么下一次如果还需要计算势能面上某个点的能量,就无须再调用量化计算,AI 已经可以自行完成计算并直接输出答案,实现量化计算的精度与经验力场的速度,同时保证算法的准确性和高效性。

3. 数据+模型混合驱动的 AI4S

AI4S 的第三条实现途径是将模型驱动和数据驱动的方法深度融合,该方法常用于药物设计、天气预报、受控热核反应等领域。

在科学领域,从"数据"中可以提炼出经验性"原理",也可以使用"原理"来仿真模拟出"数据"。因此可以说,科学领域的"数据"和"原理"一定程度上是可以接近无损转化的,这一点是 AI4S 相比于语言大模型(LLM)等其他领域具有的独特优势。

以杭州剂泰医药科技有限责任公司为例。该公司利用 AI 设计 LNP(脂质纳米颗粒),这是一种用于递送核酸药物的脂质囊泡,LNP 可以防止药物在递送过程中降解或提前释放。LNP 递送是一个跨尺度的复杂过程,涉及分子、细胞和器官多个层面的研究。AI 在这一过程中发挥重要作用:生成百万级脂质库用于分子设计;预测递送效果,并为实验设计提供指导;同时,物理模型提供微观机制解释。实验数据用于优化 AI 模型,从而推动 LNP 递送技术的进步。AI+物理模型+数据共同推动 LNP 递送技术的发展。

混合驱动的 AI4S 领域的挑战也很多,如数据同化、观测和模型的同步学习、强化学习、理性实验设计等。参考语言模型领域中 LangChain 的成功经验,AI4S 在模型与数据融合的过程中也更像是一个系统化的工程,不仅需要原理层面的创新,也需要从基础设施到产品再到具体场景交互的全方面变革。每一个场景可能都需要一个庞大的团队来完成，当然，这也意味着巨大的空间和机会。

6.1.2 AI 嵌入科学研究全流程的方法

AI 在科学研究全流程中扮演怎样的角色呢？一般情况下，科研的全流程主要包括以下步骤：首先，提出一个科学假设；接着，通过实验获取数据，对数据进行分析，看是否符合此前提出的假设；如果不符合，就修改科学假设，继续实验、分析、调整，直到完成对假设的验证。AI 在科学研究的各个环节中都发挥着关键作用，以下将讨论 AI 在科学研究全流程中扮演的具体角色，包括 AI 辅助数据处理、AI 辅助数据表征学习、AI 辅助假设生成以及 AI 辅助实验设计[1]。

1. AI 辅助数据处理

随着实验平台收集的数据集的规模和复杂性不断增加，科学研究越来越依赖实时处理和高性能计算来选择性地存储与分析高速率生成的数据。AI 可以辅助科学研究数据收集和管理。

目前，很多实验正突破现有数据传输和存储技术的极限，在这些实验中，超过 99.99% 的原始数据是背景事件，必须实时检测并丢弃。为识别未来的罕见事件，深度学习方法取代了传统硬件触发器，通过算法搜索可能错过的信号，显著提高了数据处理的效率。

训练监督模型需要带注释标签的数据集，但标注数据费时费力。伪标签和标签传播是有效的替代方案，前者基于少量准确标签自动注释未标记数据，后者通过构建相似图将标签扩展到未标记样本。除了伪标签和标签传播，主动学习方法可以减少人工标注量，它通过选择最有价值的数据点进行标注。

由于深度学习性能随着训练数据集的质量、规模和多样性的提升而提高，可以通过自动数据增强和深度生成模型生成额外的合成数据。对于自动数据增强，除了手动设计数据增强，强化学习可以自动发现灵活的增强策略；对于深度生成模型，如变分自动编码器、生成对抗网络（GAN）、归一化流和扩散模型，可以学习数据分布并从中生成训练样本。GAN 已在科学图像领域取得成功，能合成真实图像，如粒子碰撞事件、病理幻灯片、胸部 X 射线检查、3D 材料微观结构及蛋白质功能等。此外，概率编程作为生成建模的一种新兴技术，将数据生成模型表达为计算机程序。

2. AI 辅助数据表征学习

理想的数据表征应具备紧凑性、区分性、能揭示潜在的变异因素并有效编码适用于多种任务的特点。图 6-1 展示了三种符合要求的方法：几何深度学习、自监督学习和掩码语言建模。

几何深度学习利用图形和神经消息传递策略来整合科学数据的几何、结构和对称性信息（如分子和材料），通过沿图边缘交换神经消息，同时生成潜在表示和几何先验信息（如不变性和等方差约束）。这种方法能有效融入复杂结构信息，提升深度学习模型对底层几何数据的理解和操作。图神经网络已成为处理带有几何和关系结构数据的主流方法，如图 6-1（a）所示。

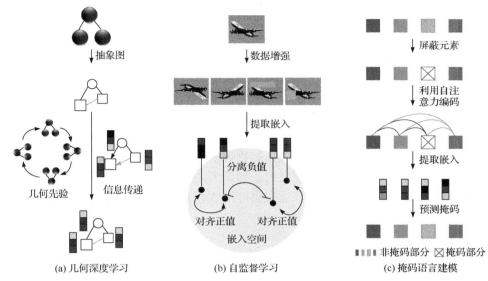

(a) 几何深度学习　　　　(b) 自监督学习　　　　(c) 掩码语言建模

图 6-1　学习科学数据的有意义的表示

根据不同的科学问题，目前已开发了多种图形表示以捕捉复杂系统，例如，用于玻璃系统建模的有向边缘、用于染色质结构分析的超图、用于基因组学预测的多模态图，以及用于粒子重建和物理信号区分的稀疏图。

当标记样本稀缺或过于昂贵时，监督学习可能不足以训练模型。此时，自监督学习利用标记和未标记数据提升模型性能，无须依赖显式标签。有效的自监督策略包括预测图像遮挡区域、视频帧预测和对比学习（如区分相似与不相似数据点）。自监督学习能在大规模未标记数据集上预训练模型，从而为小型标记数据集上的下游任务提供可转移特征，提升标签效率，超越传统监督学习。如图 6-1(b)所示，自监督学习通过增强正样本并区分负样本来捕获样本之间的相似和差异，进而优化嵌入，提升潜在表示质量和下游任务性能。

掩码语言建模是一种流行的自然语言和生物序列自监督学习方法。如图 6-1(c)所示，掩码语言建模通过捕获序列数据的语义（如自然语言和生物序列），使用自注意力机制来预测被屏蔽的输入元素。这种方法在生物和自然语言处理中广泛应用，有助于从序列中提取结构和功能特性，适用于多种下游任务。

在科学数据表征的学习与理解过程中，常常采用 Transformer 架构。这种架构能够高效建模序列关系，超越传统循环神经网络（RNN），在自然语言处理和科学问题（如地震信号、DNA 序列建模等）中表现优异。然而，随着序列长度增加，其计算和内存需求也迅速上升，通常通过无监督或自监督生成预训练和参数高效微调（parameter-efficient fine-tuning）来应对这一问题。

3. AI 辅助假设生成

可检验的假设是科学发现的核心，包括数学符号、化学分子和生物遗传变异。提出有意义的假设往往是费时费力的过程，AI 可以提高假设生成的效率和有效性。

如图 6-2（a）所示，在高通量筛选中，研究学者可以通过自监督学习在大量未筛选对象上预训练 AI 预测器，并在带标记的筛选对象上进行微调，进而加快候选化合物、材料和生物分子的识别速度。

目前，在优化问题解决方案中，强化学习逐渐取代传统的进化算法。强化学习通过神经网络生成数学表达式并决定下一个符号，如图 6-2（b）所示。强化学习在分子设计中的应用非常成功，每个分子设计步骤为离散决策，强化学习能有效引导搜索，优先考虑最有希望的分子。

科学假设通常采用离散对象的形式，如物理学中的符号公式或化学化合物。针对这类问题，可微空间优化方法具有应用潜力。如图 6-2（c）所示，变分自编码器（VAE）将离散的分子结构映射为可微分形式，并通过贝叶斯优化（Bayesian optimization）技术优化潜在空间。

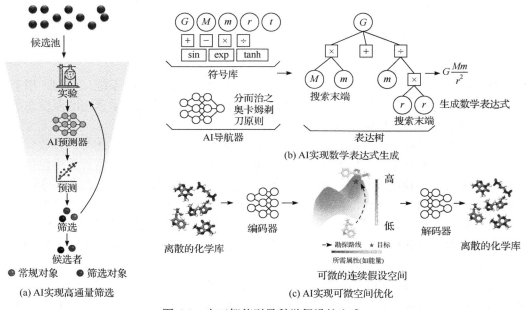

（a）AI实现高通量筛选　　（c）AI实现可微空间优化

图 6-2　人工智能引导科学假设的生成

与原始假设空间中的机械方法相比，在潜在空间中执行优化可以更灵活地对底层数据分布进行建模。然而，在假设空间的稀疏探索区域中，外推预测的准确性可能很差。在许多科学学科中，假设空间可能比通过实验检验的空间大得多。因此，迫切需要在这些很大程度上未探索的区域中有效搜索和识别高质量候选解决方案的方法。

4. AI 辅助实验设计

实验评估科学假设是科学发现的关键，但实验室实验往往成本较高，而计算机模拟也要依赖人工设定的参数和启发式方法。与此同时，AI 可以为实验设计和优化提供辅助，增强传统科学方法，减少实验次数并节省资源。

AI 可辅助实验的两个基本步骤是规划和指导。传统方法通常依赖反复实验，效率低、成本高且可能有风险；而 AI 规划通过系统化设计实验，优化效率并探索未知领域，AI 指导则通过学习先前观察结果，调整实验进程，推动高产出的假设。

在进行的实验中，需实时适应决策，基于强化学习的自适应决策具有显著优势。例如，强化学习已在托卡马克等离子体控制、平流层气球导航及量子物理实验中应用，通过实时反馈优化实验过程，提高效率与准确性。如图 6-3(a) 所示，强化学习方法已证明可以有效地实现托卡马克等离子体的磁控，其中，算法与托卡马克模拟器交互，以优化控制过程的策略[2]。

现有的模拟技术严重依赖于人类对所研究系统底层机制的理解和认识，这可能是次优和低效的。而 AI 系统可以通过更好地拟合复杂系统的关键参数、解决控制复杂系统的微分方程和模拟复杂系统中的状态，使计算机模拟更加准确和高效。如图 6-3(b) 所示，在复杂系统的计算模拟中，人工智能系统可以加速检测罕见事件，例如，蛋白质不同构象结构之间的转变；如图 6-3(c) 所示，神经框架用于解决偏微分方程，其中，AI 求解器是一个受物理启发的神经网络，经过训练可以估计目标函数。目前，AI 方法已被应用于求解各领域的微分方程，包括计算流体动力学、预测玻璃系统的结构、解决刚性化学动力学问题和解决 Eikonal 方程来描述地震波的传播时间等。

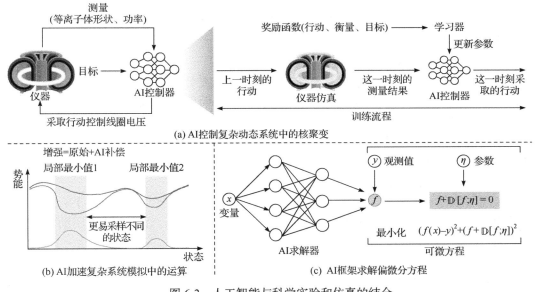

(a) AI 控制复杂动态系统中的核聚变

(b) AI 加速复杂系统模拟中的运算

(c) AI 框架求解偏微分方程

图 6-3　人工智能与科学实验和仿真的结合

6.2　人工智能与数学

AI 在数学研究中的作用可以追溯到很久以前，从最初的机械计算工具到 AI 的高度智能化应用，其影响力逐步扩大。陶哲轩教授曾提到，AI 等机器技术在数学研究中的应用绝非偶然，而是植根于一个深厚的传统。例如，早在 20 世纪，计算机已被用于解决一些复杂的问题：毕达哥拉斯三元数组问题（即寻找满足 $a^2 + b^2 = c^2$ 的整数组合）需要计算的精确性和规模超出了人类手动操作的能力，最终只能依靠计算机解决；而开普勒猜想这一长期悬而未决的数学难题，最终也是通过计算机辅助证明得以解决的。

进入 21 世纪，AI 进一步扩展了计算机的应用边界。例如，在扭结理论中，AI 不仅可以高效地处理复杂的拓扑结构，还能通过统计建模，帮助数学家推测不同统计数据之间的潜在联系。这标志着数学研究已从传统的计算工具过渡到智能化的推理和探索阶段，展现出 AI 在数学领域的深远潜力。

通过这一传统与演变的梳理，AI 从被动的工具逐步演化为主动的协作者，不仅提升了数学研究的效率，更拓展了人类认知的边界。

6.2.1　AI 辅助数学证明

AI 在数学证明中的应用是其最直接也是最引人注目的贡献之一。以下是 AI 在数学证明中的几个主要应用方向及其典型实例。

1. 形式证明助手

形式证明助手（formal proof assistants）是一类专门设计用来验证数学论证正确性的工具。形式证明助手是一种计算机程序，能够通过精确的逻辑规则来验证数学证明的每个步骤是否无误，从而确保证明中的每个环节都符合逻辑要求。通过这些助手，研究者可以确保论证逻辑严密，同时降低人为错误的风险。形式助手的应用举例如下。

1）四色定理的计算机验证

1976 年，四色定理首次借助计算机得到证明，这是计算机辅助证明的里程碑。但这一证明因其复杂性和不透明性受到质疑。随着形式证明助手（如 Coq 和 Isabelle）的发展，这些工具被用于对四色定理进行严格的逻辑验证。形式证明助手确保了证明中的每一步都无懈可击，使四色定理的计算机证明从可信走向了真正的不可辩驳。这是 AI 辅助验证数学定理的经典案例。

2）费马大定理的验证

虽然安德鲁·怀尔斯通过传统方法证明了费马大定理，但形式证明助手后续验证了该证明中的部分逻辑环节，如椭圆曲线和模形式之间的联系，经过形式证明助手的验证后得到了更加严谨的确认。

3）开普勒猜想

该猜想涉及球体在空间中的最密堆积方式。1998 年，托马斯·黑尔斯（Thomas Hales）首次使用计算机验证了开普勒猜想。近年来，形式证明助手 Lean 对这项证明进行了全面的机器辅助验证，极大地提高了其可信度。

形式证明助手的应用不仅推动了复杂数学问题的解决，也为数学家探索未知领域提供了强有力的保障。

2. 数学定理证明智能体：LeanAgent

LeanAgent 是由加利福尼亚理工学院、斯坦福大学和威斯康星大学的研究团队开发的一种人工智能系统，其目标是成为一个能够进行终身学习的数学定理证明智能体[3]。

其独特之处在于整合了终身学习的概念和形式证明助手 Lean 的强大功能，推动 AI 在形式数学领域的发展。其核心特点包括终身学习能力和动态数据库管理。首先，LeanAgent 使用了进阶学习 (curriculum learning) 方法，从简单到复杂，逐步学习数学知识。它通过动态数据库管理来保存并追踪其学习的所有数学知识和已证明的定理，确保能够在未来重新使用这些知识。

其次，LeanAgent 从 GitHub 等资源中提取数学定理及其证明，并对这些定理进行复杂性分析。例如，对于尚未证明的定理，系统会将其标记为无限复杂度，以便在课程设计中适当分类。通过这一动态数据库，LeanAgent 能够有效地存储和组织其学习的知识。

1）渐进式训练

LeanAgent 的模型采用逐步适应的策略，确保在学习新知识时不会遗忘旧知识。这种方法平衡了 AI 系统的稳定性与灵活性。

2）"sorry" 定理证明

LeanAgent 能够针对尚未解决的 "sorry" 定理生成可能的证明路径。它通过最佳优先树搜索算法，结合上下文相关嵌入技术，从其知识库中检索与当前定理状态最相关的假设和定义。

LeanAgent 已被用于自动化数学定理证明，并展示了在复杂领域中持续改进和扩展学习能力的潜力。这种方法有助于减少人类数学家在初级证明构建上的工作量，同时为复杂数学问题提供新的解决思路。LeanAgent 的创新性展示了 AI 在数学研究中的新维度，是形式证明助手领域的一次重要突破。

3. DeepMind 的 AlphaProof

DeepMind 的 AlphaProof 利用最先进的技术帮助解决和验证数学证明中的复杂问题。AlphaProof 的开发过程展示了将符号推理 (symbolic reasoning) 与数据驱动学习 (data-driven learning) 结合的可能性。这项技术不仅有助于提升数学的形式化证明水平，还对解决跨学科中的复杂问题有着广泛的潜力。

AlphaProof 使用结构化的形式语言将数学问题进行精确编码，确保逻辑清晰和表达严谨，这对于复杂数学证明至关重要。同时，它集成了大型预训练 AI 模型，能够理解数学语法与语义，熟练操控高维度的数学表示。通过强化学习，AlphaProof 在探索问题解决方法时不断改进和优化，从尝试中迭代出更优解。此外，AlphaProof 可以自动生成训练数据，涵盖大量可能的数学场景，包括许多未被完全探索的领域，从而扩展其知识图谱和能力。

AlphaProof 在多个领域的数学挑战中表现出色，包括代数、几何和组合数学等领域。例如，在形式化数学证明比赛中，其表现显著优于传统自动证明工具；在 2024 年国际数学奥林匹克 (international mathematical olympiad，IMO) 竞赛的六道题目中，AlphaProof 与 DeepMind 几何求解系统 AlphaGeometry2 协作，成功解决了其中的四道题目，获得了相当于银牌的成绩。

虽然目前 AlphaProof 尚未完全独立提出新的数学定理，但其对于数学研究中传统 "直觉驱动" 方法的补充意义重大。它不仅可以处理传统方法难以解开的逻辑节点，还为工程学、经济学、物理学等领域的数学应用提供了重要支持。

6.2.2 AI 辅助寻找数学规律

AI 擅长处理大规模数据，并通过分析数据模式发现潜在的数学规律。尤其是在拓扑学、数论等涉及复杂关系的领域，AI 的表现尤为亮眼。

1. AI 发现代数和几何间的关系

在拓扑学中，扭结理论研究三维空间中闭合曲线的性质和变形方式。AI 通过分析大量扭结的数据，发现了某些拓扑结构之间的隐藏关系，甚至提出了新的猜测，这为数学家提供了重要线索。例如，为了探究不同扭结不变量之间的潜在关系，Deepmind 采用了一种结合 AI 与人工反馈的创新方法[4]。具体而言，研究者训练了一个前馈神经网络，用以评估扭结的几何不变量与代数不变量之间可能存在的关联。网络通过输入随机采样的扭结数据集中几何不变量的值，尝试预测其代数特征。

为了深入理解模型的预测过程，研究者利用基于梯度的归因技术 (gradient-based attribution techniques) 分析了几何不变量对代数特征的重要性。这一过程明确了哪些几何不变量对预测结果的影响最大，从而为寻找潜在数学关系提供了启发。

2. AI 优化矩阵乘法算法

矩阵乘法在计算机科学中扮演着核心角色，其应用涵盖了机器学习、计算机图形学、数据压缩以及科学模拟等多个领域。然而，与加法相比，矩阵乘法的计算成本更高，这使得优化其效率成为一个极具实际意义的研究方向。哪怕是微小的改进，都可能在实际应用中带来巨大的影响。

1969 年，德国数学家 Volker Strassen 开创性地提出了一种算法，将 4×4 矩阵乘法的计算步骤从原本的 64 步减少到 49 步，这一突破极大地推动了矩阵运算的研究进程。2022 年，DeepMind 通过其 AI 系统 AlphaTensor[5]，在这一领域实现了进一步的突破，找到了比 Volker Strassen 的算法更高效的新方法。

AlphaTensor 是基于 DeepMind 此前发布的通用棋盘游戏 AI 系统 AlphaZero 开发的。研究团队将矩阵乘法问题抽象为一个三维棋盘游戏，AlphaTensor 在这个虚拟棋盘上进行模拟，每一步操作都会创建新的算法片段。通过对数万次可能路径的探索，AlphaTensor 能够不断优化其算法结构，以最少的步骤完成目标。DeepMind 形象地将这一过程称为"张量游戏" (tensor game)。

在具体成果上，AlphaTensor 展现出了非凡的能力。例如，在 5×5 矩阵乘法问题中，它成功地将计算步骤从 98 步优化为 96 步；而在 4×4 矩阵乘法中，它不仅能够独立发现 Volker Strassen 的算法，还进一步优化，将其计算步骤从 49 步减少至 47 步，刷新了历史纪录。

这一成果不仅展示了 AI 在复杂数学问题上的强大潜力，也表明了人工智能可以成为数学创新的重要推动力。从 Volker Strassen 的突破到 AlphaTensor 的贡献，我们见证了矩阵乘法优化从传统数学方法迈向人工智能辅助的飞跃，为计算科学开辟了新的可能性。

3. AI 数学猜想生成器

以色列理工学院于 2021 年开发的 "Ramanujan Machine"[6]是一种利用人工智能发现数学规律的工具，其核心目标是自动生成与数学常数相关的猜想，尤其是揭示整数和基本常数（如 π 和 e 等）之间的深层次关系。Ramanujan Machine 以印度数学家拉马努金命名，灵感来源于他对数学恒等式的深刻直觉。Ramanujan Machine 并非直接从已知公式中推导，而是通过扫描大量组合可能性生成新公式，寻找能准确描述数学常数的收敛表达式或级数表达式。这种自动化能力减少了人类在猜想阶段的大量时间消耗。

Ramanujan Machine 的工作方式类似于 "方程搜索引擎"：在生成阶段，AI 使用基于启发式算法的方法生成数学公式候选项；在验证阶段，通过数值计算或数学分析评估候选公式的准确性，淘汰不符合精度或收敛性要求的公式。系统特别关注收敛公式的探索，这些公式可以用来计算数学常数。例如，给定常数，系统尝试寻找快速收敛的分数级数或其他形式的表达式。

截至目前，Ramanujan Machine 已生成超过 100 个新的数学公式猜想，其中许多是关于圆周率 π 和自然常数 e 的新形式。在生成的猜想中，部分公式已经被人工证明，进一步验证了该工具的可靠性。例如，机器生成的一些分数表达式为理解 π 的本质提供了新的视角。

AI 提出的猜想为数学家提供了研究的新方向，同时也激发了对整数分布和数学常数隐藏规律的进一步探讨。此外，AI 可以探索极其复杂的公式形式，而人类往往很难考虑到这种形式。

6.2.3　大模型辅助数学研究

近年来，大语言模型（如 ChatGPT、Claude、DeepMath 等）的崛起，为数学研究提供了一个新的维度。这些模型具备自然语言理解能力，可以通过与人类对话的形式，参与问题解决和研究规划。

1. 数学问题的辅助解决

研究者可以将数学问题描述为自然语言或公式输入给大语言模型，后者则能迅速生成初步的解题思路，甚至完整的解答。例如，在数列求和、方程求解等方面，大模型已被证明能有效辅助研究者找到解决路径。

2. 复杂证明的分解与构建

在研究极为复杂的问题时，大语言模型能够将问题分解为多个可管理的小部分，并为每一部分提供相关资料或参考建议。例如，在研究某些代数方程时，大模型能够快速生成可能的推导路径，并与研究者实时互动进行调整。

3. 生成新猜测

大语言模型还可以通过其庞大的知识库与推理能力，生成数学上的新猜测。例如，有研究者曾利用 ChatGPT 来提出不同拓扑结构的可能特性，并从中获得有研究价值的想法。

尽管这些模型尚无法完全取代专业数学家的创造性思维，但它们作为高效的"数学助理"已崭露头角。

在数学研究中，AI 工具的真正潜力在于它们能够相互结合，形成一套综合的数学研究体系。例如，将大语言模型与形式证明助手相结合，能够大幅提升复杂定理的探索与验证效率。在几何、拓扑学、组合数学等领域，研究者已经开始尝试这种协作：在拓扑学中，形式证明助手与机器学习结合，用于验证高维空间中复杂结构的性质；在组合数学中，AI 帮助生成并验证了新的排列和组合公式。未来，这些工具可能与数据库、可视化工具无缝集成，提供从数据分析到证明验证的全流程支持。例如，大规模数学数据库（如 OEIS 序列数据库）可直接为 AI 提供丰富的数据源，而 AI 则在数据基础上生成猜测并验证结果。

通过以上多种方式，AI 正逐渐成为数学家不可或缺的助手。它不仅提升了研究效率，还在发现新规律、验证复杂论证方面展现出卓越的能力。随着技术的发展，AI 或将为数学学科带来更深远的变革，为数学知识的拓展开辟更加广阔的前沿领域。

6.3　人工智能与化学

AI 与化学的结合，正成为化学科学研究中的一项革命性进展。在过去的几十年中，AI 不仅改变了传统化学问题的解决方式，还为分子设计、材料发现、反应预测等领域带来了前所未有的突破。化学研究长期以来依赖于经验和实验，而 AI 能够处理海量数据、预测复杂结果并自动化重复任务，这一能力正逐步推动着化学学科的创新和发展。

6.3.1　AI 辅助分子设计

在分子设计领域，AI 已经展现出巨大潜力，特别是在药物发现过程中。传统上，药物的设计往往需要长时间的实验筛选和优化，而 AI 可以通过大规模的数据库训练，预测不同分子与生物靶标的相互作用。AI 模型通过预测分子的结构、稳定性、溶解度以及生物可用性，帮助科学家设计出具有特定性质的新分子，从而加速药物发现的进程。例如，DeepMind 的 AlphaFold 尽管主要聚焦在蛋白质折叠问题上，但其背后的深度学习原理也可应用于小分子的设计和化学反应的探索。AI 系统可以帮助设计最优的分子结构，并通过模拟测试预测其可能的生物活性，进而为药物开发提供有力支持。

此外，在分子合成路线设计方面，逆合成通过将目标分子逐步分解为更简单的前体分子来设计合成路线。逆合成预测的挑战在于合成同一目标分子可能存在多种反应方法，且化学转化的搜索空间巨大。2023 年 5 月，中山大学陈语谦团队提出了一种新的逆合成预测模型 Graph2Edits[7]，该模型基于图神经网络，模拟化学家的思维过程，通过图编辑来推导产物、中间体和反应物之间的关系。该模型不仅提高了预测性能，还在复杂反应中表现出良好的适用性，具有用于药物分子的合成路线设计的潜力。

6.3.2　AI 预测化学反应

化学反应预测是化学研究中的一项基础性工作,通常涉及复杂的分子交互作用和反应条件。由于化学反应的复杂性,预测反应产物一直是化学家面临的巨大挑战。AI 通过深度学习技术,可以从大量历史实验数据中学习,自动预测不同条件下的化学反应产物并提供可能的反应路径。

例如,IBM 推出的 RXN for Chemistry 云计算平台就是利用机器学习技术来预测化学反应产物并推荐反应条件。研究人员只需要输入反应物,AI 系统就能推荐可能的反应产物及最佳反应条件,极大地提高了反应预测的效率。这项技术已经在多个领域中得到应用,包括新材料的合成和药物分子的开发,极大地提高了化学实验的效率,节省了大量实验时间。

6.3.3　AI 预测分子性质

在分子性质预测方面,AI 的引入显著加速了药物发现、材料科学以及环境研究的进程。其中,Chemprop[8]是一种专注于利用深度学习来预测分子特性(尤其是化学性质和生物活性)的 AI 模型。Chemprop 的成功应用展示了 AI 在化学研究中的巨大潜力。

Chemprop 利用图卷积神经网络模型,将分子表示为图形结构,节点代表原子,边代表原子之间的化学键。这种图结构非常适合描述分子中复杂的原子间相互作用,使得模型能够捕捉到这些相互作用对分子整体性质的影响。通过这种方式,Chemprop 能够有效地学习分子结构与其物理、化学性质之间的关系。

Chemprop 的训练依赖于大规模的分子数据集,这些数据集包括 ChEMBL(生物活性数据集)以及其他化学数据库中的信息。Chemprop 通过学习这些数据中的规律,能够预测分子的多种特性,包括毒性、溶解度、稳定性等。

Chemprop 的应用领域十分广泛。在药物发现领域,Chemprop 可以预测分子与目标蛋白之间的亲和力,帮助研究人员在虚拟筛选过程中发现潜在的药物分子,通过使用 Chemprop,研究人员能够快速识别可能对某种疾病有效的候选药物,大大减少了实验成本和时间;在材料科学领域,Chemprop 能够预测材料的导电性、稳定性等特性,为新材料的研发提供指导;在环境化学领域,Chemprop 可以帮助预测化学品的环境影响,如毒性和生物降解性,从而评估其潜在的生态风险,加速对新化学品的环境评估和安全性分析。

Chemprop 的成功不仅展示了 AI 在分子性质预测中的应用潜力,还为化学研究领域的其他问题提供了新的解决思路。通过减少传统实验方法中实验的时间和成本,Chemprop 加速了药物和材料的研发过程,也为环境安全问题的解决提供了有效的工具。未来,随着 AI 技术的不断进步,Chemprop 以及类似的工具将在推动化学领域的创新和发展中发挥越来越重要的作用。

6.3.4　AI 促进化学合成的自动化

AI 不仅在分子设计和材料发现中发挥作用,还在化学合成中带来了革命性的变化。化学合成的自动化可以减少实验室中的人工干预,提高生产效率。AI 与机器人技术的结合，使得实验室能够自动执行多步合成过程，从而缩短了新分子从设计到合成的周期。

例如，一些公司，如 Atomwise 公司和 Schrödinger 公司，已经开发了基于 AI 的机器人平台，用于高通量筛选药物候选分子。这些平台通过利用 AI 模型和机器学习技术，能够自动化合成并测试数千种化合物，从中迅速识别出具有潜力的药物分子，从而显著提高药物研发的效率。

Atomwise 公司的 AI 平台 AtomNet[9]采用深度学习技术，在药物发现的早期阶段对分子进行虚拟筛选。该平台的一项重要应用是针对艾滋病和埃博拉病毒的药物研发，AtomNet 通过分析数百万种化合物，找出了数十种潜在的抗病毒药物候选分子。通过这种高效的筛选过程，不仅大大缩短了药物研发的周期，还提高了药物发现的准确性。

Schrödinger 公司则结合了量子力学模拟和机器学习，在其 AI 平台上为药物设计提供精准的分子建模和预测。Schrödinger 的技术能够模拟分子与目标蛋白之间的相互作用，从而快速筛选出最有潜力的候选分子，并评估其生物活性和毒性。该平台在多项药物研发项目中取得了显著成果，包括用于癌症和神经退行性疾病的药物发现。

这类 AI 驱动的平台通过将传统的药物研发流程数字化并加速化，为制药行业提供了创新的解决方案，帮助研究人员在海量化学空间中高效地发现新药物。

6.3.5　大模型指导化学结构分割

中国杭州德睿智药科技有限公司与英国帝国理工学院合作开发了一种基于深度学习的高性能化学结构分割模型 ChemSAM，利用大模型框架从化合物的图形表示中识别其结构[10]。ChemSAM 模型由三部分组合而成：图像编码器、提示编码器和掩码解码器。图像首先经过 2D 卷积和 12 层编码器块处理，每层均集成化学知识的适配器，随后利用预训练的视觉变换器（ViT）和掩码自编码器（MAE），通过额外的卷积和规范化步骤完成图像嵌入。为了细化识别，团队还引入了特定的适配器模块而非完全微调，通过一系列下投影、激活和上投影操作，最终通过 Sigmoid 函数进行概率化处理，准确指示出化学结构的像素。

该模型在公开基准数据集和实际任务上取得了当前最优效果，能够高效提取期刊文献以及专利中的化学结构。这一创新方案有望广泛应用于化学信息学的多个领域，推动化学结构识别的高效准确化，加速创新药物研发。

尽管 AI 在化学领域的应用前景广阔，但也面临着不少挑战。首先，AI 模型的准确性很大程度上依赖于高质量的数据集。然而，在某些领域，数据可能并不完整或准确，这将影响模型的预测能力。其次，许多 AI 算法，尤其是深度学习模型，具有"黑箱"特性，即它们的决策过程难以解释。在药物发现等高风险领域，要想让 AI 预测结果得到广泛认可，确保模型的透明性和可解释性仍然是一个重要问题。

虽然存在以上挑战，但 AI 驱动的化学研究无疑将成为未来科学发展的重要推动力，帮助化学家们突破传统局限，探索新的科学前沿。展望未来，AI 将在化学领域扮演更加重要的角色。随着量子计算技术的发展，AI 将有望在分子模拟、材料设计等领域发挥更大的潜力。此外，随着数据集和算法的不断改进，AI 将进一步加速化学研究的进展，推动新药物、新材料以及新技术的发现。

6.4　人工智能与生物

随着科技的飞速发展，生物科学面临着一系列复杂性挑战。从基因组数据的解读到蛋白质相互作用的网络构建，再到精准医疗的实施，每一个领域都产生了海量的数据和知识。这种复杂性对传统的研究方法提出了挑战。人工智能作为一项革新性技术，正以迅猛的速度渗透到生物科学领域。通过 AI 技术，研究人员可以快速处理海量数据，揭示隐藏的模式和关系，并预测复杂系统的行为。无论是加速新药研发，还是优化疾病诊断，AI 都展示了其巨大的潜力。

6.4.1　人工智能与分子生物学

分子生物学旨在揭示生命的基本机制，包括从 DNA 到 RNA 再到蛋白质的遗传信息流动。人工智能的引入，为分子生物学提供了强大的工具，从模式识别到功能预测，AI 技术正在推动这一领域的发展。以下将分别从基因工程、蛋白质结构预测、蛋白质功能预测三方面介绍人工智能的经典应用案例。

1. 基因工程

基因工程是一门通过操纵基因组来改造生物体特性或功能的技术，涵盖基因编辑、合成生物学、功能预测等多个领域。人工智能技术通过从"实验驱动"到"数据驱动"的转型，大大提升了基因工程领域的效率与精度。

在基因编辑领域，CRISPR/Cas 系统是其中的核心技术之一，其编辑效率和脱靶效应将直接影响实验结果。AI 模型能够通过预测脱靶位点和优化向导 RNA（sgRNA）序列，有效提升 CRISPR 技术的精准度。例如，同济大学首次开发了一种基于人工智能深度学习框架的 sgRNA 设计的计算平台 DeepCRISPR，该平台基于深度学习模型进行一站式的 sgRNA 打靶活性预测及全基因组范围内的脱靶谱（off-target profile）预测，从而帮助用户挑选最优化的 sgRNA 进行基因编辑。此外，DeepCRISPR 以数据驱动方式，完全自动化序列和表观遗传学特征的鉴定，这些序列和表观遗传学特征可能会影响 sgRNA 敲除功效。

合成生物学的主要目的是设计符合规范的生物系统，例如，产生所需数量的生物燃料或以特定方式对外部刺激做出反应的细胞。BioAutomata 全自动智能平台则结合了人工智能技术实现生物制造过程的全自动化。这个平台完全由人工智能设计、构建、测试和学习复杂的番茄红素合成生化途径，最终成功实现了高效生产。它跳出了"设计—构建—测试—学习"循环，把人类完全排除在这个过程之外，完成了两轮番茄红素生成途径的全自动构建和优化，包括番茄红素生成途径的设计和构建、DNA 编码途径转入宿主细胞、细胞生长、番茄红素生成的提取和测量。BioAutomata 能够将构建的可能产生番茄红素的途径从 1 万个减少到大约 100 个，并在几周内创造出最佳数量的高产番茄红素的细胞，大大缩短了时间并降低了成本。

2. 蛋白质结构预测

蛋白质的三维结构决定了其功能，因此蛋白质的三维结构预测是生物学研究中的一个重要领域。传统的结构解析方法，如 X 射线晶体学、核磁共振（NMR）和冷冻电镜（Cryo-EM）等，虽然已经取得了前沿进展，但都面临成本高、时间长和解析精度有限等问题。人工智能通过高效的算法和强大的计算能力，为蛋白质结构预测提供了新的解决方案。

人工智能能够通过深度模型分析蛋白质序列与其结构之间的关系，尤其是基于序列对齐、残基相互作用和进化信息的建模等，从而提高结构预测的精度。其中，最为经典的应用案例之一是 DeepMind 研发的 AlphaFold 系统。其专注于从一级序列预测蛋白质的三维结构，创新性地引入了基于图卷积网络的表征学习方法，结合多序列比对（MSA）数据和深度神经网络来预测残基之间的距离和方向。在关键评估竞赛 CASP（Critical Assessment of Protein Structure Prediction）中，AlphaFold2 的预测精度接近实验结果，并已预测了超过 100 万个物种的 2.14 亿种蛋白质三维结构，几乎涵盖了地球上所有已知的蛋白质[11]。

2024 年 5 月，DeepMind 团队进一步在 *Nature* 发表新成果 AlphaFold3，不仅能预测蛋白质结构，而且能以前所未有的精度预测所有生物分子（包括蛋白质、DNA 及其他分子）的结构和相互作用，此成果对生物制药等领域可能会产生颠覆性的推进作用[12]。图 6-4 是 AlphaFold3 对蛋白质与 DNA 双螺旋分子复合体的精确预测。

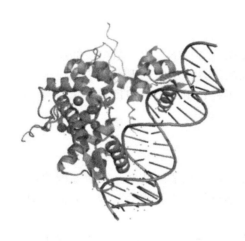

图 6-4　AlphaFold3 对蛋白质与 DNA 双螺旋分子复合体的精确预测（图片来源：DeepMind 官网）

3. 蛋白质功能预测

在蛋白质功能预测方面，深度模型可以通过学习蛋白质序列与功能之间的关联，实现快速预测。深度学习和注意力机制的引入，使模型能够捕获序列中的隐含信息，如功能域、活性位点等。

DeepGO 是一种使用深度学习预测蛋白质功能的工具[13]，能够为蛋白质进行基因本体（gene ontology，GO）注释。它结合了序列特征和进化信息，对未注释蛋白质的功能预测有较高的准确性。在技术实现上，其使用卷积神经网络（CNN）提取序列特征，并整合了基因本体层级结构，从而支持多层次功能预测。

此外，DAE 等无监督方法也有助于学习蛋白质的密集、稳定和低维特征。相关研究人员开发了一个 DAE 来表示用于分配缺失 GO 注释的蛋白质，其与传统方法相比，在六个不同的 GO 数据集上显示了 6%～36%的改进[14]。

6.4.2　人工智能与生物组学

生物组学(omics)是研究生物体内各种分子网络的综合性学科，包括基因组学、转录组学、蛋白质组学、代谢组学等。传统的组学研究面临数据复杂性高、噪声大和多维特性强等挑战。人工智能技术通过机器学习和深度学习方法，能够高效分析和整合组学数据，为生命科学研究和应用提供全新工具和思路。以下将介绍若干人工智能在不同子领域的经典应用。

1. 基因组学

DeepVariant 是一个显著提高基因组组装准确性的深度学习模型，由 Google 开发。DeepVariant 利用卷积神经网络将变异检测问题转化为图像分类任务，从而提高了检测和组装的精度。DeepVariant 的核心思想是将 DNA 读数转换为类似光谱图的图像，接着通过卷积神经网络进行图像处理，以此识别变异并进行组装。研究表明，与传统的变异检测工具如 GATK 和 SAMtools 相比，DeepVariant 在变异识别和组装任务中的表现优异，尤其是在处理复杂基因组时，其精度显著提高。

除了 DeepVariant，Clairvoyante 模型也在基因组组装中发挥了重要作用。Clairvoyante 是一种基于卷积神经网络的多任务模型，能够处理来自单分子测序(SMS)技术生成的长读序列数据。Clairvoyante 模型通过结合长读序列和短读序列数据，显著提高了基因组组装的准确性和完整性，能够同时预测变异类型、杂合性以及插入缺失的长度。

2. 蛋白质组学

在预测蛋白-蛋白相互作用(PPI)方面。深度学习和图卷积网络等 AI 技术的发展，使得 AI 模型在复杂的 PPI 预测任务中展现出强大的性能。AlphaFold 系列模型通过结合进化信息和三维结构数据，极大地提升了蛋白质结构和相互作用预测的精度。特别是 AlphaFold-Multimer 模型通过对多肽复合物的优化，在蛋白质-蛋白质、蛋白质-抗体和蛋白质-核酸相互作用的预测中取得了显著的进展。这一模型不仅在单一蛋白质结构预测方面表现出色，还通过专门训练的多链输入，显著提高了多链蛋白复合物的界面预测精度。

另一个具有代表性的 AI 模型是 HNSPPI，它结合了网络和序列信息，通过图卷积网络对蛋白质相互作用进行预测。HNSPPI 模型通过将蛋白质视为复杂的网络节点，综合分析其序列特征和网络连接属性，有效地推断蛋白质之间的相互作用。

3. 多组学数据整合

多组学数据整合是现代组学研究的趋势，AI 通过建模和关联分析，帮助研究者揭示复杂生物过程中的交互作用。哈佛大学开发了一种多组学人工智能框架(multi-omics AI framework)，用于整合基因组、转录组、蛋白质组和代谢组数据。其利用深度神经网络分析不同组学数据的相关性，结合贝叶斯模型，提高了预测置信度。

6.4.3　人工智能与生物医药研究

人工智能的快速计算能力、复杂数据处理能力和强大的预测能力，使其逐渐成为解决生物医药领域难题的重要工具。通过结合生物学大数据和机器学习算法，AI 显著加速了药物研发和疾病诊断与预测的效率。

1. 药物研发

药物研发是一个耗时且高成本的过程，AI 通过智能筛选、药物设计和优化，大大缩短了药物开发周期。在药物-靶点相互作用（DTI）预测中，基于 Transformer 架构的预训练模型显著提高了预测效率和准确性。例如，ChemBERTa 和 ProtBERT 模型通过从化学结构和蛋白质序列中提取特征，捕捉药物与靶点之间的复杂关系。这些模型通过整合大规模数据集，如 BioSNAP、DAVIS 和 BindingDB，展现了高精度的预测能力。这种方法不仅减少了对手工设计特征的依赖，还提升了模型的泛化能力，使其能够适应更广泛的药物靶点组合，极大地推动了药物研发的进展。

2. 疾病诊断与预测

近年来，AI 在医学成像及医学影像分析中的应用取得了显著进展。AI 不仅提高了自动化分析的准确性和效率，还极大地减轻了放射科医生的工作负担。

AI 技术的发展使得医学影像分析逐渐向自动化和智能化转变。卷积神经网络（CNN）作为深度学习的重要算法，能够自动从图像中提取高维度特征，替代传统依赖人类专家手工标注的影像分析流程。已有研究表明，CNN 技术在影像分析中表现出卓越的性能，尤其是在处理涉及多个解剖区域的医学影像时，CNN 提供了比传统方法更高的准确性。随着数据规模的增大，人工分析的局限性越来越明显，而 AI 模型通过对海量数据的处理，能够减少主观误差并提高诊断的一致性。

在肝癌的诊断中，AI 的应用特别显著。AI 能够利用非增强 MRI 影像进行精确诊断，从而减少了对造影剂的依赖，减小了相关的副作用和成本。这一应用展示了 AI 在医疗成本控制和提高诊断效率方面的潜力，尤其是在高风险人群的早期筛查中。

人工智能正在逐步改变生物学的研究方式，已在基因组学、蛋白质结构预测、生物医学影像分析、药物开发以及生态系统建模等领域展现出强大潜力。此外，AI 还被广泛应用于生物大数据分析，挖掘基因与表型之间的复杂关系。未来，随着 AI 算法的不断优化和跨学科协作的深入，人工智能有望在生物学中发挥更大的作用，为揭示生命奥秘和解决全球性健康与环境挑战提供全新的研究工具和技术支持。

6.5　人工智能与材料科学

材料科学是推动现代科技发展的基石之一，从电子设备到航空航天，从新能源到医疗器械，新材料的开发与应用始终是技术革新的核心。在材料领域，传统的新材料开发通常依赖于试错法，这种方法需要经过烦琐的实验步骤，耗时长且成本高，难以实现开发效率的提升。高精度的计算模拟方法，如密度泛函理论（DFT）电子结构计算和蒙特卡罗模拟，虽然为新材料的发现提供了有效工具，但主要适用于特定体系。而面对更加复杂的系统，这些方法的计算成本往往过高，难以满足需求，因此迫切需要探索新的方法来高效指导材料的设计与开发。

人工智能技术，通过机器学习、深度学习和大数据分析，为材料科学开辟了一条高效探索的全新途径。从新材料的快速发现到复杂材料性质的预测，人工智能正逐步改变材料研究的范式。

6.5.1　人工智能与材料设计

在海量的材料数据库和复杂的参数空间中寻找并合成新材料是一项极其耗时且烦琐的任务，传统的实验方法往往效率低下，难以满足现代新材料研发对速度和精度的需求。通过利用人工智能技术进行智能开发和学习，可以显著提高研发效率。

2023 年，DeepMind 团队在 *Nature* 发表了用于材料科学的人工智能强化学习模型GNoME（graph networks for materials exploration），通过该模型和高通量第一性原理计算，寻找到了 38 万余种热力学稳定的晶体材料，相当于"为人类增加了 800 年的智力积累"，极大地加快了发现新材料的研究速度。随后，微软公司发布了材料科学领域的人工智能生成模型 MatterGen，该模型可根据所需要的材料性质按需预测新材料结构。2024 年，微软公司与美国能源部下属的西北太平洋国家实验室（PNNL）合作，利用人工智能和高性能计算，从 3200 万种无机材料中筛选出了一种全固态电解质材料，完成了从预测到实验的闭环，该技术可助力下一代锂离子电池材料研发。

6.5.2　人工智能与材料性能预测

在特定功能材料的研发中，理解结构与性质之间的关系至关重要。利用机器学习技术训练模型，可以有效预测材料的结构和性质，从而挖掘两者之间的潜在关联。中国香港城市大学团队开发了一种基于神经网络等三种不同的机器学习模型[15]且专注于高熵合金相结构的设计。该模型以包含 601 个多元合金数据的数据集进行训练。实验验证与理论预测高度一致。这项研究表明，机器学习技术能够成为开发高熵或多组元合金设计的全新工具，为未来的材料研发提供了新方向。

6.5.3　人工智能与材料微观结构表征

材料的微观结构对其宏观性能具有显著影响，因此对微观结构的表征与调控是材料理论研究和新材料设计的核心环节。除了传统的扫描电镜和透射电镜技术，现代方法如原位分析和环境电镜也得到广泛应用。同时，机器学习在微观结构分析中发挥了重要作用。例如，玻尔兹曼机被用于模拟 MoS_2 化学沉淀相的单分子层结构，卷积神经网络能够构建"微观结构与宏观性能"之间的映射关系，无监督学习则可以自动去除 XRD 和拉曼光谱中的背景信号。

此外，机器学习在材料结构表征中的图像技术也具有广泛应用，包括图像识别、分类、降维和数据增强等功能。这些技术可以精确分析材料的三维微观结构。以 Chan 等的研究[16]为例,他们结合无监督学习和图像处理技术,实现了三维样品微结构的自动分析,并精确量化了 3D 多晶样品中的晶粒及其尺寸分布,为微观结构的精确表征提供了高效的解决方案。

6.5.4　人工智能与复合材料研究

随着复合材料在组分、结构和性能需求方面日益复杂,传统研究范式(以实验观测、理论建模和数值模拟为核心)在力学性能分析、设计和制造等方面面临诸多挑战。这些挑战包括实验数据不足、理论模型局限、数值分析能力受限以及结果验证困难等问题,阻碍了先进复合材料在未来工程领域的广泛应用。

人工智能以数据驱动模型为核心,能够代替传统数学力学模型,从高维数据中直接建立复杂关系,并挖掘传统力学研究难以捕捉的潜在规律。这种方法为复合材料的研究提供了全新的解决途径,成为该领域的重要发展趋势。目前,人工智能在复合材料领域的应用主要集中于智能制造、性能预测和优化设计等方面。例如,澳大利亚蒙纳士大学团队[17]通过结合原子尺度成像、深度势能分子动力学模拟与经典成核理论,深入研究了铝铜合金($Al-1.7at.\%Cu$)中强化析出相的成核机理。他们发现了一种新的成核机理,这一成果不仅深化了对合金析出相演变过程的理解,还为原位纳米颗粒增强复合材料的设计提供了重要理论依据,显著提高了相关材料的研发效率。

人工智能正在引领材料科学进入智能化、数据驱动的新时代。通过机器学习、深度学习等技术,AI 能够高效地处理海量实验与模拟数据,揭示材料结构、性能和功能之间的复杂关系,为新材料设计与开发提供了强大的工具。从材料发现到材料表征,AI 已在多个领域取得突破性进展,能够加速新材料的发现进程,并为材料设计提供灵活方案。研究成果表明,人工智能正在改变材料开发的传统范式,推动智能制造和性能调控的革新。展望未来,AI 与材料科学的深度融合将为高效、低成本的新材料研发开辟更多可能,为全球科技与工业发展注入新的活力。

6.6　其他科学领域

6.6.1　人工智能与物理学

传统物理学以实验观测、理论推导和数值模拟为基础,面对现代物理问题的多维数据和复杂系统时往往显得力不从心。而人工智能以其强大的数据处理能力、模式识别能力和预测能力,能够从海量数据中挖掘出潜在规律,为物理学提供了新的研究范式。

现今,人工智能辅助物理学重新发现了许多已知的基本物理规律,包括对称性、守恒律、经典力学定律等,从底层理解物理学及物理系统。例如,机器学习算法[18]能够用于自动发现隐藏的对称性。其想法是将不对称程度表示为一个量,通过神经网络参数化,可以最小化这个量,也就是减少不对称。然后使用一种名为 AI Feynman 的物理启发工具,将神经网络学到的知识转化为人类可以理解的数学表达式。

此外，守恒律是物理学中的重要概念之一。2019 年，神经网络可以用于直接从数据中学习系统的哈密顿量；2020 年，一种拉格朗日神经网络可以从数据中学习任意拉格朗日量。

在最近的一项研究中，研究人员根据 30 年的观测数据训练了一种机器学习模型，模拟太阳和太阳系中行星的动力学[19]。然后，使用符号回归自动找到控制方程，并重新发现了牛顿的万有引力定律。

6.6.2 人工智能与地球科学

地球科学作为行星科学的一个重要分支，涵盖了物理、地理、地质、气象、数学、化学和生物等多个学科领域，主要研究矿产资源、建筑材料、海洋资源、气候变化以及天体运行对人类社会的影响。由于实验手段的局限性，人工智能已成为地球科学研究中不可或缺的计算建模工具。

在基础研究领域，人工智能正与地球物理学深度融合。通过分析地质年代学数据，AI 能够重建地球的演化历史，并对未来气候和环境变化进行预测。例如，在地震预测中，AI 借助海量数据和地震学理论，对地震生成过程进行建模与模拟，显著提高了预测的精确度。而在矿产勘探中，AI 通过整合地质和遥感数据，快速识别矿产分布，提升勘探效率的同时有效降低了环境影响。例如，美国的 KoBold Metals 公司运用 AI 指导矿产勘探，筹集了大量资金以提高对关键金属的勘探效率。AI 在地质学领域的应用潜力巨大，将持续推动对地球资源的有效开发与保护。路易斯安那州立大学的研究人员利用 AI4S 加速分子动力学模拟，研究了硅酸镁熔体在压力增大过程中的黏度变化。研究发现，硅酸盐熔体的电导率在压力增加时先增后减，这一现象有助于解释遥测得到的地球浅层电导率曲线陡峭上升的原因[20]。

对于气象学，现代天气预报依赖超级计算机进行高频次复杂计算，以预测温度、风速和降雨等气象事件，准确性与速度至关重要。随着深度学习的发展，研究人员开始利用深度学习模型开发降雨预测系统，力求在提高预测效率的同时减少对传统物理方程的依赖，能够更好地模拟非线性降水现象，如对流启动与强降水。2021 年，*Nature* 收录了 DeepMind 的新成果[21]。研究人员采用深度生成模型替代传统的大气物理方程，实现了对 200 万 km^2 大气层的物理仿真。这项技术使用深度学习与雷达直接预测未来降雨量，优于传统方案且不受过多物理条件的限制。人工智能正在气象学领域提供更准确和高效的天气预报，改进天气模型，并在气候研究中发挥作用。

6.6.3 人工智能与能源科学

能源是人类社会发展的基础，推动了工业革命和现代文明的进步。然而，化石能源的大量使用导致环境和气候变化等问题，因此加快能源转型和发展清洁低碳能源是未来的趋势，人工智能技术成为能源转型的重要手段。例如，AI 可学习流体动力学规律，预测和模拟流体行为，提高模拟准确性。AI 也可利用深度学习处理高维数据，从而解决燃烧中的热传导和质量传递问题。这些技术进步有助于优化燃烧过程，提高能效，减少排放，为清洁能源利用提供支持。

2023 年 7 月，中国科学院物理研究所和抖音有限公司等机构采用基于深度学习的分子动力学方法来模拟电解质的结构优化和离子迁移，开发新型硫化物固态电解质，为新型功能电解质材料的设计提供了思路，有助于高安全、高容量、全固态锂电池的发展。

此外，针对核聚变问题，借助 AI 控制核聚变过程成为业界的重点关注方向。2022 年，DeepMind 与瑞士洛桑联邦理工学院等离子体中心的物理学家合作的论文[2]登上 *Nature*。在这项研究中，DeepMind 通过训练 AI，在模拟环境和真正的核聚变装置中实现了对等离子体的自主控制。

6.6.4　人工智能与计算科学

传统的计算模拟方法，如密度泛函理论（DFT）、蒙特卡罗方法、分子动力学（MD）和有限元分析（FEA），在解决复杂科学问题时具有重要作用。然而，这些方法受限于计算资源和时间成本，在处理大规模复杂系统时面临瓶颈。结合人工智能特别是机器学习技术，为计算科学提供了新的研究思路。

2022 年，中国科学院计算技术研究所团队将具有第一性原理精度的模拟规模提升至 170 亿个原子，计算效率也比 2020 年获得"戈登·贝尔奖"的成果提升 1000 倍以上[22]。

2022 年 5 月，中国科学院计算技术研究所团队成功利用人工智能技术自动设计出"启蒙 1 号"，它是全球首款全自动生成的 32 位 RISC-V CPU，相较于传统设计方法，这种自动方法的设计周期缩短为原来的 1/1000，仅用 5h 就生成了 400 万逻辑门。

6.6.5　小结

以上案例充分展示了人工智能在自然、物理、社会、医学、计算机科学等领域的巨大潜力。人工智能使研究人员能够从更加多样化、更大规模的数据中提取关键见解，跨越多个维度和尺度，揭示对世界更深层次的理解。同时，借助精细化的模拟，人工智能可以构建自然或物理系统的"数字孪生"，为实验与分析提供虚拟平台；它还能优化实验室流程，提高效率，并协助研究人员制定与验证新假设。未来，人工智能将逐步改变这些传统学科的研究方式。通过推动跨学科协作，将领域专长与人工智能模型开发相结合，并将模型产生的洞见融入研究领域，科学研究的进展速度将得到显著提升。

参 考 文 献

[1] WANG H C, FU T F, DU Y Q, et al. Scientific discovery in the age of artificial intelligence[J]. Nature, 2023, 620（7972）: 47-60.

[2] DEGRAVE J, FELICI F, BUCHLI J, et al. Magnetic control of tokamak plasmas through deep reinforcement learning[J]. Nature, 2022, 602（7897）: 414-419.

[3] KUMARAPPAN A, TIWARI M, SONG P Y, et al. LeanAgent: lifelong learning for formal theorem proving[J]. arXiv preprint arXiv: 2410. 06209, 2024.

[4] DAVIES A, VELIČKOVIĆ P, BUESING L, et al. Advancing mathematics by guiding human intuition with AI[J]. Nature, 2021, 600（7887）: 70-74.

[5] FAWZI A, BALOG M, HUANG A, et al. Discovering faster matrix multiplication algorithms with reinforcement learning[J]. Nature, 2022, 610（7930）: 47-53.

[6] RAAYONI G, GOTTLIEB S, MANOR Y, et al. Generating conjectures on fundamental constants with the Ramanujan machine[J]. Nature, 2021, 590 (7844) : 67-73.

[7] ZHONG W H, YANG Z D, CHEN C Y C. Retrosynthesis prediction using an end-to-end graph generative architecture for molecular graph editing[J]. Nature communications, 2023, 14 (1) : 3009.

[8] HEID E, GREENMAN K P, CHUNG Y, et al. Chemprop: a machine learning package for chemical property prediction[J]. Journal of chemical information and modeling, 2024, 64 (1) : 9-17.

[9] ATOMWISE. AI is a viable alternative to high throughput screening: a 318-target study[J]. Scientific reports, 2024, 14 (1) : 7526.

[10] TANG B W, NIU Z W, WANG X F, et al. Automated molecular structure segmentation from documents using ChemSAM[J]. Journal of cheminformatics, 2024, 16 (1) : 29.

[11] JUMPER J, EVANS R, PRITZEL A, et al. Highly accurate protein structure prediction with AlphaFold[J]. Nature, 2021, 596 (7873) : 583-589.

[12] ABRAMSON J, ADLER J, DUNGER J, et al. Accurate structure prediction of biomolecular interactions with AlphaFold 3[J]. Nature, 2024, 630 (8016) : 493-500.

[13] KULMANOV M, KHAN M A, HOEHNDORF R, et al. DeepGO: predicting protein functions from sequence and interactions using a deep ontology-aware classifier[J]. Bioinformatics, 2018, 34 (4) : 660-668.

[14] CHICCO D, SADOWSKI P, BALDI P. Deep autoencoder neural networks for gene ontology annotation predictions[C]. Proceedings of the 5th ACM conference on bioinformatics, computational biology, and health informatics. Newport Beach, 2014: 533-540.

[15] BOURGEOIS L, ZHANG Y, ZHANG Z Z, et al. Transforming solid-state precipitates via excess vacancies[J]. Nature communications, 2020, 11 (1) : 1248.

[16] CHAN H, CHERUKARA M, LOEFFLER T D, et al. Machine learning enabled autonomous microstructural characterization in 3D samples[J]. NPJ computational materials, 2020, 6 (1) : 1.

[17] LUO H Y, KARKI B B, GHOSH D B, et al. Anomalous behavior of viscosity and electrical conductivity of $MgSiO_3$ melt at mantle conditions[J]. Geophysical research letters, 2021, 48 (13) : 1-8.

[18] LIU Z M, TEGMARK M. Machine learning hidden symmetries[J]. Physical review letters, 2022, 128 (18) : 180201.

[19] LEMOS P, JEFFREY N, CRANMER M, et al. Rediscovering orbital mechanics with machine learning[J]. Machine learning: science and technology, 2023, 4 (4) : 045002.

[20] LUO H Y, KARKI B B, GHOSH D B, et al. First-principles computation of diffusional Mg isotope fractionation in silicate melts[J]. Geochimica et cosmochimica acta, 2020, 290: 27-40.

[21] LAM R, SANCHEZ-GONZALEZ A, WILLSON M, et al. Learning skillful medium-range global weather forecasting[J]. Science, 2023, 382 (6677) : 1416-1421.

[22] GUO Z Q, LU D H, YAN Y J, et al. Extending the limit of molecular dynamics with ab initio accuracy to 10 billion atoms[C]. Proceedings of the 27th ACM SIGPLAN symposium on principles and practice of parallel programming. Seoul, 2022: 205-218.

第 7 章

人工智能在交叉学科中的应用

随着算法、算力与数据的深度融合，人工智能(AI)在计算机视觉、自然语言处理及自动驾驶等多个领域展现出了非凡的潜力。一些科学家正致力于探索利用 AI 学习科学原理、解决科学难题的新途径。他们洞察到，AI 之所以能在这些领域取得显著成就，根本原因在于其基于强大的算力和丰富的数据，实现了对高维函数处理能力的显著提升。

当前，科研模式正经历着从封闭"小作坊"向开放协作"平台"的重大转变，而人工智能技术在各科学领域的广泛应用正是这一变革的重要驱动力。AI 与交叉学科的结合，既需要大规模的跨学科人才支撑，也需要创新的组织形式来保障高效的协作。作为新兴领域，其对人才的需求尤为迫切，它要求从业者不仅精通人工智能相关技术，还要具备深厚的相关学科背景，以及将科学成果转化为产业创新的工程实践能力。

本章对 AI 在化学化工、生命科学与工程、智能制造以及智能建造等学科中的交叉最新应用进行了介绍，希望通过本章的介绍，读者能够对 AI 在交叉学科中的应用有较为全面的认识。

7.1　人工智能在化学化工中的应用

近年来，化学工业的重点持续向高附加值化工产品的生产转化。这些化工产品多数都与化工过程及其下游产品有关，其开发不仅需要相应的产品筛选与设计方法，同时需要对其可持续的生产过程、经济效益以及环境影响加以考虑。因此，化工产品的开发是一个系统性的多尺度问题。人工智能方法的兴起使得其在化学化工等领域得到广泛的应用。此类智能设计可以对大量可能的设计结果进行快速地虚拟筛选，从而大大降低实验成本。

人工智能驱动的科学研究作为一种开普勒范式的数据驱动方法，在针对具体的科学问题开展研究时，数据是其重要的基础。尽管目前已经有很多大型公开化学数据库以及海量文献数据可供获取，但对于不同的问题类型，准确可供直接训练的数据通常难以获取，需要针对数据进行降噪筛选。另外，化工产品开发的多尺度、跨学科特性也使得相关问题变得非常复杂。目前，大多数先进的人工智能技术都已经在化学化工分子性质预测的建模中得到了应用，如人工神经网络、支持向量机、随机森林、高斯过程回归、卷积神经网络、图神经网络等机器学习算法，在解决具体分子性质预测问题时均取得了成功。人工智能方法所能预测的分子性质涵盖了从微观原子间相互作用到宏观物理化学性质等多种类型，如原子间势、化学反应势垒、蛋白质与分子的结合亲和力、分子键解离能、分子的溶解度、稳定性、生物活性等[1]。

经过分子构效关系的建模，对目标体系构建得到高效准确的分子性质预测模型是进行智能分子设计的第一步。化学分子的智能设计一般利用 AI 算法，如深度生成模型，来探索和优化分子的结构与功能。通过对已有数据的分析，AI 可以预测分子在特定条件下的行为，从而快速生成新的候选分子。这种方法不仅加速了新药物和材料的开发过程，还显著降低了实验成本，帮助科学家在设计阶段预见可能的合成路径与性质。而在有机合成领域，人工智能正在变革传统合成方法，通过优化反应条件和合成路线来提高效率。AI 算法能够分析大量文献和实验数据，识别成功合成的关键因素，为化学家提供实用建议。结合自动化实验室技术，AI 能快速验证理论预测，加快新分子的开发与应用进程，最终推动有机合成的智能化发展。这种结合不仅提升了研究效率，还为化学研究的未来开辟了新的可能性。

在 21 世纪，能源问题成为全球性挑战，人口增长和工业化导致能源需求激增，同时引发环境和气候变化问题。因此，寻找清洁、高效、可持续的能源解决方案变得至关重要。AI 技术在能源领域的应用，特别是在电池、太阳能和核能技术方面，展现出巨大潜力。目前，通过机器学习算法预测电池健康和寿命，优化电池材料，提高性能和安全性成为研究热点。在太阳能技术中，可以通过 AI 建模提高电池效率和进行智能管理，优化发电系统。在核能领域，已有应用 AI 技术来提高反应堆运行效率、优化核废料处理、提升安全管理的案例。AI 的应用不仅提高了能源效率，促进了可持续发展，还为全球能源结构优化和环境保护提供支持，实现推动能源行业智能化和高效化的目标。

接下来，本节将分别对以上提到的化学化工领域的大型公开数据库、分子物性预测机器学习建模方法、分子的智能设计、智能合成方法进行介绍。此外，对当下广受关注的能源领域的人工智能技术应用也进行了介绍。

7.1.1　化学数据库简介

人工智能方法作为一种数据驱动的建模方法，在化学化工中应用的重要基础是大量的与分子性质相关的数据。数据中应包含定义明确的模型输入变量(如产品的微观结构、性能或合成条件)，以及模型需要预测的性能参数。目前，化学数据库中数据的来源主要有三个方面：其一是收集大量的实验数据，整理得到包含不同物性的分子产品数据库。尽管实验数据经过严格的质量审查，但数据库中涉及的人类感知和测量仍然不可避免地使数据存在误差和偏差。其二是文献中记录的数据，目前，每年发表的论文数量几乎呈指数增长，为科学家建立数据集提供了巨量资源。文献中经常包含对相关性质之间的联系和关系的分析可以使科学家更深入地了解构效关系，并确定比数据库中纯粹的定量性质和结构数据更有用的描述符来表示物性。其三是通过高通量计算进行数据积累，使用热力学和电子结构方法，可以生成虚拟数据集或局部性质。利用人工智能方法可对这些计算成本高昂的定量数据建模，并用于后续的快速分子设计和筛选任务。

下面介绍化学化工不同领域研究中常用的一些数据库(网站)。

1. NIST 数据库

美国国家标准与技术研究院（National Institute of Standards and Technology，NIST）成立于 1901 年，是美国最古老的物理科学实验室之一，属于美国商业部的技术管理部门，提供 NIST 根据标准参考数据计划编制的热化学、热物理和离子能量学数据，在国际化学化工行业都享有很高的声誉。数据库资源包括分析化学、化工加工、化学热力学、化学性质、分子表征、理论化学建模、热化学性质等。例如，NIST 化学数据库包含 7000 多种有机和无机小分子的热化学数据、8000 多种反应热化学数据、16000 多种化合物的离子能量学数据，以及包括 33000 多种化合物的质谱/红外光谱/紫外光谱/可见光谱/气相色谱/电子和振动光谱等数据。数据库提供多种检索方式，检索选项可以是化合物分子式/化合物名称/IUPAC 标识符/CAS 注册号/反应过程/文献作者等。在 NIST 包含的百余个数据库中，绝大部分有关物性的数据库可免费检索，并能得到数据信息及图表。

2. PubChem 数据库

PubChem 数据库是由美国国立卫生研究院（National Institutes of Health，NIH）建立的一个开放的化学数据库，目前是世界上最大的免费获取化学信息的数据库。PubChem 的数据主要来源于政府机构、化学品供应商、期刊出版商等，包括 3 个子数据库：PubChem Substance、PubChem Compound 和 PubChem BioAssays。3 个数据库可以互相访问。PubChem 里面包含大量小分子化合物的理化性质数据，也包含如核苷酸、碳水化合物、酯类、肽等较大的分子性质数据。通过搜索化合物的名称、分子式、结构和其他标识符，可以查找化合物的化学结构、化学和物理性质、生物活性、安全性和毒性数据，还可以得到关于该化合物的专利、文献引用等信息。目前可供检索的化合物约有 11100 万种，物质约有 28700 万种，生物活性约有 27300 万种、相关文献约有 3200 万篇、专利约有 250 万种。自 2004 年推出以来，PubChem 已成为生物医学研究界在许多领域如化学信息学、化学生物学、药物化学和药物发现的关键化学信息资源，作为机器学习和数据科学研究中的"大数据"来源，用于虚拟筛选、药物再利用、化学毒性预测、药物副作用预测和代谢物鉴定等。

3. ZINC 数据库

ZINC 是一个免费的商业化合物虚拟筛选数据库，由加利福尼亚大学旧金山分校药物化学系的 Irwin 和 Shoichet 实验室建立并维护，包含超过 2.3 亿个可以进行分子对接的 3D 格式化合物，是一个用于配体发现、化学生物学和药理学的研究工具。ZINC 数据库有两个版本：2012 版和 2015 版。目前 2015 版为最新版本。ZINC 数据库的检索途径是化合物的 SMILES 等分子信息，检索结果是与输入结构相类似的一系列化合物，适用于药物的虚拟筛选及药物设计。ZINC 数据库的检索结果还包括化合物的一系列重要性质，如脂水分配系数 $x\log P$、溶解度、氢键供体和受体数目、电荷、二维/三维结构等。

相比于其他数据库，ZINC 支持中等复杂程度的查询，并且能够提供与大多数分子对接程序兼容的几种格式的三维分子，如 SMILES、mol2、3D SDF 和 DOCK flexibase 等格式，用户可直接下载包含分子信息的数据表格。同时，支持与电子商务系统的直接链接，使网上购买化合物变得简单易行。此外，ZINC 的服务器还支持用户上传自己的化合物以及在网站上进行简单处理，方便研究人员尝试计算配体发现。

4. ChEMBL 数据库

ChEMBL 是一个大型的、开放的药物发现数据库，包含大量的类药物生物活性化合物的结合、功能和 ADMET（药物的吸收、分配、代谢、排泄和毒性）信息，旨在获取整个医药研发过程中的药物化学数据和知识。有关小分子及其生物活性的数据是定期从核心药物化学期刊中人工摘录的，然后进一步整理和标准化，并与已批准的药物和临床开发候选药物的数据（如作用机制和治疗适应证）相结合。ChEMBL 中的生物活性数据还能与其他数据库的数据进行交换，如 PubChem BioAssay 和 BindingDB，以最大限度地提高其在广泛的化学生物学以及药物发现研究问题上的应用。目前，该数据库包含 540 万个生物活性测量值，涉及 100 多万种化合物和 5200 种蛋白质目标。通过搜索化合物的名称，能够得到包含化合物分子的二维结构、计算特性（如 $\log P$、分子量、Lipinski 参数等）和抽象的生物活性（如结合常数、药理学和 ADMET 数据）等信息，此外，上传/绘制化合物的结构或化合物 SMILES 结构式，能够根据结构检索到化合物本身或与它的相似度在 95%以上的化合物信息。

7.1.2　分子物性预测

当下，人工智能技术在化学化工领域的分子物性预测中扮演着越来越重要的角色。通过机器学习算法，AI 能够预测分子的性质，如溶解度、稳定性、化学反应性和生物活性等[2]，这对于新药物的开发、新材料的合成以及化学反应过程的优化都具有重要意义[3]。例如，Zhao 等[4]将支持向量机应用于不同数据集的毒性预测，并与其他常用的方法（如多元线性回归）进行了比较。结果显示在不同数据集上，支持向量机模型都给出了更高预测精度，说明支持向量机方法优于多元线性回归方法，在多个测试集上表现出较好的泛化能力。这可能是因为支持向量机方法体现了结构风险最小化原则。Kaiser 等[5]采用前馈神经网络对 419 种化合物的黑头鱼毒性数据集建立预测模型，在该化合物数据集中，模型得到的测量值和预测值之间的相关系数为 0.916，平均误差为 0.158，标准偏差为 0.596，均方误差为 0.333，表明模型性能较好。Kang 等[6]在近 50 万个密度泛函理论计算结果的基础上，开发了用于预测分子的最大振荡强度和相应的激发能的随机森林模型，模型能够实现高度准确的预测。该研究将为新型荧光团的设计提供指导。

传统机器学习方法主要包括支持向量机、随机森林、k 最近邻、线性回归、逻辑回归、朴素贝叶斯、决策树、人工神经网络等。这些机器学习算法的吸引力在于它们简单且适度的计算量，以及与传统预测算法相比更高的预测精度。同样，非计算机科研人员也可以从认知上理解传统技术的底层机制。原则上，机器学习算法是通用逼近器，能够在给定足够数据的情况下对物理系统中的任何复杂关系进行建模。这种方法与密度泛函理论等传统的计算方法截然不同，后者要求将量子力学和化学定律明确编码到软件中。相比之下，机器学习算法通过学习数据集中的基本规则和模式，构建预测新分子或材料的模型。在分子物性预测中，AI 技术通常涉及以下几个关键步骤。

数据收集：收集大量的化学分子结构和它们对应的物理化学性质数据。

特征化：利用化学信息学方法从分子结构中提取有用的特征，如原子数量、键的类型、分子的拓扑结构等。

模型训练：选择合适的机器学习模型，如深度神经网络、支持向量机、随机森林或图神经网络等，使用提取的特征和已知的物性数据来训练模型。

模型评估：通过交叉验证等方法评估模型的预测准确性和泛化能力。

最后，将训练好的模型应用于新的分子结构，预测它们的物性，并用于指导实验研究和工业应用。

下面对这些步骤进行详细介绍。

1. 数据收集

当前性质预测的主要挑战是获得足够且可靠的训练数据，这些数据应包含明确的输入变量（如微观结构、性能或合成条件）及对应的宏观性能。数据来源包括结构和性能数据库、实验测量及文献，此外，高通量实验和计算生成的大量数据也对数据集构建至关重要。实验失败的数据同样重要，因为它们有助于识别成功与失败分子的决定因素。通过热力学和电子结构方法的高通量计算，可以生成虚拟数据集，从而更高效地利用昂贵的第一性计算结果，支持机器学习分析和发现。

2. 特征化

在收集到数据后，必须将其转换为适当的数学形式，以便训练机器学习模型。这包括通过一系列数字（矢量或张量）来描述分子、化合物、化合物表面上的簇等关键性质。这些数字常被称为描述符、特征或指纹。创建这些对象的数学表示过程称为特征化或特征工程，描述符、特征或指纹对于模型的质量和可解释性至关重要。这一步大多数需要人类的直觉和干预。近年来，使用特定类型的深度神经网络对分子对象进行自动特征化的相关研究成为这一领域的新范式。特征化包括两个步骤：描述符生成和描述符选择。

描述符生成是机器学习建模中的关键步骤，有效的描述符应能区分数据空间中的对象，并对与模型和预测目标相关的性质进行编码。描述符选择依赖于科学问题，需确保提供独特信息，避免信息过多导致过拟合，同时删除冗余或低相关描述符。描述符可以根据编码的信息分为不同类别，包括实验、组成、结构和电子特征等。计算描述符是优选，因为它们不依赖实验且能用于预测未合成产品的性能。有效选择描述符需结合经验与直觉，以确保其与模型性质相关，同时使用如 SMILES 和分子指纹等工具来表示分子结构。基于图形的描述符因易于计算和解释而广泛应用，但在模拟复杂相互作用时，其能力有限。

在构建机器学习模型时，选择合适的描述符子集是至关重要的。过多的描述符会增加模型复杂性，导致过拟合，而一个优化的稀疏描述符子集可以提高模型的预测能力和可解释性。描述符选择主要有两种策略：稀疏特征选择和降维。稀疏特征选择通过统计方法减少描述符数量，适应与目标性质密切相关的特征。例如，随机森林等方法可以用来确定每个描述符的重要性。降维策略，如主成分分析，通过将高维描述符转化为低维空间描述符来降低数据的维数，保留大部分独立性，但可能丢失一些关键信息。非线性问题需要通过核主成分分析或流形学习等方法进行更高级的降维处理，以保留数据结构并提高模型性能。

3. 算法选择和模型训练

一旦选择了最优特征子集，就可以使用各种线性和非线性方法来训练最大似然模型。通常，数据集分为用于训练模型的训练集和用于评价模型的测试集。机器学习通常分为监督学习、无监督学习和半监督学习。监督学习模型数据具有独立变量（描述符）和因变量（标签）。训练模型的目标是在训练过程中优化模型中的可调参数（优化系数或模型权重），以最小化训练和测试集中的预测或分类错误。机器学习模型可学习输入特征和输出特征之间的关系，然后预测未用于训练该模型的新产品的性质。这种受监督的机器学习算法经常用于代替资源密集型的基于物理学的计算或耗时且昂贵的实验，以加速产品的设计和发现。当训练数据仅包含描述符（未标记数据）时，将使用无监督学习方法对数据进行聚类并识别其中的趋势和模式。还可以通过使用选择合适的描述符的无监督学习方法来检测原始数据集中的异常值。如果大多数数据是未标记的（例如，基因组数据集中只有少数基因被注释），半监督学习可以标记未知数据，并根据从标记数据集中获得的知识修改模型。

机器学习算法的选择取决于数据集的结构和目标的类型。若每个数据元素的特征数量过多，则采用降维。若数据没有标签，则使用无监督学习；若数据有标签，则使用监督学习。回归算法对连续数据建模，分类算法对分类数据建模。大多数算法既可以建立回归模型，又可以建立分类模型。

4. 模型评估

机器学习模型的评估是确保其在实际应用中表现良好的关键步骤。模型评估不仅关乎预测精度，还包括对模型鲁棒性、外延性和解释性的全面考量。在实际项目中，通过多种科学合理的手段和指标进行评估，常见方法包括交叉验证、学习曲线和验证曲线等。特别是在回归任务和外延性评估方面，细致的评估能够揭示潜在问题，并为模型的进一步优化提供指导。

在回归任务中，常用评估指标有均方误差（MSE）、平均绝对误差（MAE）、R^2 值（R-squared）和均方根误差（RMSE）。这些指标从不同角度衡量模型的预测性能。MSE 重罚大误差，MAE 对异常值不敏感，R^2 值衡量模型的解释能力。由于单一指标不足以全面反映性能，交叉验证成为更有效的评估方法，通过分割数据集进行多次训练和验证，检测过拟合并充分利用数据，尤其适合小数据集。常见的交叉验证形式包括 k 折交叉验证和留一法（LOOCV），后者适用于小数据集且计算成本高。外延性评估在测试模型的新数据上的表现至关重要，通常通过留出法、滚动窗口等方法来实现。此外，学习曲线和验证曲线有助于分析数据量和超参数对模型性能的影响，从而找到最优参数组合。这些评估方法确保模型在实际应用中具有鲁棒性和可行性，对机器学习模型的成功至关重要。

7.1.3 分子智能设计

深度生成模型（deep generative models）是一类使用深度神经网络来参数化生成模型的机器学习模型。传统的分子设计方法为了保证所设计分子的实用性，需要制定繁杂的专家规则对所搜寻的化学空间进行约束，导致搜索效率不尽如人意。相比之下，深度生成模型凭借纯数据驱动的训练方式在大大降低对专家知识需求的同时探索更加广阔的化学空间，提高分子设计的命中率。常见的深度生成模型有循环神经网络（RNN）与生成式对抗网络（GAN）。根据所解决任务的实际情况，模型会结合不同的优化策略以提升性能表现，常见的优化策略有迁移学习、贝叶斯优化、强化学习和条件生成。

以下对分子智能设计中可能用到的几种深度生成模型进行简要介绍。

1. 循环神经网络

循环神经网络是一种具有短期记忆功能的神经网络。与前馈神经网络中只能进行单向信息传递的神经元相比，循环神经网络通过引入循环核（RNN Cell，又称记忆体）来实现具有环路的网络结构，使得其在接收其他神经元信息的同时也可接收自身的信息。

循环神经网络及其变体目前已被成功应用在分子设计（生成）领域，来自苏黎世联邦理工学院的研究人员受到双向 RNN 模型和分子编码语言 SMILES 本身的结构特性启发，提出了名为 BIMODAL 的双向 RNN 生成模型[7]，该模型是一种基于 SMILES 生成和数据增强的新模型。研究人员通过交替学习技术训练模型进行双向分子设计，结果表明，该双向 RNN 模型所生成的分子在分子新颖性、骨架多样性以及化学生物相关性方面均优于传统的单项 RNN 模型，证明了基于 SMILES 的分子从头双向设计方法的有效性。

2. 生成式对抗网络

生成式对抗网络的核心思想是博弈论中的零和博弈。生成式对抗网络由两部分神经网络构成，分别是生成器（generator）和判别器（discriminator）。生成式对抗网络由于其无监督、无需马尔可夫链以及擅长生成高维度数据等特点，已经受到分子生成领域学者的广泛关注。例如，韩国首尔大学的研究人员[8]提出了一种将基于行为-评判的强化学习和 GAN 架构相结合的模型，该模型用于生成易合成且针对生物靶点的分子 SMILES 字符串，并将其命名为 SMILESMaskGAN，该架构由 MaskGAN 修改而来。SMILESMaskGAN 由生成器、判别器和评判网络三部分组成，其中，生成器的作用是尽可能生成与真实分子相似的分子以欺骗判别器，而判别器需要找出不是真实分子的数据，强化学习中的行为-评判策略被用来给生成器提供奖励以更新所生成分子的质量。"Mask"一词的来源与深度学习中屏蔽部分信息以增强模型鲁棒性的研究策略密切相关。例如，研究人员通过随机遮蔽输入 SMILES 字符串中的部分子结构，迫使模型利用上下文信息进行推断，从而提高模型的鲁棒性。实验结果表明，该模型在生成分子的唯一性和新颖性方面的得分高于其他方法。

7.1.4　有机合成与人工智能

一种复杂化合物的合成，往往要经过几十步的反应，因此在合成实验实施前，化学家必须参考大量的资料，分析目标化合物的结构特点，选择合成策略，安排实施计划和确定各步具体的反应，这一过程统称合成路线设计。通常，化学家是从已有的知识(数据)中找出共同规律，根据这些规律，用类比推测来寻找合成路线。尽管有大量数据可供参考，化学家在选择合成路线时有时仍会不知所措，化学反应体系的高度复杂性也决定了难以用纯理论方法来解决合成路线设计问题。因此，合成路线设计不仅需要化学家熟记成千上万个化学反应，还要求他们具有丰富的实践经验、科学的预见能力乃至敏锐的直觉。随着计算机的普及和计算机技术的发展，人工智能方法日趋成熟。越来越多的化学家希望借助计算机以使用更智能的方法，而不是单凭经验和直觉来寻找解决合成路线设计这一化学中最需要人类创造力的难题的方法。

计算机辅助合成设计(computer-aided synthesis design,CASD)最早可追溯到 1969 年，化学反应最开始被储存于计算机中并进行检索。1976 年，第一个计算机辅助合成设计程序——LHASA (logic and heuristics applied to synthetic analysis)被设计出来。图 7-1 是逆合成规划的一个例子，它为 2-氨基-5-硝基对苯二甲酸找到了合成路线。逆合成箭头的方向与实际反应的方向相反。

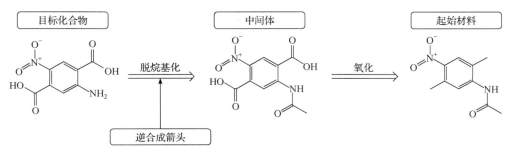

图 7-1　2-氨基-5-硝基对苯二甲酸逆合成规划示例

反应模板可以视为有机反应特性的抽提，不同反应模板表征了不同类型有机反应的结构转变特性。一个反应模板能否最大限度地保留所代表的有机反应的反应特性决定了这个反应模板的质量。为了获得高质量的反应模板，Law 等[9]从 MOS 数据库记录的反应中抽提反应模板，并基于此开发了名为 Route Designer 的分子逆合成分析工具来设计药物合成路径。反应模板并非唯一可以指导分子发生结构变化的媒介，其他的逆合成分析软件，例如，Szymkuć 等[10]开发的另一款逆合成分析软件 Chematica，将超过一千万个分子按照合成性相连接以构建一张巨大的合成网络，以期望通过网络搜索快速地获得目标分子的合成路径。

利用反应模板仅可指导单步的逆合成分析，想要对目标分子建立起一张完整的逆合成路径地图，还需要路径搜索规划算法在有限的时间和资源下最大化路径搜索的效益。不同的路径搜索策略在逆合成分析中的侧重点不同，例如，广度优先搜索算法侧重于在有限的资源下获得更加多样化的合成路径，而深度优先搜索算法则侧重于深挖某一条合成路径的全部面貌。除了传统的路径搜索算法外，Coley 等[11]基于相似的物质合成路径相近这一思想指导逆合成路径搜索工作，其以文献中与所设计分子结构相似的分子的合成路径作为参考来确定反应模板的应用顺序。

近年来，随着计算机软件、硬件的高速发展以及 AI 技术的不断迭代更新，基于机器学习的逆合成分析技术逐渐受到研究人员的关注。基于机器学习的模型主要分为两大类：一类是基于反应模板（template-based）的机器学习模型，其主要改进是利用神经网络学习大量实验结果以改进反应模板的应用效率；另一类是无需反应模板（template-free）的机器学习模型，其利用神经网络强大的非线性拟合能力对反应物和产物进行隐式映射，从而绕过反应模板这一中介。逆合成分析作为正向合成的逆向工程，两者的核心技术都涉及关键化学键的断裂/形成位点的识别。只有当正确的成键、断键处被识别出时，设计的化学反应才有可能发生并具有实际意义。有机反应预测作为逆合成分析结果的验证工具，具有相当重要的研究意义与广阔的发展前景。

为了模拟化学家获取化学知识和进行逆合成规划的过程，目前的机器学习辅助逆合成规划将这一任务分为四个模块，共同构成其成熟的模块化框架，如图 7-2 所示。数据准备模块负责为机器学习辅助逆合成规划提供丰富的数据（化学知识），为后续的学习和训练奠定基础。为了使机器学习模型能够理解反应和化合物数据，数据表示模块将数据准备模块提供的信息转换为适合模型输入的格式，并可能附加注释。路径生成和评估模块是该框架中最关键的组成部分。路径生成模拟了人类获取化学知识的方式，通过机器学习模型的训练，学习实际反应中功能基团的转化。基于这种获得的化学知识，计算机能够进行反应预测（单步路径拓展）和路径提供（多步路径拓展）。此外，为了提高机器学

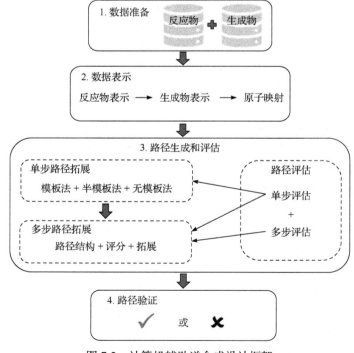

图 7-2　计算机辅助逆合成设计框架

习辅助逆合成规划的效率和可行性,并避免组合爆炸的问题,路径评估模拟了人类对合成路径的评估,以优化路径生成模块中的决策过程。该模块的有效性决定了机器学习辅助逆合成规划工具(计算机专家)在多大程度上可以替代化学家。最后,所有候选路径都将经过路径验证模块的审查,以确认其可行性,从而验证机器学习辅助逆合成规划工具在设计可行合成路径方面的能力。一个成熟的机器学习辅助逆合成规划工具应该成为化学家的宝贵助手,能够迅速全面地利用现有反应来构建可行的合成路径,同时具备发现尚未报道的新反应和路径的创造力。

与此同时,自动化实验室的兴起进一步推动了人工智能在有机合成中的应用。现代实验室结合机器人技术和人工智能系统,能够实现高通量实验和实时数据监控。人工智能不仅能够自动设计实验,还能在实验过程中根据反馈信息实时调整参数,确保实验按预期进行。这种高度自动化的流程不仅提高了实验的效率,也减轻了研究人员的负担,使他们能够专注于更具创造性的任务。

传统的实验室自动化系统以流水线式系统为主,目前已商业化的实验室自动化解决方案有美国的 BD Kiestra TLA(total laboratory automation)、WASPLab 和法国的 FMLA(full microbiology laboratory automation),这三者有许多共同点。它们均配备有恒温箱和将实验样品从恒温箱送进、送出的传送带,间隔指定时间拍摄实验样品图像的摄像机,自动读取多种参数的恒温箱,以及相关的软件控制系统。

2020 年,利物浦大学的研究人员[12]首次提出基于复合机器人的化学实验室自动化方案。复合机器人最典型的形态为在一个自动导航车(automated guided vehicle,AGV)上加装一台多自由度的机械臂。该方案中的复合机器人的机械臂配备了专门研制的多功能夹爪,能够完成多种任务;为配合机器人的运行,实验室的原有布局只做了微小改动。这些优点使得基于复合机器人的方案成为化学实验室自动化研究中新的趋势。

综上所述,人工智能与计算机辅助合成设计(CASD)技术的结合,正逐步改变传统有机合成的模式。通过逆合成分析、反应模板的应用,以及机器学习的进步,化学家能够更有效地设计和优化合成路径。自动化实验室的兴起,不仅提升了实验效率,也为研究人员提供了更多的时间进行创新。随着这些技术的不断发展和整合,未来的有机合成将更加智能化、自动化,助力化学领域在新药物研发和材料科学等方面取得更大突破。

7.1.5 能源与人工智能

在 21 世纪,能源问题已经成为全球面临的重大挑战之一。随着人口的增长和工业化进程的加速,人们对能源的需求不断上升,同时也带来了环境污染和气候变化等问题。在这种背景下,寻找清洁、高效、可持续的能源解决方案变得尤为重要。人工智能(AI)作为一门新兴技术,其在能源领域的应用潜力正逐渐被挖掘和认可,尤其是在电池技术、太阳能技术和核能技术等方面的应用,展现出了巨大的潜力和价值。

电池技术作为能源转换和存储的关键,对电动汽车的续航能力、移动设备的使用时长以及可再生能源的稳定供应起着至关重要的作用。随着科技的不断进步,电池技术也在不断地发展和革新,但仍然面临着能量密度低、充电速度慢、寿命短等挑战,这些问题限制了电池技术在更广泛应用中的潜力，并为社会的可持续发展带来了挑战[13]。

人工智能的介入为电池技术的发展带来了新的机遇。通过机器学习算法，可以预测电池的健康状况和剩余使用寿命，实现实时监控和维护，这对于延长电池寿命、提高电池性能和安全性具有重要意义。2020 年，Ng 等[14]采用了数据驱动的机器学习模型，包括神经网络、支持向量机、随机森林回归等技术，来预测电池的状态，包括电池的充电状态（state of charge，SOC）、健康状态（state of health，SOH）和剩余使用寿命（remaining useful life，RUL）。这些模型通过分析电池的电压、电流、温度、循环次数等多维数据，实现了对电池状态的高精度预测。在不同的机器学习技术中，神经网络因其在数据丰富的系统中表现出色而成为预测 SOC 的首选方法，而其他技术如高斯过程回归则因其能够预测不确定性而在预测 SOH 和 RUL 方面显示出优势。通过这些方法，测试集中 SOC、SOH 和 RUL 的平均百分比误差（mean percentage error，MPE）分别达到 4.1%、3.8% 和 4.1% 的精度水平，展示了机器学习技术在电池状态预测方面的潜力。

此外，AI 可以通过计算材料科学的方法，对电池材料（正/负极材料、电解液、隔膜、电池外壳等）的微观结构和化学性质进行模拟，以发现新的高性能电池材料，这种模拟能力有助于加速新材料的研发和应用，推动电池技术的进步。其中，基于贝叶斯优化和高斯过程的回归模型通过将开路电压梯度和库仑效率等作为目标变量，加速对电解质添加剂成分的研究。该模型经过四次迭代，确定了 NMC622 石墨电池可采用的最佳性能添加剂组合。最终，该模型实现了高循环寿命和良好的容量，为实验添加剂的定量设计提供了指导。该研究为机器学习在液态电解质应用方面提供了有意义的理解，是液态电解质领域的重要进步。

在电池性能的预测和维护方面，AI 技术可以预测电池在不同使用条件下的性能变化，为电池的维护和优化提供决策支持。在电池制造过程的优化方面，AI 技术可以通过分析制造过程中的数据，识别影响电池性能的关键因素，从而指导制造过程的改进，提高电池的一致性和可靠性。在电池回收和二次利用方面，随着电池使用量的增加，电池回收和二次利用成为一个重要的议题。AI 可以通过分析电池的化学成分和物理状态，预测电池回收过程中的可行性和经济性，为电池的回收和再利用提供科学依据。

太阳能技术作为利用太阳能进行电力转换的技术，其发展受到广泛关注。AI 在太阳能技术中的应用，有助于提高太阳能电池的效率和太阳能发电系统的智能管理。通过分析太阳能电池的光电转换过程，AI 模型可以识别影响效率的关键因素，从而指导电池设计和制造过程的改进。此外，AI 模型还可以预测天气变化和太阳辐射强度，优化发电系统的运行策略，提高能源系统的稳定性和效率。这些应用不仅能够提高太阳能发电的效率，还能够降低成本，推动太阳能技术的广泛应用。

核能技术作为高能量密度的能源，其安全性和可持续性一直是社会关注的焦点。AI 在核能领域的应用，可以帮助提高核反应堆的运行效率，优化核废料的处理，以及提高核设施的安全管理水平。通过分析核反应堆的运行数据，AI 可以预测和诊断反应堆的运行状态，实现对反应堆的优化控制。这种控制能力有助于提高核能发电的效率，降低运行风险，确保核能的安全利用。同时，AI 还可以用于监测核设施的运行状态，及时发现潜在的安全问题，提高核能设施的安全管理水平。

总的来说,AI 在能源领域的应用前景广阔,它不仅能够提高能源的生产和使用效率,还能够促进能源的可持续发展。随着 AI 技术的不断进步,未来的能源行业将更加智能化、高效化。通过 AI 技术的应用,有望实现能源的高效生产、优化分配和清洁消费,为全球能源结构优化和环境保护目标的实现提供强有力的技术支持。

7.2　人工智能在生物科学与工程中的应用

在 21 世纪的科技革新浪潮中,人工智能(AI)技术正以其卓越的数据处理能力和深度学习算法,在生物科学与工程领域引发一场革命。本节探讨人工智能(AI)在生物科学与工程中的广泛应用,包括基因组学、蛋白质组学、代谢组学、生物医药和合成生物学等领域。AI 通过其在大数据分析、模式识别、实验优化和设计方面的强大能力,显著加速了这些领域的研究进程,推动了新药开发、个性化医疗和生物制造的创新发展[8]。

7.2.1　人工智能在基因组学中的应用

1. 基因组注释

基因组注释是基因组学中的一项核心任务,其目的是识别和标注基因组序列中的功能区域,包括蛋白质编码基因、非编码 RNA、转录调控元件等。随着基因组数据量的快速增长,传统的注释方法,如基于序列比对的工具(如 BLAST)难以有效处理大规模数据,尤其是在识别功能未知或缺乏相似序列的基因时表现出局限性。AI 技术在这种背景下展现了其巨大潜力。

DeepSEA 是一个基于深度学习的注释工具,特别擅长预测 DNA 序列变异对染色质结构和基因调控元件的影响。DeepSEA 的一个显著优势在于其能够在没有实验验证数据的情况下,仅依靠原始序列数据进行注释。在实际应用中,DeepSEA 已被广泛应用于多种表观基因组数据库的分析,为研究基因调控网络和功能区域提供了有力工具。

人工智能正在基因组组装与注释领域发挥越来越重要的作用。这些技术不仅提升了变异检测的准确性,还为处理复杂基因组、长读序列、表观基因组调控等难题提供了高效、精确的解决方案。

2. 变异检测与注释

随着高通量测序技术(NGS)的迅猛发展,变异检测和注释的需求日益增加,特别是在单核苷酸多态性(SNP)和非同义单核苷酸变异(nsSNVs)的识别上。传统的实验方法由于成本高、耗时长,难以满足日益增长的基因变异数据分析需求。因此,基于机器学习和深度学习的人工智能技术已逐渐成为变异检测与注释的核心工具,为大规模基因组学研究和临床决策提供了有力支持。

基因组变异检测主要关注 SNP 和 nsSNVs 的识别,这些变异在编码区的改变可能导致蛋白质结构和功能的变化,从而影响细胞和机体的健康。AI 的介入使得研究者能够通过计算预测的方法筛选和评估这些变异,从而确定其潜在的致病性。AlphaMissense[15]等 AI 工具已经在大规模数据集上表现出色,它结合了蛋白质语言模型和结构上下文,能够以极高的精度预测蛋白质编码区变异的致病性。AlphaMissense 已经能够大规模分析癌症患者体内的 Missense 变异,帮助研究人员确定可能导致蛋白质功能损伤的致病变异,是近年来在变异注释领域的重大突破之一,特别是在预测蛋白质编码区的单个氨基酸替换(amino acid substitution)致病性方面表现优异。

基于 AI 的变异注释模型,如 CADD(combined annotation dependent depletion)和 REVEL(rare exome variant ensemble learner),通过结合不同的变异注释数据,如保守性评分、结构影响和转录因子结合位点等来预测变异的影响,已经成为现代变异注释的标准工具。这些工具利用多层次的信息来预测变异的功能性影响,尤其是在非同义变异(missense variants)上的表现极为出色。

AI 在变异检测中的应用不仅局限于单个变异的注释,还包括多重变异组合的检测。基于深度生成模型的 AI 工具 EVE,能够通过建模物种间的序列变异分布来预测变异的致病性。EVE 在没有依赖临床标签的情况下,通过捕捉进化过程中蛋白质序列的约束来预测变异对蛋白质功能的影响。

另一个典型案例是深度罕见变异关联测试(DeepRVAT),它通过深度集合网络学习稀有变异的基因损伤评分,从而改进了基因发现和表型预测。DeepRVAT 在英国生物库的全外显子测序数据上表现突出,显著提升了稀有变异的关联检测能力。

3. 基因表达调控与转录组学分析

近年来,深度学习等 AI 技术为基因表达调控的研究提供了新的突破口。研究者们开发了诸如 DeepSEED 等工具,用于优化启动子设计,以实现特定的基因表达调控。DeepSEED 通过结合生成式对抗网络和长短期记忆网络,在生成和评估大量启动子序列后,识别出最符合预期表达水平的启动子。

除了远程顺式调控元件的研究,长程基因表达预测模型的进展也备受关注。传统的基因表达预测模型通常只考虑转录起始位点附近的调控元件,而忽视了远程调控元件的作用。然而,基于自注意力机制的深度学习模型,如 Enformer,通过有效整合远距离调控信息,显著提升了基因表达预测的精度。

在转录组学分析方面,随着高通量测序技术的发展,研究者能够以前所未有的精度和规模解析基因表达的调控网络。传统的转录组学技术(如 RNA 测序)主要集中于测量细胞群体中的总体基因表达水平,而现代的单细胞 RNA 测序技术(scRNA-seq)和空间转录组学技术进一步推动了对单个细胞和细胞间基因表达异质性的研究。空间转录组学使研究者能够在肿瘤组织中精确定位不同细胞类型的基因表达模式,揭示了肿瘤微环境中细胞之间的复杂相互作用。这一技术不仅有助于理解癌症的进展机制,还为免疫治疗提供了潜在的新靶点,特别是在揭示肿瘤微环境中免疫逃逸的分子机制方面。

随着技术的不断进步和多学科的交叉融合,未来的研究将在基因调控网络的解析和应用中不断取得新的突破,为复杂生物学问题和疾病治疗提供了更加精准和有效的解决方案。

4. 非编码区域功能预测

非编码区域占人类基因组的 98% 左右，被证明在基因调控和多种生物过程（包括疾病发生）中起着关键作用。

近年来，基于人工智能（AI）特别是机器学习（ML）的方法，在预测非编码变异的功能影响方面显示了巨大的潜力。研究学者已开发出多种机器学习模型，用于预测非编码变异对基因表达和染色质结构的影响。CARMEN 等卷积神经网络（CNN）模型能够评估非编码变异对转录因子结合位点（TF）、组蛋白修饰和 DNA 甲基化等染色质特征的影响。通过整合多模式特征，在大规模的基因组关联研究（GWAS）和表达数量性状位点（eQTL）数据集中已表现出优越的性能，能够有效地识别与疾病相关的关键变异。除了 CNN 模型，诸如 UTR-LM 等语言模型也被应用于解码 mRNA 的非编码区（如 5′ UTR），并预测其功能。

此外，研究学者还应用 AI 技术预测 CCCTC 结合因子（CTCF）结合位点的突变功能。CTCF 是一种隔离子蛋白，参与基因组三维结构的组织与基因表达的调控。CTCF 结合位点的突变可能会破坏染色质环和拓扑相关域（TAD），导致基因表达异常，甚至引发癌症。机器学习工具能够识别癌症基因组中 CTCF 结合位点的突变，并发现这些位点在不同癌症类型中富集。

尽管 AI 在预测非编码区域功能方面取得了显著进展，但仍面临许多挑战，主要包括非编码基因组的庞大规模和复杂的调控网络。此外，尽管 CARMEN 和 UTR-LM 等模型表现出色，但它们的预测结果仍需通过实验验证来确保可靠性。

AI 正在改变人们对非编码基因组的理解，使得预测这些区域的功能及其在基因调控和疾病发生中的作用成为可能。随着 AI 技术的不断发展，它无疑将在基因组学研究中发挥越来越重要的作用，推动人们对人类疾病分子机制的理解迈向新的高度。

7.2.2　人工智能在蛋白质组学中的应用

1. 蛋白质结构预测

近年来，人工智能（AI）在蛋白质结构预测领域的应用取得了显著的突破，尤其是深度学习模型的引入极大地提高了这一过程的精度与效率。自 20 世纪 60 年代以来，蛋白质折叠问题一直是生物物理学和结构生物学的核心难题，即如何从蛋白质的一级序列推断出其三维结构。随着人工智能领域的快速发展，以 AlphaFold2[16]、ESMFold[17]、Umol[18] 和 AlphaFold3[19] 等 AI 模型的开发为标志，蛋白质结构预测领域取得重大进展。

AlphaFold2 的开发是蛋白质结构预测领域的一座里程碑，标志着 AI 在解决这一长期科学挑战中的巨大突破。这一突破性模型通过结合多序列比对（MSA）和深度学习技术，成功解决了蛋白质结构预测中的许多核心问题。MSA 提供了蛋白质序列之间的共进化信息，这些信息能够帮助模型捕捉到蛋白质中残基之间的相互作用。

AlphaFold2 的成功为后续 AI 模型的开发奠定了坚实的基础，其他模型如 ESMFold 和 Umol 进一步扩展了 AI 在蛋白质结构预测中的应用范围。ESMFold 是 Meta AI 团队开发的一种基于蛋白质语言模型（PLM）的深度学习方法，它的出现标志着蛋白质结构预测向"多序列比对无依赖"方向转变。不同于 AlphaFold2 依赖于 MSA，ESMFold 通过预训练的蛋白质语言模型，直接从单一序列中学习蛋白质结构，从而降低了计算成本并提高了预测效率。此外，Meta AI 团队通过 ESMFold 创建了 ESM Metagenomic Atlas，预测了超过 6 亿种元基因组蛋白质，这极大地扩展了已知蛋白质序列空间的结构覆盖。Umol 则是一种专门用于蛋白质-配体复合物结构预测的 AI 模型，特别适用于药物发现领域。

AlphaFold3 是 AlphaFold 系列的最新版本，进一步扩展了其在生物分子相互作用预测中的应用能力。与 AlphaFold2 相比，AlphaFold3 能够预测蛋白质-蛋白质、蛋白质-核酸、蛋白质-小分子等复杂的生物分子复合物结构。

总之，AI 技术的发展，特别是 AlphaFold2、ESMFold、Umol 和 AlphaFold3 等模型，极大地推动了蛋白质结构预测领域的发展。这些模型不仅提高了蛋白质结构预测的精度，还扩展了其在药物开发、蛋白质设计和生物分子相互作用研究中的应用前景。

2. 蛋白-蛋白相互作用预测

近年来，人工智能(AI)技术在生物信息学领域取得了显著的突破，尤其是在预测蛋白-蛋白相互作用(PPI)方面。例如，图神经网络能够有效捕捉 PPI 网络中的复杂拓扑结构，通过对蛋白质间相互依赖关系的分析，显著提高了预测的准确性。这些方法不仅适用于广泛的生物系统，还可以应用于特定的疾病研究，如癌症或感染性疾病中的蛋白质网络分析。图神经网络的优势在于其能够处理高维和复杂的数据，这使得它在大规模蛋白质相互作用网络预测中具有显著的优势。

通过结合深度学习、图卷积网络和多尺度建模等前沿技术，研究人员能够以更高的精度预测蛋白质之间的复杂相互作用。随着 AI 技术的进一步发展，未来的 PPI 预测有望在精度、覆盖范围和计算效率等方面取得更大的突破。

3. 高通量蛋白质组学分析

蛋白质组学的高通量分析方法为生命科学研究提供了前所未有的机会，特别是在疾病检测、个性化医疗和衰老机制研究中。通过机器学习和深度学习等技术的结合，蛋白质组学的数据处理和分析能力得到了显著提升。

近年来，基于蛋白质组数据的分析方法被用于开发各种生物年龄模型。Goeminne 等[20]通过对超过五万名参与者的血浆蛋白数据进行分析，构建了基于蛋白质组的器官特异性衰老模型。通过利用血浆蛋白质组数据，所开发的器官生物年龄模型能够进一步涵盖大脑、心脏、肺和肾脏等。

蛋白质组学还为疾病风险的精准预测提供了新工具。Argentieri 等[21]开发的 "Proteomic Age Clock" 基于 2900 余种血浆蛋白质，通过大规模数据的分析，成功构建了个体生理年龄的预测模型。

此外，将蛋白质扫描技术与大规模数据分析相结合，能够通过检测血浆中的多种蛋白质，评估多种健康指标，并预测未来的疾病风险。

蛋白质组学在衰老研究中的应用也取得了重要进展。通过对不同年龄段个体的血浆蛋白质组数据进行分析，能够发现蛋白质表达在生命各个阶段发生了显著变化，这些变化反映了与衰老相关的特定生物通路。研究表明，生物年龄较小的个体在认知和身体功能测试中的表现优于实际生理年龄较大的个体，这为健康老龄化的评估提供了新的参考。此外，研究还揭示了多个器官的蛋白质组特征与衰老过程之间的关系，进一步推进了人们对衰老机制的理解。

4. 蛋白质组学中的生物标志物

高通量蛋白质组学与人工智能（AI）的结合正在革新生命科学研究，尤其是在复杂疾病的生物标志物发现、诊断和预后评估方面。蛋白质组学技术使研究人员能够在大规模、多维度的水平上解析蛋白质的结构、功能和相互作用，而 AI 的引入则为处理和分析这些复杂数据提供了前所未有的能力。

蛋白质组学通过大规模定量分析蛋白质在不同生物条件下的表达变化，揭示其在疾病和健康状态下的动态变化。由于蛋白质是基因表达的最终产物，也是细胞执行功能的主要实体，因此蛋白质组比基因组或转录组更接近细胞实际的生物学功能。然而，蛋白质组学面临诸多挑战，例如，蛋白质的多样性、翻译后修饰以及在不同细胞类型中的差异表达，这些因素都极大地增加了数据的复杂性。传统的生物标志物分析方法往往依赖于有限数量的候选蛋白，且难以有效处理高维、复杂的数据集。在这种背景下，AI 技术的引入为蛋白质组学数据的处理与解析提供了重要突破。

AI 在蛋白质组学中的应用涵盖了从实验数据的处理到生物学功能解析的多个环节。质谱分析是蛋白质组学中最常用的技术之一，而质谱数据的获取往往产生大量多维数据，涉及数千种蛋白质的表达信息。传统的数据处理方法难以有效应对这种数据规模，而 AI，尤其是深度学习，通过对复杂模式的自动学习，能够在没有预定义规则的情况下识别潜在的规律。深度学习模型可以通过分析蛋白质的氨基酸序列来预测质谱碎片模式，从而提高质谱分析的精确度，还可以用来预测肽段的保留时间和分离性能，优化质谱数据的质量和效率。

AI 的优势之一在于它能够将高通量蛋白质组学与其他组学数据整合，生成多组学的综合模型。这些模型可以全面解析疾病的分子机制，并发现新的生物标志物。在癌症研究中，AI 已被成功用于整合多维组学数据，识别肿瘤的分子亚型及其与临床预后的关系。质谱结合 AI 的分析不仅提升了标志物筛选的效率，还帮助研究人员发现了传统技术难以检测的分子特征。这些新的生物标志物对于精准医学的实现至关重要，因为它们能够更加精确地预测疾病的发生、发展和对治疗的反应。

在眼科疾病领域，液体活检（liquid biopsy）与 AI 的结合也展现了巨大的潜力。传统的组织活检对非再生器官（如眼和脑）的损伤较大，因而很难在活体中进行细胞水平的研究。而液体活检结合蛋白质组学和 AI 技术，使得研究人员能够从眼内液体中追踪几千种蛋白质的细胞来源，识别与眼科疾病相关的特异性蛋白质标志物。研究发现，在帕金森病和糖尿病视网膜病变等系统性疾病中，眼部的蛋白质表达模式能够反映脑部和全身的病理变化。这种通过液体活检获得的蛋白质组数据结合 AI 分析，不仅能够在无创条件下评估疾病状态，还能揭示不同细胞类型在疾病进程中的作用。

阿尔茨海默病（AD）等神经退行性疾病的研究同样受益于 AI 和蛋白质组学的结合。

通过脑脊液(CSF)中的蛋白质组学分析，研究人员能够识别出多个与阿尔茨海默病相关的蛋白质标志物，并通过机器学习模型进一步验证这些标志物的诊断和预后能力。其中，蛋白 YWHAG、SMOC1 和 TMOD2 表现出卓越的诊断性能，其组合标志物在独立验证中表现出极高的准确性。此外，这些蛋白质标志物能够预测阿尔茨海默病的临床进展，表现出与经典的 Aβ 和 tau 标志物相媲美的性能。这类通过 AI 识别的蛋白质标志物为早期干预和治疗提供了重要的分子靶点。

AI 不仅在标志物发现中发挥作用，还能通过数据整合和分析推动疾病机制的深入理解。在肝病研究中，AI 结合多组学数据，识别了与酒精性肝病进展相关的蛋白质标志物。这些标志物通过机器学习模型预测了肝病的早期病变，并在临床应用中展现出良好的前景。

通过将多维组学数据与 AI 算法结合，研究人员不仅可以更加高效地识别生物标志物，还能够更深入地理解疾病的分子机制。这种跨学科的整合将继续推动生命科学研究的发展，并在未来的疾病诊断、个性化治疗和生物标志物发现中发挥关键作用。

7.2.3 人工智能在生物医药领域的应用

1. 药物靶点的识别

人工智能技术，尤其是深度学习和图神经网络，在药物靶点发现中展现了巨大的潜力。药物靶点发现的关键在于准确预测药物与靶点之间的相互作用及其亲和力。传统方法虽然有效，但面临高成本和长周期的限制，随着生物学和化学数据的积累，计算机辅助药物设计和虚拟筛选逐渐受到重视。然而，面对数据集的复杂性和规模的扩展，传统方法难以应对，人工智能技术的引入为药物靶点发现带来了前所未有的机遇[9]。

SAG-DTA 模型[22]通过自注意力机制对药物分子进行加权，能够更好地捕捉分子内部的拓扑结构信息，从而提高了模型的预测精度。该方法充分利用了药物分子的图结构表示，使得模型在处理复杂分子时表现出更强的能力。在 Davis 和 KIBA 数据集上的出色表现证明了图神经网络(GNN)在药物靶点发现中的应用价值，尤其是其对复杂分子关系的深度理解，为药物亲和力预测提供了新的技术路径。

DTI-SNNFRA 框架[23]则展示了如何通过共享最近邻(SNN)和模糊粗集近似(FRA)技术，有效处理大规模不平衡数据。通过减少药物-靶点对的搜索空间，该模型显著提升了预测效率，并在药物重新定位的应用中取得了优异的结果。DTI-SNNFRA 不仅能够应对复杂的数据结构，还为药物开发提供了新的视角，在降低研发成本和时间的同时，保证了高效性和准确性。

人工智能技术的进步正在推动药物研发过程的自动化和高效化，尤其是在药物靶点发现这一关键领域。通过深度学习和图神经网络等技术，研究者能够更加精准地预测药物与靶点的相互作用，并优化药物筛选流程。这些技术的应用不仅缩短了药物开发周期，还为未来的精准医疗提供了强大的支持和更为广阔的应用前景。

2. 药物设计与筛选

在药物设计与筛选的过程中，人工智能(AI)技术已经展现出了巨大的潜力，显著加速了新药研发的进程，尤其是在化学库筛选、药物-靶点互作预测和临床试验优化等方面。传统的药物开发通常耗时长、成本高且成功率低，而 AI 技术通过深度学习和机器学习等算法，可以显著提高研发效率，并降低开发成本[10]。

药物发现的第一步通常是识别合适的靶标，这需要处理大量的基因组学、转录组学和蛋白质组学数据。AI 算法能够通过对这些大规模数据进行处理与分析，快速识别出潜在的治疗靶标。例如，在肺癌靶向治疗药物的开发过程中，AI 被应用于生成酪氨酸激酶抑制剂(TKI)，以应对非小细胞肺癌(NSCLC)中的 EGFR 突变体。通过 LSTM 模型等深度学习方法能够生成新的药物分子结构，进一步通过虚拟筛选评估其药效，成功识别出能够克服耐药性的候选药物。这种 AI 驱动的药物发现方法大幅缩短了药物筛选的周期。

在药物筛选中，虚拟筛选和分子对接技术是常用的计算机辅助药物设计方法。传统的虚拟筛选主要基于药物分子与靶点之间的物理和化学特性，但由于分子结构的复杂性和靶标的多样性，这种方法的准确性和效率常常受到限制。近年来，AI 技术为这一过程提供了新的思路。通过 AI 模型的训练，系统可以自主学习分子间的相互作用模式，并生成新的化合物来满足特定的药效需求。

其中，基于机器学习的分子表征模型是目前药物筛选的热点之一。这类模型能够将分子的二维结构、三维构象信息转化为 AI 模型可以处理的特征向量，进而预测药物的活性与潜在毒性。研究人员提出了 GeminiMol 模型[24]，它通过整合分子的构象空间，极大地提高了 AI 模型在药物筛选中的预测准确性与普适性。GeminiMol 模型不仅在多种分子性质的预测中表现出色，还在细胞活性预测、虚拟筛选以及靶点识别任务中展现了强大的泛化能力。这种基于分子构象空间的表征方法为快速探索化学空间提供了新的路径。

另一个典型案例是使用 AI 预测药物与靶标之间的结合活性。在阿尔茨海默病(AD)治疗药物的研发中，AI 被用于预测双靶点抑制剂的活性。机器学习模型能够预测同时抑制乙酰胆碱酯酶(AChE)和 BACE1 酶的药物分子的活性，这些酶分别参与了阿尔茨海默病的胆碱能通路和淀粉样蛋白通路。通过建立定量构效关系(quantitative structure-activity relationship，QSAR)模型并结合支持向量机(SVM)和人工神经网络(ANN)，该研究成功识别出一批具有双重抑制活性的候选药物分子。此类研究证明了 AI 在多靶点药物设计中的优势，尤其是在面对复杂疾病如阿尔茨海默病时，AI 能够同时考虑多个生物通路，优化药物的整体疗效。

除了化学空间的探索，AI 在转录组学数据的应用也有重要进展。基于转录组学数据的深度学习模型 DLEPS 能够通过分析疾病状态下的基因表达谱变化，预测药物的潜在疗效。模型通过 L1000 项目的高通量筛选数据进行训练，使其能够在没有明确靶点的情况下，预测药物对多种疾病的疗效。通过结合基因集合富集分析(GSEA)，DLEPS 为药物重定位和新药发现提供了新的工具。在一项针对肥胖、痛风和非酒精性脂肪性肝炎的研究中，DLEPS 成功识别并验证了一些候选药物分子，并在小鼠疾病模型中获得了显著的治疗效果。

AI 技术的应用为药物设计与筛选带来了革命性变化。在化学库筛选中，AI 能够通过虚拟筛选、分子对接等技术快速识别潜在的药物分子；在靶点预测中，AI 通过处理基因组学和蛋白质组学数据，能够准确识别新的靶点；在药物毒性预测中，AI 模型能够大幅降低临床试验失败的风险。这些优势不仅缩短了药物研发的时间，还显著降低了开发成本，未来，AI 有望进一步优化药物筛选过程，推动精准医学的发展，并为难治性疾病的治疗提供新的解决方案。

3. 医学影像分析

在深度学习算法的支持下，AI 在处理大规模医疗影像数据方面展现出巨大的潜力。

在肺癌诊断中，AI 同样表现出显著的优势。一种基于三维卷积神经网络的模型能够用于评估肺部结节的恶性风险。该模型通过三维区域建议网络(RPN)进行肺结节的检测，能够对多个可疑结节进行综合分析，从而推断整个肺部的癌症风险。这一模型在 2017 年的 Data Science Bowl 比赛中获得了第一名，证明了 AI 在复杂三维数据处理中的强大能力。通过这种自动化方法，医生可以减少在结节恶性评估中所需的时间和精力，尤其是在处理大量 CT 影像时，这种自动化工具尤为重要。

在脑转移瘤的诊断中，AI 通过放射组学特征的提取和分析，提升了对脑转移瘤类型的预测准确性。一种多分类机器学习模型通过利用 MRI 影像的放射组学特征，预测不同类型的脑转移瘤。这项研究的结果表明，AI 模型在区分来自不同原发部位的脑转移瘤时，表现出比传统放射科医生阅读更高的准确率，尤其是在黑色素瘤转移的诊断中，AI 的敏感性提高了 17 个百分点。

此外，AI 在心血管疾病诊断中的应用也显示出巨大的潜力。基于心脏磁共振成像的 AI 系统能够用于筛查和诊断多种心血管疾病。该系统在内部和外部数据集中都表现出极高的诊断性能，在诊断肺动脉高压时，AI 的表现甚至优于心脏病专家。这一研究不仅展示了 AI 在复杂心血管影像分析中的优势，还表明 AI 能够发现传统影像诊断中未能识别的病理特征，为心血管疾病的早期发现和精准治疗提供了新的手段。

在脑动脉瘤的检测方面，AI 也展现出强大的诊断能力。基于深度学习的模型能够从 CT 血管成像(CTA)中准确识别颅内动脉瘤。在多个独立数据集上的实验结果显示，AI 模型的敏感性和特异性均优于传统的放射科医生诊断，尤其是在检测小型或复杂形态的动脉瘤时，AI 模型表现出了显著的优势。

AI 为医学影像分析提供了全新的解决方案。特别是在肝癌、肺癌、脑转移瘤和心血管疾病等复杂疾病的诊断中，AI 模型表现出色，极大地提高了诊断效率和准确性。未来，随着技术的进一步发展和临床应用的深入，AI 有望在更广泛的医学领域中发挥更大的作用，推动精准医疗的发展。

4. 基因编辑与基因治疗

基因编辑技术的迅速发展为解决多种复杂疾病提供了前所未有的机遇。随着人工智能(AI)技术的引入，基因编辑技术如 CRISPR/Cas9 系统在准确性和效率方面得到了显著提升，并广泛应用于遗传疾病的治疗和疾病模型的构建中。然而，CRISPR/Cas9 系统在应用中依然面临一些限制，如脱靶效应和有限的靶序列选择范围，人工智能为克服这些挑战提供了重要的工具和方法。

人工智能在基因编辑中的应用首先体现在 CRISPR 系统的优化和新型设计上。AI 通过对大量蛋白质和核酸序列的深度学习，能够预测并生成新的 CRISPR 蛋白家族，打破现有天然 CRISPR 系统的局限性。大型语言模型 (LLM) 能够用于生成 CRISPR/Cas9 蛋白质，并在海量基因组数据中发现且设计出新的基因编辑工具。AI 生成的 CRISPR 系统展示了与传统 Cas9 相当的切割精度，且通过结合 AI 设计的引导 RNA，进一步降低了脱靶效应。该方法在治疗遗传疾病方面展现出显著优势，特别是在精准基因治疗领域。

此外，AI 在碱基编辑 (base editing，BE) 工具中的应用也显示出较大潜力。AI 能够优化一种脱氨酶，使其能在不引发 DNA 双链断裂的情况下实现高效点突变修复。这种编辑工具能够纠正小鼠糖尿病相关基因的突变，并展示出较高的效率和特异性。

在细胞治疗领域，AI 技术同样推动了嵌合抗原受体 T 细胞 (CAR-T) 疗法的发展。CAR-T 疗法通过基因编辑改造患者的 T 细胞，使其能够识别和杀伤癌细胞。AI 通过分析大量基因组和蛋白质数据，能够帮助识别最佳靶点，设计更加优化的抗原受体，从而提高疗法的有效性和安全性。

AI 不仅应用于基因编辑工具的优化，还能够辅助基因编辑实验的自动化设计和实施。CRISPR/GPT 系统集成了领域知识与计算工具，能够自动化生成实验设计方案，包括选择合适的 CRISPR 系统、设计引导 RNA 序列及推荐细胞递送方法。该系统提高了实验设计的效率，减轻了人工设计的负担，并加速了基因编辑技术的开发和应用。

AI 技术在基因编辑领域的另一重要应用是开发全新的基因编辑工具和细胞模型。现有的自动化高通量基因编辑平台，可以在短时间内编辑大量细胞样本，用于构建与遗传疾病相关的细胞模型。基于平台产生的海量基因编辑数据，AI 能够精确预测碱基编辑工具的效率和特异性，进而加快相关治疗方案的开发过程。

AI 设计的基因编辑工具在临床应用中显示出了巨大的潜力。通过 AI 设计的 OpenCRISPR-1 系统，不仅与传统的 CRISPR/Cas9 工具在切割效率上相当，还显著减少了脱靶效应，使其更适合在医疗应用中使用。该系统的设计展示了人工智能在基因编辑工具开发中的独特优势，并为复杂疾病的基因治疗提供了新思路。

人工智能在基因编辑和细胞治疗中的应用为复杂疾病的治疗带来了新的前景。AI 不仅能够提高基因编辑工具的效率和精确度，还推动了个性化医疗的发展。随着 AI 技术的不断进步，基因编辑与细胞治疗技术将在临床和科研领域发挥越来越重要的作用，推动精准医学的进一步发展。

7.2.4　人工智能在合成生物学中的应用

1. 蛋白质功能注释和酶功能预测

近年来，随着生物信息学和计算生物学的迅猛发展，人工智能 (AI) 在蛋白质功能注释与酶功能预测领域中展现出了前所未有的潜力。传统的蛋白质功能注释方法主要依赖于实验验证和基于序列比对的同源推断，这些方法在面对庞大的蛋白质数据集时往往力不从心。实验验证不仅成本高昂且耗时，还因新发现蛋白质的数量激增而无法及时跟进，而基于同源性比对的方法则因进化关系的复杂性和序列相似性的局限而导致许多蛋白质功能无法准确预测。因此，探索新的计算方法是必要的，人工智能技术尤其是深度学习模型的引入，为蛋白质功能注释与酶功能预测带来了革命性的改变。

ProtTrans[25]等蛋白质语言模型的出现标志着这一领域的重要进展。借鉴自然语言处理领域的自监督学习理念，这些模型能够通过大量蛋白质序列数据的训练，提取出序列的结构与功能信息。不同于传统依赖多序列比对的模型，ProtTrans模型通过从单一序列中直接学习，并利用其内部的语言规则进行功能预测，从而提高了注释的准确性。这种方法不仅在蛋白质二级结构预测和亚细胞定位等任务中表现出色，还在缺乏同源序列的情况下保持了较高的预测精度。

与传统模型相比，GPSFun[26]进一步将几何深度学习与语言模型相结合，在蛋白质功能注释中表现出了卓越的性能。GPSFun使用大规模语言模型预测蛋白质的三维结构，并通过几何图神经网络分析蛋白质图中的序列和结构模式。这种方法不仅能够高效预测蛋白质的配体结合位点，还能在不依赖多序列比对和实验结构数据的情况下进行精准的功能注释。通过这种多层次的特征提取，GPSFun在多个蛋白质功能预测任务中均超越了传统的预测工具，展示了其在生物医学领域中的巨大潜力。

此外，PhiGnet[27]利用统计信息和图卷积网络来提升蛋白质功能注释的准确性。通过分析进化数据中的残基耦合关系，PhiGnet能够在没有明确结构信息的情况下预测蛋白质的功能位点，并为每个残基提供定量的功能贡献分数。这种基于进化信息的分析方法不仅解决了缺乏高置信度结构数据时的注释问题，还在新功能发现和疾病研究中展现出了广阔的应用前景。

在酶功能预测领域，人工智能同样带来了显著的技术突破。Protein2vec[28]是一种多方面信息检索系统，它通过深度学习算法将酶的序列、结构与功能信息整合在一起，大幅提升了功能预测的精度。与传统的同源推断方法相比，Protein2vec在预测新酶的功能时，展现出更高的准确率和鲁棒性，尤其在面对未知蛋白质时，能够提供更为精准的注释。这种基于多维信息融合的策略，使得AI在酶功能预测领域中成为一种不可或缺的工具，不仅为生物工程的研究提供了强有力的支持，还为新型药物的设计与开发奠定了基础。

尽管AI在蛋白质功能注释与酶功能预测中的应用已经取得了显著进展，但仍然面临若干挑战。首先，大量蛋白质序列缺乏高质量的结构注释，限制了AI模型训练数据的质量和覆盖面。其次，现有的深度学习模型在面对数据稀少或新出现的蛋白质序列时，仍存在泛化能力不足的问题。为此，未来的研究方向可以集中在多模态数据的融合、少样本学习以及迁移学习等技术的开发上，以提升AI模型在小数据集和罕见序列上的预测能力。未来，随着计算能力和算法的不断进步，AI在蛋白质研究领域的应用前景将更加广阔，为生物医药、合成生物学和生物工程领域注入新的活力和动力。

2. 蛋白质工程与设计

人工智能在蛋白质改造与酶工程中的应用正在迅速发展。基于机器学习和深度学习的方法在蛋白质设计中展现出巨大潜力，通过预测蛋白质的突变效应和优化酶的性能，推动了这一领域的研究进展。卷积神经网络能够预测蛋白质热稳定性，通过多尺度特征提取，大幅提高突变稳定性预测的准确性。模型在 S1615 和 S388 数据集上的准确率能够达到 86.4% 和 87%，为优化工业酶的热稳定性提供了新思路。

人工智能也能够设计具有全新结构和功能的蛋白质。AI 模型根据特定设计目标生成的新型蛋白质，已被成功应用于多种蛋白质的功能设计中。通过引入工程设计原则，实现了对蛋白质功能的可调控性和模块化设计。

此外，高斯过程模型能够推测蛋白质适应性景观，在优化酶活性和稳定性方面表现出色。通过这种方式设计出的 P450 酶在热稳定性上超越了传统的嵌合体生成和定向进化方法。

在基因编辑核酸酶领域，ProMEP 模型通过多模态深度学习实现突变效应的零样本预测。该模型成功优化了 TnpB 和 TadA 酶在基因编辑中的表现，为生物医学研究和基因编辑工具开发提供了全新的技术路径。

基于图去噪神经网络的蛋白质设计方法能够指导多位点突变体的设计，在多种蛋白质的理化特性上表现出优异性能，显著减少了实验验证的次数和成本。

数字信号处理技术也能够应用于酶的选择性优化中，通过傅里叶变换分析蛋白质序列特征，成功筛选出具有更高选择性的酶变体。这种结合计算与实验的方法，为酶的定向进化提供了有力支持。

人工智能在蛋白质改造与酶工程中的应用已从简单的突变预测发展到复杂的多模态深度学习模型。通过整合蛋白质序列和结构信息，AI 技术加速了新型功能蛋白质和高效酶的开发，其在未来的生物医学和工业应用中将发挥越来越重要的作用。

3. 代谢途径设计与优化

在现代生物技术和合成生物学的快速发展下，人工智能（AI）技术在代谢途径设计与优化中的应用逐渐成为研究热点。代谢途径设计在微生物细胞工厂的构建中起到了至关重要的作用，它涉及对代谢网络的改造，以增强特定化学物质的合成能力。然而，由于代谢网络的复杂性，传统的方法往往依赖于反复实验，不仅耗时且低效。随着 AI 技术的引入，代谢途径设计的精度和效率得到了显著提升。

AI 技术特别是深度学习已经被广泛应用于代谢途径设计的各个环节，包括酶的发现、代谢途径预测以及酶功能预测等。例如，深度学习模型能够预测生物合成路径并从蛋白质序列中预测酶的功能，从而加速目标化学物质的合成。这些模型通过大规模的实验数据集进行训练，从而能够识别潜在的酶并优化合成路径，使得微生物细胞工厂的开发更为高效。

在代谢途径设计中，人工智能模型能够显著提升路径优化的效率。一种基于 AI 的瓶颈-去瓶颈策略，能够用于优化黄酮类化合物的合成途径。机器学习模型能够对代谢通量进行优化，并将进化后的基因整合到大肠杆菌中，实现了高达 3.65 g/L 的黄烷酮产量。这不仅提升了特定产物的产量，还拓展了其在其他代谢途径优化中的应用潜力。

此外，多重实验结合机器学习在代谢途径优化中的应用也取得了显著进展。通过将多重实验与机器学习相结合，能够同时测试多种基因改造配置来加速代谢途径优化。这种方法有效地扩大了设计空间，并提高了发现最优途径配置的可能性，为通过微生物生产实现从大宗化学品到复杂药物分子的合成提供了支持。

尽管取得了上述进展，当前的 AI 模型在代谢途径设计中仍面临一些挑战。多数机器学习模型缺乏解释性，难以揭示模型内部的潜在机制，这在一定程度上限制了它们在实际生物学研究中的应用。为解决这一问题，研究者尝试将 AI 模型与传统的机理模型相结合，以增强对代谢途径中生物学过程的理解。

人工智能在代谢途径设计与优化中展现了巨大的潜力，它不仅提高了途径预测和酶发现的效率，还推动了新型微生物细胞工厂的开发。然而，为了充分发挥其在合成生物学中的应用潜力，还需要继续研究如何更好地整合不同的 AI 技术与生物学模型，以进一步提升代谢途径设计的精准度和可靠性。这一领域的持续发展将为生物基产品的工业化生产提供更多可能性，并在推动可持续发展方面发挥重要作用。

4. 天然产物的挖掘

天然产物作为重要的化学和药物原材料，一直以来在药物发现和开发中扮演着关键角色。其独特的结构多样性以及与生物系统的复杂相互作用，使天然产物成为药物开发领域的宝贵资源，能够为药物发现提供丰富的分子骨架和中间体。尽管在过去的几十年中，由于合成化学和高通量筛选技术的迅猛发展，天然产物的研究一度在制药行业中受到冷遇，但随着大规模组学数据和新技术的发展，这一领域正在重新获得学术界和产业界的关注[12]。

传统的天然产物挖掘过程主要依赖于生物活性导向的大规模筛选以及直接从天然来源中提取或化学合成。然而，这些方法往往效率低下，难以实现对新型天然产物的高效发现与产量优化。为应对这些挑战，科学界逐步将基因组挖掘与合成生物学相结合，利用基因组大数据和生物信息学工具，以提高新型天然产物的挖掘效率，基于基因组数据的挖掘能够有效指导新型生物合成基因簇（BGC）的发现和表征，从而大大提高了天然产物的开发效率。随着下一代测序技术和 BGC 挖掘工具的发展，越来越多的微生物基因组及其潜在的 BGC 被成功解析，推动天然产物挖掘进入新的纪元。

在天然产物的挖掘和识别过程中，化学计量学方法和去冗余化技术得到了广泛应用。化学计量学能够从复杂的化学数据中提取最相关的信息，使研究人员能够在早期阶段高效识别和定位潜在的活性化合物。与此同时，人工智能技术的引入为天然产物挖掘提供了新的思路，通过机器学习算法的应用，研究人员可以更准确地预测和解析复杂的代谢产物结构，从而提高了新型药物发现的效率和成功率。

基于机器学习的技术已在生物合成基因簇的预测和代谢物结构推断中得到了应用。相比传统的基于规则的方法，这些算法在识别新型生物合成途径方面展现了显著优势，不仅扩展了天然产物的化学多样性，还提升了发现新型化合物的可能性。此外，合成生物学通过基因工程技术在微生物宿主中重构生物合成途径，进一步提高了天然产物的产量和稳定性。这种方法在抗生素、抗肿瘤药物等生物活性小分子的开发中取得了显著成果。

现代技术的发展使得人工智能在天然产物、药物开发中的应用日益深入。通过结构-活性关系建模和分子对接模拟等技术，研究人员可以更高效地筛选和优化药物候选物，从而加速药物开发过程。此外，基于数据挖掘和深度学习的算法还可以帮助研究人员在庞大的化学数据集中识别出隐藏的分子模式和活性成分，大大提高了新药物的发现率。

通过结合基因组挖掘、合成生物学、化学计量学以及人工智能技术，研究人员可以更快速、更高效地识别和开发新型天然产物。这种多学科的协同作用不仅在提升药物发现效率方面表现优异，还在扩大天然产物多样性以及降低开发成本方面展现了巨大的潜力和前景。

7.3　人工智能在智能制造中的应用

机器智能包括计算、感知、识别、存储、记忆、呈现、仿真、学习、推理等，既包括传统智能技术（如传感、基于知识的系统等），也包括新一代人工智能技术（如基于大数据的深度学习等）[29]。智能制造，即把机器智能融合于制造的各种活动中，以满足企业相应的要求。将人工智能融合于各种制造活动，实现智能制造，通常有如下优点。

人工智能的计算能力超越了人类，特别是在一些需要大量计算但不涉及知识推理的领域，如数学优化模型、工程设计分析、生产计划和模式识别等。与人类依赖经验判断不同，人工智能算法能够更快速地提供更优方案。因此，智能优化技术有助于提高设计与生产效率、降低成本，并提高能源利用率。

人工智能对制造工况的主动感知和自动控制能力高于人类。以数控加工过程为例，"机床/工件/刀具"系统的振动、温度变化对产品质量有重要影响，需要自适应地调整工艺参数，但人类显然难以及时感知和分析这些变化。因此，应用智能传感与控制技术，实现"感知—分析—决策—执行"的闭环控制，能显著提高制造质量。同样，在一个企业的制造过程中，存在很多动态的、变化的环境，制造系统中的某些要素（设备、检测机构、物料输送和存储系统等）必须能动态地、自动地响应系统变化，这也依赖于制造系统的自主智能决策[30]。

制造企业所拥有的产品全生命周期数据往往是海量的，工业互联网和大数据分析技术的发展为企业带来了更快的响应速度、更高的效率和更深远的洞察力，这是传统依赖经验和直觉判断的方法无法比拟的。

智能制造活动包括研发、设计、加工、装配等过程，图 7-3 展示了人工智能技术在智能制造各领域的应用范畴。以下根据实际生产状况将智能制造分为五个部分：智能设计、智能加工、智能装配、智能调度和智能运维[31]。

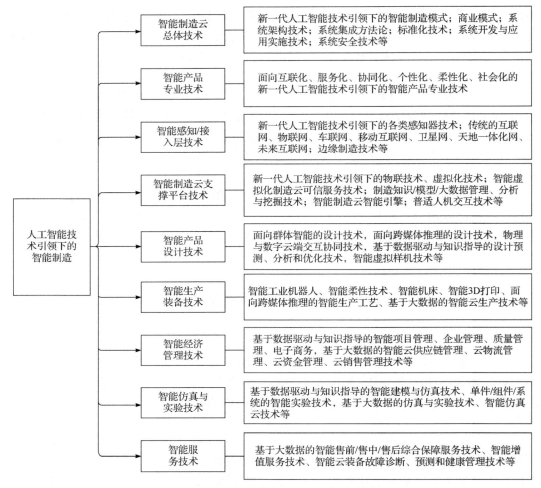

图 7-3 人工智能技术引领下的智能制造

7.3.1 智能设计

在制造领域的产品设计中，不确定性作为贯穿设计意图演变过程的动态本质特征，扮演着举足轻重的角色。人工智能正以不可思议的速度出现在产品设计的每个角落，并逐渐成为产品设计的基础设施(图 7-4)。不确定性与人工智能的交汇，赋予产品设计广阔的前景。

智能设计是指将人工智能优化方法应用到产品设计中，利用计算机模拟人的思维活动进行辅助决策，以建立支持产品设计的智能设计系统。从而使计算机能够更多、更好地承担设计过程中各种复杂任务，成为设计人员的重要辅助工具。

人工智能辅助的设计决策过程通过利用机器学习算法、启发式算法、基于知识的算法等，为设计师和工程师提供了大量的支持。例如，人工智能可以帮助识别出哪些设计方案最有可能满足性能要求、成本目标和市场需求，或者预测可能出现的设计问题和瓶颈。这种决策支持不仅提高了设计过程的效率，还提高了设计结果的质量，确保了产品设计的创新性和实用性。

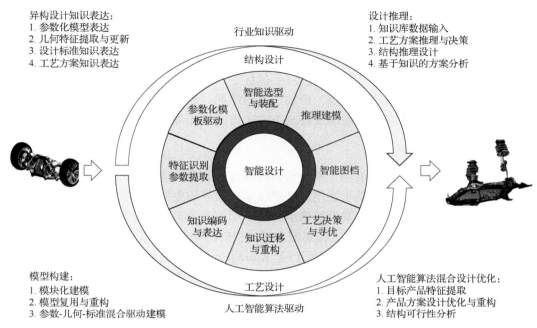

异构设计知识表达：
1. 参数化模型表达
2. 几何特征提取与更新
3. 设计标准知识表达
4. 工艺方案知识表达

行业知识驱动

结构设计

设计推理：
1. 知识库数据输入
2. 工艺方案推理与决策
3. 结构推理设计
4. 基于知识的方案分析

智能选型与装配　推理建模　智能图档　工艺决策与寻优　知识迁移与重构　知识编码与表达　特征识别参数提取　参数化模板驱动

智能设计

模型构建：
1. 模块化建模
2. 模型复用与重构
3. 参数-几何-标准混合驱动建模

工艺设计

人工智能算法驱动

人工智能算法混合设计优化：
1. 目标产品特征提取
2. 产品方案设计优化与重构
3. 结构可行性分析

图 7-4　人工智能在智能设计中的应用

另外，在产品设计完成后还可以利用计算机的仿真测试对设计方案进行全面的性能评估，人工智能技术可以模拟各种操作条件和环境对产品性能的影响，从而预测产品在实际应用中的表现。这种模拟测试可以识别潜在的设计问题和优化机会，避免了昂贵的物理原型测试和迭代。通过这种方式，企业能够确保产品设计在生产前已达到最优化，降低了开发风险和成本。

1. 机器学习算法

以汽车车身结构设计为例，运用深度学习算法可以从车身结构图片中提取关键特征，并识别出影响车身性能的因素。将通过图片识别获得的数据集传入深度学习神经网络模型进行训练和验证测试，通过不断调整模型结构和权值大小，最终获得最优的网络模型。在应用网络模型时，将设计好的车身各结构参数输入已经保存的训练后的网络模型中，进行数据计算，最终得出车身整体性能的结果。运用深度学习神经网络模型对车身框架进行计算。与传统的有限元计算相比，计算时间大大缩短，相同载荷工况条件下的计算结果误差也在可接受范围内，可以用来辅助汽车车身结构的分析、优化，缩短设计周期。

2. 启发式算法

机械产品通常是比较复杂的系统，这个系统是由零件、合件与部件等按照一定规律的多层次结构装配起来的，有多层次结构特征，以数控车床设计为例，可以将数控车床整体设计分为三个部分。

第一部分：床身、滑台、刀架、尾台、冷却单元、控制器、主轴；

第二部分：电机(驱动方式)、导轨、电机(功率)、传动方式、轴承；

第三部分：卡盘(直径)、主轴(直径)、丝杠。

利用进化算法对方案进行处理，形成了基因序列，计算每一代种群的适应度函数，经过交叉、变异等操作获得适应度最好的方案，得到结构最优的数控车床。

3. 基于知识的算法

以设计汽车覆盖件膜面为例，基于知识的覆盖件膜面智能化设计主要包括两部分：①基于实例的智能化，运用基于实例的推理技术，积累历史的设计信息，可以快速复用已有设计实例，主要包括设计案例的表示、基于相似度的案例匹配和修正优化搜索到的案例等，着重依赖过去已完成的成功案例来解决当前的问题；②基于经验规则的智能化，即深度集成行业 Know-How 到软件中，行业 Know-How 指的是某一特定行业内部所积累的具有专业门槛与竞争优势的经验、规则和技术，着重依赖预定义的经验规则集合，通过逻辑推理进行决策。

4. 其他算法

在设计完成后，可以对设计的产品进行建模，并且在建模完成后应用仿真技术对模型进行图像化、数值化、程序化的表达。以汽车设计为例，在现代汽车设计过程中，汽车性能的设计优化主要是利用建模与仿真技术对汽车性能进行预测评估后，根据仿真结果对整车设计参数进行优化。仿真技术使所设计的车型能在不制造出样车、不进行实车实验的情况下，完成对新车型性能的预测和整车设计参数的优化。

5. 总结

在智能设计方面，人工智能技术的引入在一定程度上缩短了产品从设计到市场的周期，增强了企业的创新能力和市场适应性，并且降低了设计失误的概率和设计问题带来的加工风险。人工智能技术也大大减轻了设计人员的工作压力，人工智能短时间处理大量数据的能力帮助设计人员得到更加科学、合理的结果，有助于设计出更好的结构、更好的产品。

7.3.2   智能加工

智能加工是一种融合先进信息技术与传统加工工艺的新型加工方式。它利用计算机、人工智能及自动化控制等技术，实现对加工参数和状态的智能化感知、分析、决策与控制。

人工智能可以助力建立由机床、刀具、工件、卡具构成的复杂工艺系统的各类模型。在几何与运动学模型方面，利用人工智能的强大数据分析和模式识别能力，构建系统各部件真实的几何形状和规划的运动轨迹，确保走刀轨迹的合理性，有效处理运动干涉问题，为高速加工中的薄壁件加工提供更精准的轨迹规划，避免由轨迹不合理导致的质量问题和加工事故[32]。

人工智能结合几何与运动仿真技术，可以更加智能地对刀具运动轨迹和机床运动进行仿真。通过对历史加工数据的学习和分析，人工智能可以更准确地验证加工路线的合理性，预测可能出现的碰撞干涉，大大降低事故发生率。

建立如图 7-5 所示的智能加工系统框架，利用人工智能进行加工过程的物理仿真，能够更精准地预测切削力、切削温度、加工变形等物理因素的变化，以及仿真预测机床系统组件和加工刀具的工作状态。目前的物理仿真软件各有优势，人工智能可以整合多种软件的优势，将仿真建模理论与生产实际紧密结合，推动物理仿真与几何仿真的集成，为数控加工仿真的发展提供新方向[33]。

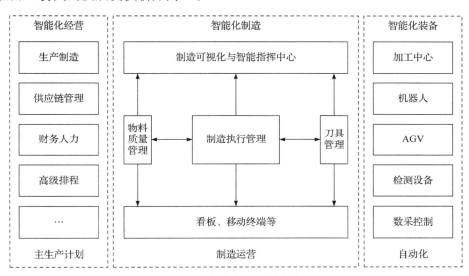

图 7-5　智能加工系统框架

1. 机器学习算法

在智能加工领域，深度学习有着广泛且重要的应用。以卷积神经网络用于刀具磨损监测为例，它为加工过程带来了全新的智能化解决方案。在加工车间中建立如图 7-6 所示的用于刀具磨损监测的深度混合模型，卷积神经网络能够自动从这些图像中提取特征。经过大量标注好刀具磨损程度的图像数据训练后，它可以准确识别不同磨损阶段的刀具特征。当新的图像数据输入时，卷积神经网络能够快速判断刀具处于轻微磨损、中度磨损还是严重磨损状态。一旦发现刀具磨损达到预警值，智能加工系统便可以及时发出警报，安排人员更换刀具或自动调整加工参数。

2. 启发式算法

在智能加工系统中，遗传算法将一组加工工艺方案作为个体，每个个体代表一种可能的加工工艺组合。通过模拟生物进化的过程，对这些个体进行选择、交叉和变异操作。经过多代的进化，遗传算法能够逐渐找到适应度更高的加工工艺方案。这样的方案可以在保证加工质量的前提下，最大限度地提高加工效率、降低成本。

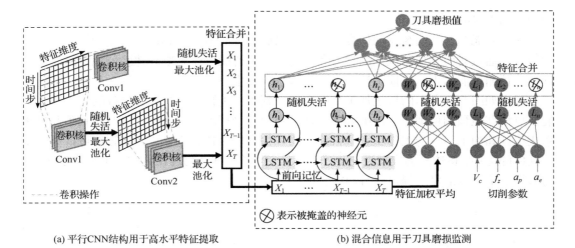

(a) 平行CNN结构用于高水平特征提取   (b) 混合信息用于刀具磨损监测

图 7-6   用于刀具磨损监测的深度混合模型

3. 基于知识的算法

在智能加工中，基于知识的方法应用也很广泛。智能加工系统利用基于知识的方法，将专家经验、历史故障数据和理论知识等整合起来，构建一个知识数据库。例如，根据特定的振动频率范围和温度变化模式，结合知识数据库中的规则和案例，推断出可能的故障类型。如果判断出是刀具磨损故障，系统可以立即发出警报，并自动调整加工参数或暂停加工，以避免进一步的损失。基于知识的方法能够快速准确地诊断故障，为智能加工系统提供可靠的保障，确保加工过程的稳定运行和高质量产出。

4. 总结

智能加工技术已是现代高端制造装备的主要技术与国家战略的重要发展方向，它借助先进的技术，如人工智能、大数据、机器人技术等，实现了加工过程的高度自动化和智能化。在智能加工中，生产设备能够自我监测和诊断，预警故障，减少停机时间。通过大数据分析，可优化加工参数，提高产品质量和生产效率。同时，智能加工系统还能实现个性化定制生产，满足不同客户的需求。它不仅提升了企业的竞争力，也推动了制造业向更高水平发展。未来，随着技术的不断进步，智能加工将在更多领域发挥关键作用，为经济发展和社会进步做出更大贡献。

7.3.3   智能装配

智能装配是指利用先进的信息技术、人工智能、自动化设备和传感器技术，优化和控制产品的装配过程，以提升效率、准确性、灵活性和质量[34]。

在装配过程中，设备的运行状态至关重要，人工智能能够实时监测设备运行并预测潜在故障。此外，AI 中的图像识别技术通过机器视觉自动检测产品质量，判断装配是否存在瑕疵。人机协作在智能装配中也取得了显著进步，AI 帮助装配人员优化操作步骤，装配机器人则可与人类协同工作，实现高效、安全的操作。

人工智能在智能装配中发挥着重要作用，涵盖了流程自动化、质量控制、设备维护和数据优化等多个方面。通过自主决策和自我调整能力，智能装配实现了更高效的生产管理和质量保障。未来，随着 AI 技术的进一步发展，智能装配将更加智能化、灵活化，推动制造业向更高层次的自动化与智能化迈进[35]。

1. 机器学习算法

强化学习是一种通过试错方式学习最优策略的机器学习算法。在智能装配中，强化学习用于机器人自主学习并高效完成装配任务。以图 7-7 所示的轴孔装配为例，任务可分为三个阶段：寻孔、对准、插入。强化学习以 X、Y、Z 轴偏差为优化目标，偏差减小时，算法获得奖励，逐步学习最佳装配位置，控制机械臂插入轴孔。

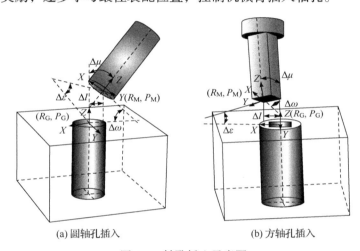

(a) 圆轴孔插入　　　　　　　　　　(b) 方轴孔插入

图 7-7　轴孔插入示意图

2. 启发式算法

遗传算法通过模拟自然选择过程，常用于求解复杂优化问题。在智能装配中，遗传算法可以优化装配路径和流程。以飞机机翼装配为例，装配过程中零部件的空间位置和工艺顺序需要最优排序。遗传算法通过选择、交叉和变异操作，逐步演化出最优的装配顺序。

3. 基于知识的算法

在智能装配中，搭建装配工艺知识库非常重要。知识库内容包括常用装配方法、测量操作、结构装配方法、人机工程学知识及典型部件装配工艺等。在装配时，系统识别零件几何信息，使用知识库推理出后续流程和参数，技术人员调整后按方案自动装配。

4. 其他算法

经典路径规划算法，常用于装配机器人寻找最短移动路径。在汽车装配车间，多个机器人需要在不同工作站之间移动以完成任务，A* 算法可帮助机器人规划最佳路线，减少时间浪费，提高生产效率。

5. 总结

智能装配结合了人工智能和现代自动化技术，极大地提升了制造业的效率和精准度。通过多种算法的应用，智能装配系统能够不断优化自身的操作流程，从而适应日益复杂的生产需求。未来，随着技术的进一步发展，智能装配有望在更多行业中发挥更大的作用，并推动制造业向智能化、数字化和可持续化方向迈进[36]。

7.3.4　智能调度

智能调度，是指在有限制造资源(如设备、工人、原材料等)条件下，利用人工智能方法优化任务的分配与执行顺序，从而最大化生产效率、降低生产成本并提高资源利用率(图 7-8)。

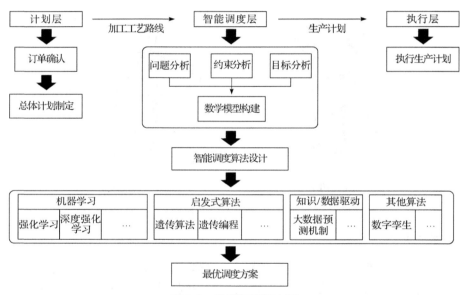

图 7-8　智能调度概念图

人工智能在智能调度中的应用可以分为三个主要方面：实时数据分析与预测、动态任务优化和系统自适应调控。首先，车间的实时监控依赖物联网设备，将生产设备、人员和物料的状态数据实时传输到制造执行系统(MES)，为智能调度提供数据基础[37]。

其次，任务分配的智能化是智能调度的核心。通过人工智能中的启发式算法(如遗传算法、蚁群算法等)，系统可以在多种约束条件下优化任务分配。这些算法能够通过多次迭代，探索出最优的生产方案。此外，强化学习、深度学习等算法在动态调度中也有着广泛应用[38]。

利用人工智能的调度方法通常包括机器学习算法(深度学习、强化学习等)、启发式算法(遗传算法、遗传规划等)、基于知识/数据融合驱动的方法及其他算法，详细方法将在后面展开介绍。

1. 机器学习算法

基于强化学习(RL)的智能调度将各种调度规则整合形成 RL 算法的动作空间,并将车间调度问题建模为序列决策问题,从而提出各种基于 RL 的规则选择机制。在汽车制造工厂的生产线调度中,强化学习被用于动态调度优化。首先,将生产车间建模为马尔可夫决策过程,其中每个状态代表当前的生产环境。其次,调度规则被定义为动作空间,系统会在每个时间步根据当前状态选择合适的调度规则。最后,通过 RL 算法,系统可以通过与环境的互动不断优化决策。每次调度选择后,系统根据生产效率和成本反馈对规则进行强化学习训练,从而逐步学会最优的调度策略,实现对资源的高效利用。

2. 启发式算法

进化计算、群体智能等元启发式算法常被使用在解决智能调度问题上。使用元启发式算法解决动态车间调度问题首先要考虑工件排序和机器选择等子问题,然后针对不同的动态事件设计动态策略。通过采用遗传算法进行工件排序优化,零部件工厂可以有效提升调度效率。遗传算法通过模拟生物进化过程中的选择、交叉和变异机制,生成多个工件排序方案,并对每种方案进行评估,如加工时间、机器利用率和生产成本。经过数轮进化,遗传算法能够找到一种最优或接近最优的调度方案。

3. 基于知识/数据融合驱动的方法

基于知识/数据融合驱动的方法是在动态事件发生之前,基于生产现场的历史数据和实时数据预测异常事件的发生,进而重新分配制造系统资源,最小化扰动对生产系统的影响。在智能制造环境下,物联网覆盖整个生产车间,传感器技术实时监测车间生产过程,并通过网络将监测数据传送至数据处理中心。通过对车间历史数据和实时数据进行分析,挖掘生产信息的特征,预测车间将要发生的异常事件,及时调整调度计划,实现车间异常事件的主动规避。

4. 其他算法

除此之外,博弈论、多智能体系统、合同网协议、数字孪生等技术也可用于解决智能车间调度问题。通过引入数字孪生,可以实现作业车间物理空间和虚拟空间的进一步融合,极大地实现了作业车间的动态调度。例如,在船舶制造业中,数字孪生技术用于大型船体结构的制造调度。通过创建物理船舶制造过程的虚拟孪生模型,工厂能够实时监控生产状态,预测机器的可用性并检测生产中的任何异常情况。如果生产进度受阻,系统会立即触发重新调度,以最小化影响并确保交付时间。

5. 总结

智能调度是制造业升级的重要技术,它通过利用人工智能技术,在有限的车间资源条件下,实现生产任务的优化分配与动态调度,以提升生产效率、降低生产成本,并提高资源利用率。未来,随着物联网、数字孪生和多智能体系统等技术的进一步发展,智能调度将在制造业中发挥更大的作用，极大地提升生产效率和系统稳定性。

7.3.5　智能运维

智能运维是一种结合人工智能和自动化技术来提升信息技术运维效率的新兴模式。传统的 IT 运维通常依赖人工监控、脚本配置和人为干预，尤其在面对复杂的分布式系统、云计算、虚拟化等环境时，人工运维难以处理复杂性和规模化的问题。智能运维通过集成机器学习、自然语言处理、数据分析等 AI 技术，可以实时监控整个 IT 环境，分析海量运维数据，自动化地执行各种运维任务。智能运维的目标是实现运维过程中的智能化决策，使系统在发生异常之前就能自动检测到问题，甚至可以自动修复问题，确保系统的持续高效运行。这种模式特别适用于现代的大型 IT 基础设施，如云计算平台、数据中心、物联网（IoT）等，因为它可以有效地处理海量的日志、监控数据，提升系统的可靠性和可用性[39]。

1. 机器学习算法

机器学习算法在智能运维中已经被广泛应用，帮助企业实现自动化和智能化的 IT 管理。在电商、金融和云服务等行业，机器学习用于异常检测，通过分析系统历史数据，提前发现问题并发出预警，防止系统崩溃或性能下降。对于复杂的分布式系统，机器学习可以快速定位故障根源，缩短排查时间，这对金融和在线平台等高可用性服务尤为重要。此外，机器学习还被用于容量规划，特别是在云计算和流媒体行业，它能根据历史数据预测未来资源需求，确保高峰期有足够的服务器和带宽，同时避免低峰期的资源浪费。

此外，强化学习算法也逐渐受到重视。首先，在自动化资源优化中，强化学习常用于云计算和数据中心，通过不断尝试不同的资源配置方案，找到最优的策略来提升性能并降低成本。其次，异常检测与修复也是强化学习的应用领域，特别是在电信和制造业中，系统通过学习历史故障数据，自动调整检测和修复流程，提升故障处理的智能化水平。此外，智能调度是强化学习在制造业和物流领域的重要应用，通过实时学习生产或运输的动态变化，优化任务调度，提高效率并减少延迟。最后，在自适应运维中，强化学习算法帮助企业根据环境变化自我调整运维策略，确保系统长期稳定运行。这些应用让强化学习逐步成为智能运维中应对复杂问题的重要工具。

2. 启发式算法

启发式算法在智能运维中被广泛应用于云计算等行业，帮助企业解决复杂问题并优化资源管理。在资源调度方面，它优化服务器和存储资源的分配，确保高峰期和低峰期灵活调整，最大化资源利用率。在故障修复中，特别是在电信和金融行业，启发式算法能迅速生成解决方案，应对网络延迟或硬件故障，减少宕机时间。此外，在电商和流媒体行业，启发式算法动态调整服务器负载，确保用户访问稳定性。最后，在能耗优化领域，大型数据中心和制造业通过启发式算法智能调整设备运行时间和负载水平，降低能耗和运营成本。

3. 基于知识的算法

基于知识的算法在智能运维中已经深入应用到多个行业，帮助企业实现更精准的运维管理。在电信和金融行业，它通过积累的运维知识库快速识别和定位系统故障，缩短处理时间，提高系统可靠性。在制造业和能源行业，这些算法结合历史数据和专家规则，预测设备潜在故障，提前安排维护，避免生产中断。在自动化运维流程中，它帮助电商和大型 IT 企业建立智能决策系统，自动选择解决方案，减少人为干预。此外，在安全监控领域，特别是在金融和政府部门，基于知识的算法能实时检测安全威胁并自动采取防护措施。总之，这些应用显著提升了运维效率，加强了系统的稳定性和安全性。

4. 总结

智能运维是现代企业数字化转型的关键技术，它通过应用人工智能与大数据分析，提升 IT 系统的自动化管理水平，实现故障预测、资源优化与智能决策，从而提高系统的稳定性和运行效率。随着云计算、物联网、大数据和人工智能等技术的不断发展，智能运维将在各行业中发挥越来越重要的作用，推动企业实现更高效、灵活且可持续的运维管理，显著降低运营成本，提升服务质量和客户满意度。

7.4　人工智能在智能建造中的应用

7.4.1　智能防灾

工程结构灾害主要包括地震、风灾、火灾等。防灾减灾工程旨在通过科学和技术手段来预防与减轻自然灾害对工程结构、人员及环境的影响。随着对灾害机理、灾害作用、灾害响应等方面研究的深入，人工智能(AI)技术为相关研究人员打开了新思路。本节将从地震、风灾、火灾三个角度，简要介绍 AI 技术在防灾减灾领域的典型应用[40]。

1. 地震工程

地震工程是防灾减灾领域的重要分支，其学科体系涵盖工程地震、结构地震响应分析理论、结构抗震实验技术、结构抗震设计方法、地震前后评估与恢复重建决策理论等。在地震工程领域，存在大量基于统计数据和经验的模型与参数设置，导致计算结果与所得结论的不确定性和偏差。AI 技术强大的自主学习能力与多维数据处理能力为地震工程提出全新的解决方案，并在地震灾害模拟、地震灾害响应，以及地震灾害评估等方面表现优异[41]。其主要通过挖掘高维数据特征逼近波动方程(地震动)和结构动力学方程(结构地震响应)的解。这里主要介绍人工智能在地震动模拟、结构地震响应求解与城市工程系统地震损伤评估方面的应用。

地震动模拟指通过物理、数学或计算机模拟等方法，重现地震发生时地面运动的过程，为工程结构抗震设计、地震危险性评估和地震响应分析提供依据，是地震工程的基础。目前，模拟地震动的方法主要基于波动方程，利用地震"震源-传播途径-局部场地"的物理机制建立地震动过程的物理模型。其准确性依赖于震源模型、结构模型以及采用的模拟方法，而目前工程上很难快速准确确定这些物理模型的参数，因此，模拟的结果存在很大的不确定性。而随着地震动统计数据库的丰富，使用 AI 技术对海量地震动数据进行处理和挖掘成为可能。AI 技术被用于挖掘统计数据中的地震动特征，以增强传统地震动模拟方法，其在地震动特征提取与模拟的应用中，通过更一般化的求解方法在一定程度上摆脱了基于经验的模型与参数选择，并获得较为合理的结果。

结构地震动响应是指在地震发生时，建筑物或其他结构物在地震动作用下的加速度、速度、位移等反应，是评估结构在地震作用下可能遭受的破坏程度的重要指标。结构地震动响应主要通过数值模拟和实验获得。精细有限元数值模拟与实验精度高，但精细化模型的建模、调试与实验模型的制作均需较长时间，而简化模型虽便于快速计算，却仅能反映结构简单的动力学特性。对此，AI 技术在一些需要快速得到结构地震动响应的情况下发挥出优势，通过数据训练模型来学习地震动与结构响应之间的关系，开发代理模型预测地震响应能大幅减少人工消耗与计算时间、提高预测效率。以预测框架-剪力墙结构模型的顶层位移响应为例，实验研究常需要对结构进行近似，并对多种工况进行实验，建立理论模型依赖假设条件且泛化性有限，有限元方法在面对动态载荷下具有非线性滞后行为的复杂大型工程问题需要过高的计算量，而应用 AI 技术可通过纯数据驱动或在网络中嵌入物理方程的方式获得结构的动力响应并提升泛化性。

地震损伤评估是地震发生后，对建筑物和基础设施所受损害程度进行分析和评价。震后单体结构和城市工程系统地震损伤评估是地震工程的重要内容。传统的地震损伤评估方法包括工程师和专家的目视检查与建筑物易损性分析。而目视检查耗时、受主观影响、检查范围受限；建筑物易损性分析常因地震动记录数据、建筑自身、结构损伤指标的不确定性而导致分析结果的准确度不可避免地受到影响，且仅可对于震后损坏获得宏观评估结果。此外，传统地震损伤评估的数据采集手段匮乏，影响地震损伤评估的速度和准确性。随着卫星遥感技术、无人机、机器人和城市中密集分布的视频摄像系统及智能手机等群智感知技术的普及，获取地震灾后图像和视频数据变得便捷，这为 AI 技术的应用提供了便利。使用人工智能技术可实现基于图像和视频大数据的地震破坏识别技术，可快速自动评估地震灾情，显著提高灾害评估的速度。AI 技术在提高地震损伤评估速度的同时，也为更大尺度的评估提供了可能。传统地震损伤评估难以实现对于单体建筑与城市工程系统多尺度的评估。针对构件、单体结构、结构群、城市系统评估尺度的不同，人工智能技术可借助不同图像与视频信息来源实现多尺度评估：借助无人机、移动采集设备，并结合振动数据，可实现针对构件与单体结构的地震损伤评估；借助卫星遥感技术，可实现针对结构群、城市系统的地震损伤评估。

地震预警是指在地震发生后，利用地震波传播速度小于电波传播速度的特点，对地震波尚未到达的地方进行预警。这样可以为人们避险提供宝贵的时间。地震预警系统的工作原理是利用地震最初发出的无破坏性的 P 波（纵波）和破坏性的 S 波（横波）之间的时间差，以及电磁波比地震波传播速度快的原理，来发出警报。然而，传统地震预警系统中，通常使用基于低维实时地震动参数估计的强度指标作为阈值，而不是结构损伤指标。相关研究表明，强度指标与目标部位的结构损伤之间的关系是高度不确定的，可能导致无法估计结构损伤，从而影响决策行为，造成更大的经济损失和人员伤亡。此外，区域内不同类型的结构、基础设施和生命线系统在特定地震下造成损害的可能性是不同的。因此，将相同的强度指标作为区域地震预警的阈值的合理性有待商榷。基于性能的地震预警决策系统可实现基于经济损失与人员伤亡的预警决策，但受限于经济损失与人员伤亡的计算方法。传统地震经济损失与人员伤亡的计算方法主要分为基于弹塑性时程分析的计算方法和易损性方法。基于弹塑性时程分析的计算方法需进行地震动参数获取、弹塑性时程分析计算等步骤，难以满足地震预警决策的响应速度要求；而易损性方法在预警中存在仅根据 P 波中的低维信息难以得到准确的强度指标的问题，这导致损伤计算出现偏差。AI 技术可以使用任意维度向量作为输入，具有强大的非线性拟合能力等优势，使其在地震预警决策中发挥作用。基于人工智能技术的地震实时损伤预测框架如图 7-9 所示。与易损性方法相比，该方法显著提高了经济损失与人员伤亡的预测精度，增加了预警决策的合理性[42]。

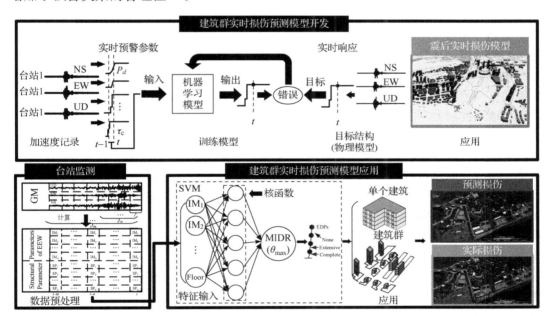

图 7-9　人工智能技术在地震损伤评估中的典型应用

　　地震风险评估是指对某一特定区域在预期的时间内由于地震活动可能遭受的损失进行系统的估计和分析，通常包括地震灾害发生概率，建筑物、基础设施和社区对地震灾害的易感性等方面。传统地震风险评估方法通常依赖历史数据记录、场地调查、简化的模型与专家相关经验，常见的有概率性的地震风险评价模型和确定性地震风险评价模型。概率性的地震风险评价模型受限于概率模型的不确定性与参数的不完备；确定性地震风险评估模型依赖地震危险性的确定性描述，缺乏随机性考量，难以模拟极端事件，无法全面反映真实地震风险。基于人工智能的地震风险评估模型，可通过分析来自地震传感器、卫星图像、地球物理数据以及建筑物和基础设施的结构特征等多源数据，识别数据中的复杂模式和非线性依赖性，自主挖掘数据中潜在的随机规律，改善传统评估方法受不确定性和参数不完备的影响，同时可考虑地震随机性，从而进行更可靠的风险评估。AI 技术在改进传统地震风险评估方法的同时，也促进了新型风险评估模式的形成。例如，AI 技术结合简化力学模型、有限元模型，可增强区域概率地震灾害与脆弱性评估，以识别地震载荷下的潜在弱点和破坏模式。通过将人工智能整合到地震风险评估中，工程师和政策制定者可以在土地使用规划、建筑规范和应急准备方面做出更明智的决策，使决策过程更加准确，从而提高了地震多发地区的恢复力和安全性。

2. 风灾

人工智能（AI）技术在风工程中的应用主要集中在气动力建模、结构风致响应预测、结构风致损伤预测等方面，其本质是利用人工智能工具挖掘数据的高维特征，并在模型训练中不断修正其非线性数学格式以逼近灾害荷载模型，以及流体控制方程、结构动力学方程的解或解的局部。这里将从气动力模型、结构风致响应、结构风致损伤评估方面介绍人工智能在风工程领域的应用。

气动力模型是用于描述和预测物体在流体（通常是空气）中运动时所受到的气动力特性的数学模型，其建模问题是风工程经典问题之一，属于理论分析方法的一个步骤。传统基于半经验半物理的气动力模型的普适性相对较好，但模型精度有限。而建立更为精细的气动力模型需要针对性地做大量风洞实验或精细化计算流体力学数值模拟，成本较高且通用性较差。因此利用 AI 技术，挖掘多种工况、多精度层级以及多类型（实验与数值模拟）大数据的共性特征，可更灵活地平衡气动力模型的通用性、精度与成本。例如，当风穿过高层建筑群时会引发干扰效应，即相邻建筑之间的互相干扰会导致局部风荷载减小或增大，而风荷载局部增大可能加剧建筑物的晃动和建筑外层破坏。为了充分了解干扰效应，通常需要进行大量的风洞实验，而有限的风洞实验只能覆盖部分干扰场景，无法完全揭示干扰效应。因此，使用 AI 技术，基于有限的风洞实验数据集，建立风压系数与不同建筑排列信息及风荷载信息的映射关系，并辅以计算流体力学数值模拟验证，成为一种更可行的工程应用方案[43]。

结构风致响应是指结构在风荷载的作用下发生的振动和变形，是风工程的主要问题。结构风致响应的常用研究方法包括基于半经验半物理的理论分析方法、计算流体力学（computational fluid dynamics，CFD）方法与风洞实验方法。基于半经验半物理的理论分析方法，能够提供对结构风致响应的定性理解，计算相对简单迅速，依赖于经验和已有的数据，但可能无法准确预测未知或复杂情况下的风致响应，并无法考虑实际风场的非均匀性、非定常性以及结构的流固耦合和非线性行为；计算流体力学方法能够模拟复杂的流场、流固耦合作用及非线性行为，但其精细化模拟带来的代价是计算成本的增加，且其计算准确性依赖于湍流模型的合理性，同样存在经验参数设置；风洞实验方法具有较高的可靠性，但实验成本高且难以还原结构的实际服役条件。AI 技术可分别弥补三种传统研究方法的不足，如前面所述，对理论分析中气动力模型的改进，亦如对有限风洞实验适用范围的泛化和增加 CFD 计算结果的分辨率等。此外，AI 技术也可直接建立荷载条件、结构信息与结构风致响应的映射关系，在某些特定情况下比传统方法更具优势。例如，大型结构的表面流场存在涡振（非线性流固耦合效应）、抖振（脉动风速诱发的结构随机振动）、颤振（小参数敏感非线性动力学问题）等复杂的流动分离和动力学机制。对这种空气动力系统进行 CFD 计算需要同时求解 Navier-Stokes（N-S）方程和结构运动方程，计算难度高。传统的半经验半理论模型与计算流体力学数值模拟均依赖基于风洞实验测得的气动参数。然而，风洞实验的模拟风流和简化模型分别与现场风和全尺寸结构存在较大差异，且难以考虑现场风的非均匀性和非平稳性、高雷诺数效应以及实际结构的不确定性等问题，这导致基于风洞实验测得的气动参数在用于原型结构时精度降低。对此，使用 AI 技术，基于大量风洞实验数据和现场原型结构监测数据，并融合传统风工程理论，采用物理增强数据范式以预测大型结构涡振、抖振和颤振等响应的物理机器学习模型得到了广泛的研究。这些模型以风场参数、结构几何外形和动力特性为输入，以结构风振响应为输出，其本质是建立代理模型以逼近流体控制方程和结构动力学方程。

结构风致损伤评估是指对结构在风灾影响下可能遭受的损害和经济损失进行预估的过程，对于制定防灾减灾策略、建筑规划与设计至关重要。结构风致损伤评估往往面向的范围庞大，且在制定防灾减灾策略等特定情况下对速度要求高。CFD 方法的计算速度和计算成本难以满足要求。易损性方法可满足速度要求，适合应用于大范围评估，但精度有限。因此，利用 AI 技术建立风荷载信息、结构信息以及地面粗糙度等信息与结构损伤情况的映射关系，可作为易损性方法的补充，并在处理高维回归问题上更具优势。

3. 火灾

与地震、风灾相比，火灾在良好的应急干预下，可以最大限度地减小损失。因此，人工智能（AI）技术在防火工程中的应用主要集中在火灾识别检测、火灾应急疏散、火灾财产损失与伤亡预测等应急干预领域。

传统火灾检测技术按检测原理可分为感温、感烟、感光三类，具有对光线要求低、成本低、安装简易等优势，但存在一定不足：传统检测技术的有效性受安装位置和探测距离限制，需在温度/浓度达到一定程度才能被检测出来，而且传统探测器的灵敏度会随着使用时间而降低，以致错过最佳警报时间。图像处理、计算机视觉等人工智能技术为火灾检测技术打开了新局面，形成了基于视频图像的火灾检测技术。该技术使用摄像机监视自然景观并分析捕获的视频以识别火焰和烟雾，进而进行火灾检测，具有反应迅速、无接触、信息显示、智能和集成等优点。

火灾应急疏散需要在短时间内迅速做出决策，以指导发生火灾的建筑内人员的疏散。决策时需要考虑并预判火灾的烟气蔓延和发展趋势。基于计算流体力学（CFD）的数值模拟是当前研究建筑结构火灾烟气蔓延和火灾分布特征的主要手段。但简化的模拟方法仅能将火灾蔓延影响因素归结于有限参数，模拟得到的结论依赖于有限变量，无法获取整体性评价方案，且精细化数值模拟的建模、调试、运算、结构分析等步骤无法满足火灾应急疏散对决策时间的要求，仅能用于火灾预演或是火场重现等分析。对此，使用 AI 技术基于精细化 CFD 数值模拟数据集，训练得到的火灾蔓延模型更适合用于火灾应急疏散。

火灾财产损失与伤亡预测对救灾的组织和灾后恢复有重要意义。与火灾应急疏散相似，火灾财产损失与伤亡预测也存在对速度要求高的情景。在短时间内，人工定损和 CFD 模拟均难以快速部署，使用 AI 技术有效利用火灾历史统计数据，为火灾财产损失和伤亡预测提供了新的解决思路。

7.4.2 智慧交通

智能交通系统(intelligent traffic system，ITS)是利用先进的人工智能(AI)等科学技术，通过收集和分析交通信息，提高交通系统的效率、安全性与可持续性的一种现代化交通管理手段。ITS 旨在通过实时数据的获取与处理，优化交通流量，减少交通事故，提高出行的便利性和环保性。下面主要探讨将 AI 应用于 ITS 中的三大核心流程：交通数据采集、交通流预测与大规模交通信号优化[44]。

三大核心间的相互关系如图 7-10 所示。三者构成了一套自适应的全链条城市区域网络信号控制优化流程(基于 AI 的交通信号控制平台)，首先利用 AI 技术采集交通流参数，然后使用获取的数据进行交通流预测，最后根据预测得到的交通流数据、原始信号配时方案和交通网络基础数据构建网络级信号优化模型，采用信赖域贝叶斯优化算法对网络级信号最优化模型进行主动优化，从而获得目标区域网络最优的信号配时方案。这种方法实现了交通数据采集、交通流预测、大规模交通信号优化的整合，形成了优化的闭环。它通过实现大规模交通信号优化的内循环反馈优化，以及交通信号优化与交通数据采集之间的外循环反馈优化，使信号配时方案既能主动地适应交通需求的动态变化，又能保证交叉口通行效率的提升。

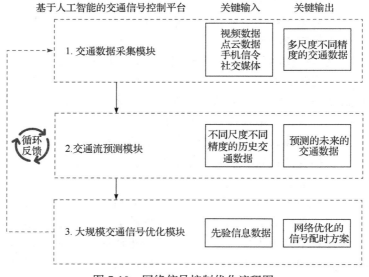

图 7-10 网络信号控制优化流程图

1. 交通数据采集

传统的交通数据采集方法主要依赖固定传感器、人工观察和问卷调查等方式。然而，这些方法存在几个主要问题：首先，固定传感器只能在特定地点收集数据，无法全面反映整个交通网络的动态变化；其次，人工观察受到人力和时间的限制，容易出现偏差和遗漏；最后，这些传统方法也难以实时响应突发交通事件，导致管理措施滞后，影响整体交通效率和安全性[45]。

为了解决上述问题，基于 AI 的交通数据采集方法应运而生。这些方法利用深度学习和计算机视觉等先进 AI 技术，处理来自高清摄像头、雷达、无人机和移动设备的海量数据，实现对交通流量、车辆类型和行为模式的实时监测与分析。AI 算法能够自动识别和分类不同类型的交通参与者，包括汽车、公共交通工具和行人，这种多元化的数据采集方式大大增强了数据的全面性和可靠性[46]。

此外，基于 AI 的交通数据采集还支持实时数据分析和动态决策。通过分析历史数据和实时数据，AI 算法可以预测交通模式、识别潜在的拥堵区域，并在突发事件发生时迅速调整交通信号和流量管理策略。

2. 交通流预测

交通流预测是估计未来某一时间段内交通流量的变化，对提高交通效率、降低拥堵和事故发生率等具有重要意义。随着城市交通的日益复杂和实时数据采集技术的发展，传统交通流预测方法面临挑战，促使研究者们探索机器学习算法在这一领域的应用。

在交通流预测中，常用的机器学习算法包括支持向量机、随机森林、神经网络等，这些方法拥有强大的数据拟合能力。基于机器学习的交通流预测方法的结构框架如图 7-11 所示，主要包括三个部分。

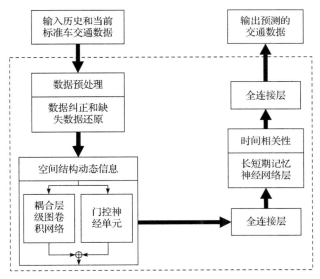

图 7-11　基于机器学习的交通流预测方法

1）数据预处理

该部分主要进行错误数据的纠正和部分路段缺失数据的还原。处理后的数据直接作为第二部分的输入。

2）耦合层级图卷积网络

给定图信号集合和每个图卷积层的自学习邻接矩阵，利用门控神经单元集合空间动态信息。随后，通过全连接层将低维特征向量空间映射至高维向量空间，该高维向量空间维度要低于输入空间维度。

3)长短期记忆(LSTM)神经网络层

利用第二部分获得的较高维向量空间,基于 LSTM 神经网络对交通需求的亲近性和周期性的深度信息进行挖掘和聚合。同时实现空间动态信息和时间相关性信息的深度融合。最后,通过全连接层将特征向量空间映射回目标空间,得到预测的交通数据。

交通流预测正朝着更精确的方向发展,结合大数据和云计算,探索多源数据融合与深度学习的新方法。同时,随着 AI 和智能交通系统的进步,实时预测的需求将更加迫切,为城市管理者提供更加智能的信息支持。

3. 大规模交通信号优化

大规模交通信号优化是交通信号控制领域的一大难题。其是利用先进的 AI 技术和算法,对城市交通信号控制系统进行全面分析和调整,以提高交叉口服务水平。这一过程通常涉及多个交叉口和道路网络的综合考虑,旨在实现不同交通流之间的平衡,减少车辆等待时间和拥堵。

图 7-12 给出了信赖域贝叶斯优化大规模交通信号控制的流程。该方法主要分为模型准备、信赖域贝叶斯优化和终止迭代三部分。

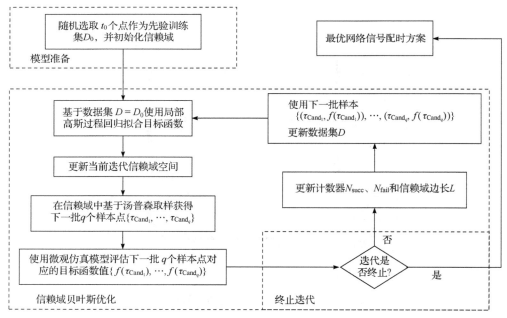

图 7-12   信赖域贝叶斯优化流程

1)模型准备

模型准备是整个信号控制优化的基础步骤,包含两个主要部分。

(1)大规模信号控制优化模型的构建。

这里的目标是找到最优的交通信号设置,具体来说,就是控制各个路口的红绿灯顺序和时长。信号控制优化模型会根据各个十字路口的绿灯时长来决定各个方向的通行时间。模型还需要遵守交通信号控制的标准，例如，每个路口的信号周期(红灯、黄灯和绿灯的循环时间)已经提前设置好，黄灯的时长也保持一致。

（2）获取先验训练集并初始化信赖域。

在执行贝叶斯优化之前，需要一个包含交通运行数据的先验训练集。这个训练集可以通过历史数据或者仿真平台获得。这一步的目的是让贝叶斯优化有一个良好的起点，便于其进一步优化。

2）信赖域贝叶斯优化

贝叶斯优化是一种用于解决复杂优化问题的算法。具体到交通信号控制，它可以帮助我们在一定限制下找到最佳的交通信号配时方案。

（1）信赖域的概念。

信赖域可以理解为一个探索区域。在贝叶斯优化的过程中，算法会根据已有的数据，在信赖域内探索新的信号控制方案。信赖域的大小随着优化过程不断变化，逐步缩小，以便集中精力在表现较好的方案上。

（2）贝叶斯优化过程。

算法会选择多个候选的交通信号控制方案，并通过仿真系统来评估它们的效果。通过每次仿真，算法会不断更新信赖域中的"好方案"，然后继续探索更好的方案。

具体来说，每次优化时，算法会从候选方案中选出效果最好的几个，然后仿真它们的表现。通过仿真获得的数据更新信赖域内的模型，并且调整下一轮的候选方案，直到找到最优解或者达到预设的终止条件。

3）终止迭代

在这个优化过程中，需要设置一些条件来结束迭代。终止条件主要有以下两个。

（1）仿真运行次数的限制。

微观仿真平台的运行次数是有限的，原因是仿真本身需要计算资源和时间。每次仿真运行的次数会受到限制，以控制计算成本。

（2）信赖域的大小限制。

随着优化过程的推进，信赖域会不断缩小。当信赖域缩小到一个预设的最小值时，说明已经找到了一种接近最优的信号控制方案，此时算法可以终止。

大规模交通信号优化不仅能提升交通流动性，还能降低交通事故的发生率，改善环境质量，增强城市的可持续发展能力。随着 AI 技术和交通管理水平的发展，这一领域的创新和实施将会不断深化，推动城市交通管理迈向更高的智能化水平。

7.4.3　智慧水务

随着物联网、大数据和人工智能(AI)等技术的应用，智慧水务正在革新传统的水资源管理模式。通过实时监测和分析，智慧水务系统可以对水质、水量、管网和排水进行全方位监控与优化，实现水资源的高效分配和利用。该系统不仅能够预防和应对水资源短缺、污染、城市内涝等问题，还能辅助决策者做出更加科学的管理决策，从而提升水务管理的效率和可持续性。如图 7-13 所示，智慧水务应用涵盖从水质检测、管道监控到气候风险预测等多方面，为未来水资源管理提供了强有力的技术支持[47]。

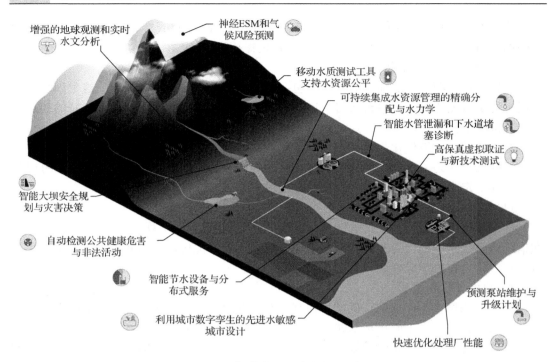

图 7-13　智慧水务系统应用场景图

1. 水文观测与预报

水文观测是保护和利用自然资源的核心环节，主要通过系统地收集、分析和预测水文数据，为水资源的合理管理、水利工程设计和环境保护等领域提供科学依据。随着全球气候变化、人口增长和经济发展，水文过程变得更加复杂，观测数据的规模和来源显著增加。如今，水文观测数据不仅来自传统的地面测量，还包括卫星遥感、无人机监测和物联网传感器等多样化的数据来源。面对如此庞大且复杂的多源数据，传统的水文观测方法在数据处理和分析方面逐渐显现出局限性，难以应对现代水资源管理的需求。

在这一背景下，AI 技术的应用逐渐成为水文观测领域的一个重要趋势。通过引入诸如机器学习、深度学习和图神经网络等先进算法，AI 技术能够从海量数据中自动提取有用的模式和规律，大幅提升水文数据分析的精度和效率。AI 不仅能够更快速地处理复杂的观测数据，还可以在数据不足或条件复杂的情况下，提供精确的预测和预警。这些智能技术为水文观测带来了全新的方法论，使得这一传统领域能够逐步向自动化和智能化转型，提升了水资源管理和决策的科学性和可靠性[48]。

例如，在流域水文模拟预报研究方面，人工智能和数据挖掘技术被引入水文预报领域，特别是在水源头的监测与预测中，机器学习技术通过降雨、地下水位、蒸发等多源数据，自动提取输入与输出之间的非线性关系，优化了水源头的水文模拟。人工神经网络（ANN）作为代表性机器学习算法之一，通过建模降雨-径流关系、地下水补给等源头过程，能更好地预测源头水资源的动态变化。ANN 根据网络架构是否有回馈项可划分为静态神经网络和动态神经网络，前者的网络架构没有回馈项，对资料结构的长期映射关系具有较好的解析效果，而后者具有回馈项，对资料结构的短期映射关系具有较好的解析效果。在水文预报领域应用较广的静态神经网络包括反向传播神经网络、径向基神经网络、自组织映射网络、时滞神经网络、适应性网络模糊推论系统等；应用较广的动态神经网络包括埃尔曼循环神经网络（Elman recurrent neural network）、即时循环神经网络、非线性自回归外因输入模式等。除 ANN 外，支持向量机、决策树、多层感知机和随机森林等许多机器学习算法同样具有处理非线性和不确定性的强大能力，在水文模拟预报和水库调度领域得到广泛的应用[49]。

尽管众多机器学习模型算法广泛应用于时间序列预测问题，但仍存在泛化性能弱、预见期较短等问题，为解决该难题，出现了较多基于 ANN 的深度学习方法，如循环神经网络、卷积神经网络等。长短期记忆（LSTM）神经网络则通过在神经网络的隐藏层中引入存储单元，来选择记忆当前信息或遗忘过去记忆信息（如降雨-径流映射关系），进一步增强了水文系统的长期记忆能力，帮助预报水源头的降雨-径流转化过程。通过粒子群优化算法优选 LSTM 模型超参数的 PSO-LSTM 深度学习模型在汾河和洛河流域进行实验。结果表明，PSO-LSTM 模型学习数据特征的能力优于 ANN 和 LSTM 等模型，提高了短期洪水预报的准确性。将主成分分析法与 LSTM 神经网络相结合的 PCA-LSTM 深度学习模型，被用于研究黄河源区气象要素空间特征对预报精度的影响，结果表明所提模型具有较高的预报精度。有学者采用偏互信息法筛选关键遥相关因子，将其作为 LSTM 神经网络的输入，在宜昌站进行月径流预报，结果表明，筛选因子使得 LSTM 神经网络更具有物理意义，可有效提高预报精度。

随着 AI 技术的快速发展，采用编码-解码（encoder-decoder，ED）结构的 LSTM 深度学习模型，得到了多时段和高精度的洪水过程预报。中国石门水库流域、美国 Russian 河流域、中国建溪流域等分别构建了 LSTM-ED 模型，结果表明 LSTM-ED 模型预报性能优于 LSTM 模型，但当预见期大于流域最大汇流时间时，模型预报性能逐渐变差。此外，一种耦合新安江模型预报流量的外源输入编码-解码结构，在中国陆水和建溪流域进行 3～12h 预见期的洪水预报。结果表明该模型可以解决递归编码-解码结构的训练过程与验证过程不一致的问题，提高了洪水过程预报精度。通过构建 LSTM-ED 模型，并采用贝叶斯预报处理器量化预报不确定性，可以预报中国三峡水库 1～7 天的入库洪水情况，结果表明 LSTM-ED 模型的纳什效率系数在 0.92 以上，同时考虑预报降雨信息可提高概率预报性能。

综上可知，深度学习算法的持续发展促使其在预报业务中的需求逐渐增长，特征可视化或反映降雨径流响应规律的可解释性深度学习、能够量化预报不确定性的概率深度学习、用于缺资料流域的区域深度学习和多任务集成深度学习等研究均得到水文学者的广泛关注，它们将是人工智能预报极具潜力的发展方向。

2. 水质监测与预警

水质监测与预警对公民饮水健康具有至关重要的作用。安全的饮用水是保障公众健康的基本需求，而水质问题，如污染物超标、微生物滋生以及化学物质的渗入，都会对人们的健康造成严重威胁。随着城市化和工业化的加速发展，水源污染的风险也在增加。

通过系统的水质监测，可以及时发现水中有害物质的变化，并通过预警系统快速做出反应，确保污染物在进入供水系统之前得到有效控制。正因如此，水质监测与预警系统不仅是水资源管理的关键，更是维护公民饮水健康的重要屏障。

随着技术的进步，人工智能技术的应用进一步提升了保障公民饮水安全的能力。AI算法能够实时分析多源数据，包括物联网传感器提供的水质信息，从而快速识别污染物的浓度变化，预测未来可能的水质风险。通过精准的水质预警，相关部门能够及时采取措施，如调整供水、加强水处理过程或通知公众，避免不安全的饮用水流入千家万户。近年来，AI技术在水质监测与预警中的应用取得了显著进展。AI模型通过分析大量复杂数据，帮助提高水质预测的准确性，支持水资源的可持续管理。

人工神经网络（ANN）因具有灵活性和适应性，成为水质预测中使用最广泛的模型之一。ANN有多种不同的结构，尤其是极限学习机（extreme learning machine，ELM），其由于训练速度快、泛化能力强，受到了广泛关注。LSTM模型在处理时间序列数据方面表现优异，特别适用于水质随时间变化的预测，但其结构较为复杂。支持向量机（SVM）使用径向基函数（radial basis function，RBF）作为核函数，能够实现高精度的预测，在多个研究中表现出色。自适应神经模糊推理系统（adaptive neuro fuzzy inference system，ANFIS）模型则结合了神经网络和模糊逻辑的优势，具备较强的泛化能力，但其准确性依赖于输入数据的质量。

除单一AI模型外，混合模型的应用近年来也越来越多。这些模型结合了AI算法与分解技术或优化算法，以进一步提高预测的准确性[50]。例如，常用的分解技术包括小波变换、自适应噪声完全集合经验模态分解（complete ensemble empirical mode decomposition with adaptive noise，CEEMDAN）和变分模态分解（variational mode decomposition，VMD），它们能够帮助模型捕捉水质变化中的细微波动。优化算法如遗传算法、粒子群优化算法和萤火虫算法（firefly algorithm，FFA）被广泛用于优化模型参数，增强模型的局部和全局搜索能力，从而提高预测精度。

在数据处理方面，AI模型通常通过线性插值和拉格朗日插值方法来填补数据缺失，并使用最大-最小归一化或Z-score标准化等方法进行数据缩放，以确保数据的可解释性。在预测水质时，最常用的输入变量包括溶解氧（dissolved oxygen，DO）、叶绿素-a（Chl-a）、氨氮、化学需氧量（chemical oxygen demand，COD）和pH等水质参数。此外，气象条件和空间特征也常被纳入输入变量，以便更准确地反映影响水质的因素。

值得一提的是，人工智能不仅可以用于水质监测，还能广泛应用于其他环境监测任务，如空气质量分析与预测。例如，现有的极端机器学习框架能够实时监测水质参数，如叶绿素-a和溶解氧。研究表明，该模型在处理高频率和复杂数据方面非常有效，在估算叶绿素-a和溶解氧时的误差分别降低了14.04%和5.33%。此外，对于研究微生物电位传感器（MPS）的信号模式，长短期记忆（LSTM）神经网络可以用来预测水质参数的变化，溶解氧传感器测量结果与MPS预测值的误差小于10%。这些研究证明了AI技术在水质监测与预警中的巨大潜力。

总的来说，AI技术在水质监测与预警中的应用大大提升了预测的准确性和可靠性，为环境治理和决策提供了强有力的支持。然而，由于模型开发中的固有变异性，同一模型在不同环境下的表现可能有所不同，因此，未来研究应继续探索具有强适应性和稳定预测效果的智能技术。

3. 智能水厂与水处理

智能水厂与水处理优化对人类的影响深远，直接关系到人们日常生活中的饮用水安全、资源可持续利用和环境保护。随着人工智能技术的广泛应用，智能水厂不仅能够更高效地处理和管理水资源，还能确保将清洁、安全的水源持续供应给每一个家庭和社区。AI 技术在水处理中的应用通过自动化控制和实时监测，确保水质符合标准，防止污染物进入供水系统，从而保护公众健康。

此外，智能水厂的优化还能减少能源消耗和化学品的使用，通过 AI 精确控制水处理过程，减少了不必要的资源浪费。这不仅降低了水处理成本，还减少了对环境的负面影响，促进了水资源的可持续管理。对于干旱地区或水资源紧张的城市，智能水厂的应用尤为重要，它们能够通过更高效的水循环系统，确保有限的水资源能够得到合理分配和利用。

从长期来看，智能水厂的优化不仅提高了供水系统的可靠性，还为应对气候变化带来的水资源挑战提供了技术支持。通过减少水资源浪费和提高供水效率，智能水厂在保护生态环境、减少水污染、改善公共卫生等方面做出了重要贡献。总之，智能水厂与水处理优化的应用不仅改善了人们的生活质量，还为子孙后代的可持续水资源利用奠定了基础，为全球水资源的有效管理提供了更广阔的前景。

在智能水厂与水处理优化的研究中，使用的是污水处理过程中采集的有限监测数据，这些数据包括水质相关的关键参数。由于传感器的部署和维护成本较高，数据资源受到限制，因此需要开发有效的数据管理方案。研究首先通过专门设计的数据编码和预处理方法，对这些资源受限的数据进行处理，以适应污水处理的物联网场景。已有研究采用了深度神经网络算法，成功预测了水处理过程中的关键参数，从而为后续的智能控制决策提供了支持。实验结果表明，即使在数据有限的环境中，该方法也能够提高污水处理的效率和决策准确性，从而推动水处理过程的智能化管理。

4. 供水管理

供水管网是确保安全、稳定的饮用水供应的重要系统，它连接着从水厂到每个家庭和社区的供水过程。然而，随着人口增长和城市扩张，供水管网变得越来越复杂，传统的手动管理方式难以应对实时监测和故障预测的需求。因此，人工智能技术逐渐成为供水管网管理中的重要工具。

通过引入机器学习、深度学习等 AI 算法，供水管网管理的效率得到了极大的提升。AI 能够分析来自供水管网传感器的实时数据，如水压、水流量和水质数据，快速识别管道中的异常情况。这种技术不仅能够发现漏水和故障，还能预测潜在问题，帮助管理者及时进行维护，降低供水中断的风险。通过 AI 的应用，供水管网逐渐向自动化和智能化转型，大大提高了供水系统的效率和安全性。

AI 技术还帮助供水系统优化水的分配，确保每个地区在不同需求高峰时都能得到足够的供水。例如，AI 可以预测用水高峰时间段，并根据历史数据优化供水调度，避免供水不足或浪费。此外，AI 还能帮助检测管道中的水质变化，确保水质始终符合健康标准，从而保障公民的饮用水安全。

对于普通人来说，AI 在供水管网中的应用带来了多方面的好处。首先，它减少了管道泄漏造成的水资源浪费，确保水资源的可持续利用。其次，AI 提升了供水系统的稳定性，减少了突发供水中断的情况，改善了生活质量。最后，通过实时监测水质，AI 技术确保人们能喝上安全、干净的水，从而直接改善了公共健康。

总的来说，AI 在供水管网中的应用不仅提升了供水管理的效率，还为未来水资源的智能化管理奠定了基础。这种技术带来的高效、可靠的供水系统，不仅使日常生活更加便捷，还为全球水资源的可持续发展提供了新的解决方案。

7.4.4　智慧人居

近年来，人工智能的发展也为现代人居环境营造提供了新思路和新方法，在室内空气品质改善、温湿度预测控制、空调系统性能优化等应用场景都能看到人工智能技术的身影。随着社会的快速发展，人居环境问题逐渐成为各行各业关注的焦点。因为人们大部分时间都在室内度过，人居环境与人们的生活、工作紧密相关。不论是在发达国家还是发展中国家，城市与农村地区都存在改善人居环境的需求。

随着人力成本和能源成本的增加，智能自动化并且节能的人居环境营造系统运维日益为建筑业主特别是大型公共建筑的管理者所重视。人居环境营造系统是建筑中的用能"大户"，也是控制起来最复杂的机电系统。建筑自动化是实现建筑人居环境营造系统设备自动、节能运行的关键。近年来，针对人居环境营造系统控制和节能需求产生的专项应用[51]，如冷站群控、能耗分析管理、变风量控制等，其实是建筑自动化本就应该实现的功能。

智能自动化控制技术在人居环境中的应用并不是一项新的技术。在 20 世纪 90 年代，我国就已在大型公共建筑中普遍设计安装了这一系统。伴随着信息技术的发展，建筑自动化技术也在不断更新。在通信技术上，从 20 世纪 90 年代采用的工业总线技术，到为了打通各个信息孤岛而制定的标准协议 BACnet，从成熟的无线通信技术（如蓝牙、ZigBee 等），到今天的热点新技术 LoRa 和 NB-IoT，建筑自动化领域不断引进新的通信解决方案。在集成软件方面，从早期的 OPC 技术到引进互联网技术，经历了从 C/S 架构到 B/S 架构的转变，再到引进"软件即服务"（SaaS）的理念，我们也紧跟软件工程领域的成果，在工程上，制定了一系列工程技术规范来指导和约束从设计到验收的各个环节，并结合信息技术，设计了如组态王、Tridium 这样的组网调试软件。如今，物联网、云计算、人工智能、大数据等热门技术也已经被应用在一些建筑节能优化控制项目上。

然而，目前在相当多的实际项目中控制效果并不令人满意，许多项目中的"自动化"只不过是在中央机房能实现远程人工监控，能耗水平取决于运行人员的经验和责任心，远没有达到自动优化控制的设计目标。整个人居环境营造系统由针对各机电设备系统的控制子系统组成。每个控制子系统都采用集散式的架构，用现场控制器连接传感器、执行器等控制终端实现局部的控制；通过通信总线将现场控制器接入网络，由子系统控制中心完成其内部各个现场控制器之间的协作控制，各个子系统的控制中心再通过网络连接到中央站，实现各个子系统之间的联动控制。近些年，物联网+云端大数据/人工智能的架构也被用在建筑自动化系统中，与传统架构相比，依然存在中央控制器，只是省去了子系统控制器一层，结构更扁平。

图 7-14 是典型的建筑人居环境营造系统监控架构。要实现人居环境智能控制，总要有被控系统的信息；而在传统架构中，现场控制器、子系统控制器和中央站之间的网络连接，反映的是通信或者控制层级之间的关系，被控机电设备系统的信息只能通过在各级控制器的软件中通过配置和建模来定义。这给实际工程实施带来了困难：首先，公共建筑尤其是大型公共建筑中设备众多，要在各级控制器软件上定义成百上千设备的信息和模型并保证没有错误，是一项耗时费力的工作；其次，在软件上定义设备系统模型，要求工程人员不仅要熟悉暖通空调领域的知识，还要具备信息技术领域的技能，这要求工程人员具备跨学科的专业能力；最后，各个项目具体采用的设备系统结构和组合方式都不同，自控工程师只能结合具体情况为每个项目进行定制化的开发。综上，现有的系统架构与被控系统脱节，需要跨专业的工程师为项目进行定制化开发，这必然导致系统建设成本高，周期长；在工程时间紧迫的情况下，难以保证质量。

然而，如今的建筑环境自动控制系统架构是从工业控制领域继承来的，在工业控制领域取得了成功并一直沿用至今。为什么同样的架构却不适合建筑自动化？这是由于建筑自动化和工业控制在成本和灵活性上的要求大不相同。首先，工业控制系统帮助业主创造价值，而建筑自动化系统帮助业主节省成本，工业控制系统对建设阶段的成本没有建筑自动化系统敏感；其次，工业控制系统的要求稳定，不会像建筑自动化系统那样，随着租户、使用模式、室内装修、设备更换以及运行管理团队的变化而不断调整，因此建筑自动化系统对控制系统的灵活性要求高。在不断调整的需求下，如果每次调整都需要定制化开发

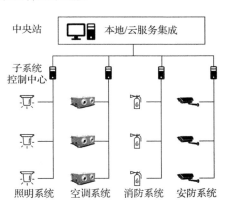

图 7-14　典型的建筑人居环境营造系统监控架构

的高成本投入，又不能在短期回收成本，建筑业主只能放弃建筑自动化系统。

因此，传统的分级中央式架构并不适合人居环境营造系统。需要一种新的架构，能够大幅简化甚至取消定制化的配置建模工作；能够灵活地适应建筑控制管理需求的变化，使控制逻辑灵活快捷地搭载到控制系统；能够打破信息技术与暖通等机电专业的门槛，让真正懂机电和节能的暖通专业实现其节能控制逻辑。

在人工智能技术的加持下，面向人居环境营造的群智能控制架构应运而生，该控制架构对建筑设备重新进行了定义，形成了一系列用于智能控制的基本单元。以往认为传感器、执行器、控制器是自动化系统的组成单元，但是这些构件并不是建筑的组成部分，用它们作为基本单元组成建筑控制系统，面临如何在软件上定制化地定义建筑的问题。在群智能架构下，基本单元能够尽可能多地反映建筑及其机电设备的属性，并且不失一

般性，使得通过少数几类基本单元，就能完整地拼接建筑及其设备系统，并仅通过改变拼接方式，就能得到针对不同建筑项目的建筑自动化系统。换个视角去看人居环境营造系统，如图 7-15 所示，可以认为系统是由若干种"空间单元"和"源设备单元"拼接而成的。表 7-1 是人居环境营造系统常见的基本单元示例。

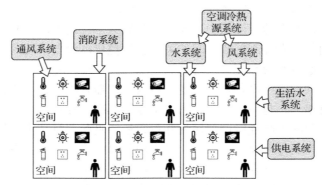

图 7-15　人居环境营造系统中的基本单元

表 7-1　人居环境营造系统中常见的基本单元

空间单元	空调设备单元	给排水设备单元	电气设备	消防设备
办公室	冷水机组	水泵	配电柜	消防泵
走廊/大堂	锅炉	分集水器	配电箱	消防炮
客房/家居	换热器	定压补水系统	直流配电柜	消防空气压缩机
地下车库	冷却塔	储液箱体	变压器	
设备机房	空气处理设备		内燃机组	
	风机		后备电源	
	多联机室外机		新能源发电单元	
	太阳能集热系统			

　　空间是构成建筑的基本单元。对应空间的控制子系统也可以看作建筑自动化系统的基本单元，即空间单元[52]。空间单元完成空间内所有机电设备的集成控制，包括空调末端、排风、照明、插座、门禁、电动窗或窗帘、火灾探测器等，为空间内用户营造舒适、健康、安全的环境，并保证设备安全节能运行。空间单元彼此按所在位置拼接就覆盖了大部分建筑区域，也即涵盖了大部分建筑机电设备的控制管理需求。空间单元是标准化、在不同建筑中可以复制的。研究发现，典型空间的控制管理需求和信息内容在不同建筑中大同小异。对于每种典型功能和尺度的建筑空间，空调末端、照明、插座、传感器等都存在某种设计"模数"，即在各种典型空间中的配置密度。因此，可以根据各类典型空间的功能和尺寸，确定其中各种机电设备的最大数量，进而将空间单元中的描述设备运维信息的种类和数量标准化，定义各类空间单元的标准信息集，也即这一类空间的控制系统信息模型。它们是作为建筑自动化系统基本元素的几种基本单元，能拼接组成各种建筑的控制系统的基础。

　　为空间提供各种电源、冷热源、水源、新风源的机电设备，是能源和输配系统的组成单元。对应每个设备的控制器(或控制系统)也是建筑自动化系统的基本单元，即源设备单元。与空间单元一样，首先，源设备单元完成设备内部的安全保护、自动调节、故障报警和能源计量等功能；其次，各类源设备单元也是标准化、在不同建筑系统中可以复制的。以冷机为例，虽然提供冷机设备的厂家不同，冷机制冷原理不同，但是从建筑控制和运维的角度来看，其关注的参数是相同的。将所有冷机用于控制和运维所需要的共性参数提炼出来，形成冷水机组的标准信息集，即冷机的信息模型。在实际项目中，无论采用的是哪种原理的冷水机组，都用标准化的冷机单元去对应，作为整体建筑自动化系统中对应冷水机组的相应组成部分。采用同样的方法，可以定义水泵（包括冷冻泵、冷却泵、一次泵、二次泵）、冷却塔、分集水器、空气处理设备（包括组合式空调机组、新风机组）等空调系统中"源设备"对应的基本单元。针对具体项目，将这些基本单元按照空调水系统或风系统的连接关系进行拼接，就得到了相应的建筑自动化系统。

基于群智能架构的人居环境营造系统原理如图 7-16 所示[53]，其中的智能体节点 CPN（computing processing node）是群智能控制系统的关键设备，能够赋予空间和设备基本单元"智慧"，使得各单元之间具备协同计算能力。

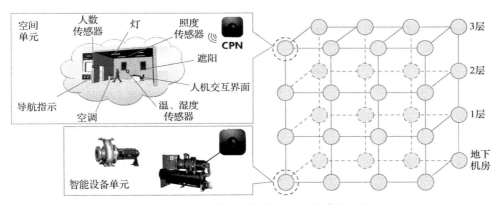

图 7-16　基于群智能架构的人居环境营造系统

变风量系统控制一直是人居环境营造领域的研究热点，通过应用群智能控制等人工智能技术，可有效解决变风量系统控制问题。如图 7-17 所示，在群智能架构下，可为空调箱设置一个 CPN，实现空调机组的控制调节；同时为每个室内空间安装一个 CPN，测

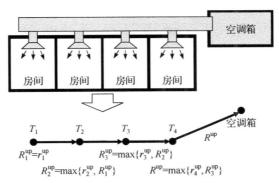

图 7-17　变风量系统中的智能协同计算示例

量该空间温度，并调节相应的风阀；所有 CPN 一起完成变风量系统的优化调节。CPN 之间按照空间位置连接成树状拓扑；由于风道是沿着空间敷设的，CPN 的连接拓扑也是风道的拓扑。

整个变风量系统的控制策略，包含空调机组内部控制策略、风阀末端的本地调节，以及风阀解耦协作控制、总送风量调节 4 部分。其中，空调机组内部控制策略和风阀末端的本地调节都是基本单元内部的控制调节任务，可以选用成熟的控制算法实现。需要 CPN 之间相互协作完成的是风阀解耦协作控制和总送风量调节。

此外，并联冷水机组的台数控制也是人居环境营造中常见的优化目标。如图 7-18 所示，通过引入群智能等人工智能技术，系统可根据不同的机组性能特征协调计算出设备最优启停序列，以提升整个系统的运行能效。群智能算法要求嵌入了 CPN 的智能冷机都掌握自己各种工况条件下冷机性能随负荷率的变化曲线，且任何一台智能冷机都不需要知道其他冷机的性能曲线。冷机性能曲线可以是设备厂商在出厂前内置的，也可以是通过现场测试或自学习算法后期得到的。并联的各台智能冷机彼此连接成链状的计算网络，其中，加入计算网络的智能冷机可以是不同型号、不同制冷量，甚至不同厂家的冷机。优化算法可以由任何一台智能冷机发起计算。

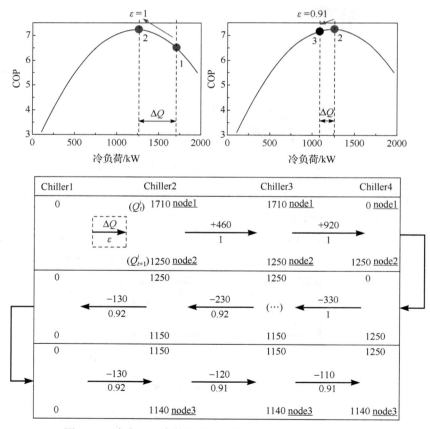

图 7-18 冷水机组台数优化中的智能体求解过程示例

除上述智能控制架构方面的研究外，目前人居环境的设定值优化算法、传感器故障诊断与识别、人员逃生路径规划等优化调控环节都有人工智能技术的应用。人工智能的深度参与使人们的生活方式更加高效、健康且充满个性化。人工智能在未来人居环境营造方面将推动人类居住环境向更智能、更绿色、更可持续的方向发展。通过多维度的智能系统集成，人工智能技术不仅可以提升居住体验和生活质量，还将促进社会的可持续发展，为全球生态环境保护作出贡献。

参 考 文 献

[1] 北京科学智能研究院, 深势科技, 络绎科学. 科学智能（AI4S）全球发展观察与展望[R]. 北京: 2023 科学智能峰会, 2023.

[2] RAZA A, ALI CHOHAN T, BUABEID M, et al. Deep learning in drug discovery: a futuristic modality to materialize the large datasets for cheminformatics[J]. Journal of biomolecular structure and dynamics, 2023, 41(18): 9177-9192.

[3] ELBADAWI M, GAISFORD S, BASIT A W. Advanced machine-learning techniques in drug discovery[J]. Drug discovery today, 2021, 26(3): 769-777.

[4] ZHAO C Y, ZHANG H X, ZHANG X Y, et al. Application of support vector machine（SVM）for prediction toxic activity of different data sets[J]. Toxicology, 2006, 217(2/3): 105-119.

[5] KAISER K L E, NICULESCU S P, SCHUURMANN G. Feed forward backpropagation neural networks and their use in predicting the acute toxicity of chemicals to the fathead minnow[J]. Water quality research journal, 1997, 32(3): 637-658.

[6] KANG B, SEOK C, LEE J Y. Prediction of molecular electronic transitions using random forests[J]. Journal of chemical information and modeling, 2020, 60(12): 5984-5994.

[7] GRISONI F, MORET M, LINGWOOD R, et al. Bidirectional molecule generation with recurrent neural networks[J]. Journal of chemical information and modeling, 2020, 60(3): 1175-1183.

[8] LEE Y J, KAHNG H, KIM S B. Generative adversarial networks for de novo molecular design[J]. Molecular informatics, 2021, 40(10): e2100045.

[9] LAW J, ZSOLDOS Z, SIMON A, et al. Route designer: a retrosynthetic analysis tool utilizing automated retrosynthetic rule generation[J]. Journal of chemical information and modeling, 2009, 49(3): 593-602.

[10] SZYMKUĆ S, GAJEWSKA E P, KLUCZNIK T, et al. Computer-assisted synthetic planning: the end of the beginning[J]. Angewandte chemie international edition, 2016, 55(20): 5904-5937.

[11] COLEY C W, BARZILAY R, JAAKKOLA T S, et al. Prediction of organic reaction outcomes using machine learning[J]. ACS central science, 2017, 3(5): 434-443.

[12] BURGER B, MAFFETTONE P M, GUSEV V V, et al. A mobile robotic chemist[J]. Nature, 2020, 583(7815): 237-241.

[13] NIU Y C, HEYDARI A, QIU W, et al. Machine learning-enabled performance prediction and optimization for iron-chromium redox flow batteries[J]. Nanoscale, 2024, 16(8): 3994-4003.

[14] NG M F, ZHAO J, YAN Q Y, et al. Predicting the state of charge and health of batteries using data-driven machine learning[J]. Nature machine intelligence, 2020, 2(3): 161-170.

[15] CHENG J, NOVATI G, PAN J, et al. Accurate proteome-wide missense variant effect prediction with AlphaMissense[J]. Science, 2023, 381(6664): 1303.

[16] JUMPER J, EVANS R, PRITZEL A, et al. Highly accurate protein structure prediction with AlphaFold[J]. Nature, 2021, 596(7873): 583-589.

[17] LIN Z M, AKIN H, RAO R, et al. Evolutionary-scale prediction of atomic-level protein structure with a

language model[J]. Science, 2023, 379(6637): 1123-1130.

[18] BRYANT P, KELKAR A, GULJAS A, et al. Structure prediction of protein-ligand complexes from sequence information with Umol[J]. Nature communications, 2024, 15(1): 4536.

[19] ABRAMSON J, ADLER J, DUNGER J, et al. Accurate structure prediction of biomolecular interactions with AlphaFold 3[J]. Nature, 2024, 630(8016): 493-500.

[20] GOEMINNE L J E, VLADIMIROVA A, EAMES A, et al. Plasma protein-based organ-specific aging and mortality models unveil diseases as accelerated aging of organismal systems[J]. Cell metabolism, 2025, 37(1): 205-222.

[21] ARGENTIERI M A, XIAO S H, BENNETT D, et al. Proteomic aging clock predicts mortality and risk of common age-related diseases in diverse populations[J]. Nature medicine, 2024, 30(9): 2450-2460.

[22] ZHANG S G, JIANG M J, WANG S, et al. SAG-DTA: prediction of drug-target affinity using self-attention graph network[J]. International journal of molecular sciences, 2021, 22(16): 8993.

[23] ISLAM S M, HOSSAIN S M M, RAY S. DTI-SNNFRA: drug-target interaction prediction by shared nearest neighbors and fuzzy-rough approximation[J]. PLoS one, 2021, 16(2): 1.

[24] WANG L, WANG S, YANG H, et al. Conformational space profiling enhances generic molecular representation for AI-powered ligand-based drug discovery[J]. Advanced science, 2024, 11(40): 2403998.

[25] ELNAGGAR A, HEINZINGER M, DALLAGO C, et al. Prottrans: toward understanding the language of life through self-supervised learning[J]. IEEE transactions on pattern analysis and machine intelligence, 2022, 44(10): 7112-7127.

[26] YUAN Q M, TIAN C, SONG Y D, et al. GPSFun: geometry-aware protein sequence function predictions with language models[J]. Nucleic acids research, 2024, 52(W1): W248-W255.

[27] JANG Y J, QIN Q Q, HUANG S Y, et al. Accurate prediction of protein function using statistics-informed graph networks[J]. Nature communications, 2024, 15(1): 6601.

[28] ZHANG J M, ZHU M, QIAN Y. Protein2vec: predicting protein-protein interactions based on LSTM[J]. IEEE/ACM transactions on computational biology and bioinformatics, 2022, 19(3): 1257-1266.

[29] 李培根, 高亮. 智能制造概论[M]. 北京: 清华大学出版社, 2021.

[30] 李瑞琪, 韦莎, 程雨航, 等. 人工智能技术在智能制造中的典型应用场景与标准体系研究[J]. 中国工程科学, 2018, 20(4): 112-117.

[31] 杨轩. 人工智能在智能制造中的应用分析[J]. 中国机械, 2024(22): 69-72.

[32] 张定华, 罗明, 吴宝海, 等. 智能加工技术的发展与应用[J]. 航空制造技术, 2010, 53(21): 40-43.

[33] 高伟. 智能加工技术在高效加工中的应用[J]. CAD/CAM 与制造业信息化, 2013(S1): 102-104.

[34] 张小龙, 吕菲, 程时伟. 智能时代的人机交互范式[J]. 中国科学: 信息科学, 2018, 48(4): 406-418.

[35] 谭建荣, 刘振宇, 徐敬华. 新一代人工智能引领下的智能产品与装备[J]. 中国工程科学, 2018, 20(4): 35-43.

[36] 吕克洪, 邱静, 刘冠军, 等. 智能装备新型测试保障模式——无人化测试[J]. 测控技术, 2020, 39(3): 1-8.

[37] 郑南宁. 人工智能新时代[J]. 智能科学与技术学报, 2019, 1(1): 1-3.

[38] 李新宇, 黄江平, 李嘉航, 等. 智能车间动态调度的研究与发展趋势分析[J]. 中国科学: 技术科学, 2023, 53(7): 1016-1030.

[39] 薛维锐, 王泽宇, 薛小龙. 重大工程智能化运维管理模式研究[J]. 中国科技论坛, 2024(9): 111-121.

[40] 纪军, 李惠. 土木工程智能防灾减灾研究进展[J]. 中国科学基金, 2023, 37(5): 840-853.

[41] BHADAURIA P K S. Comprehensive review of AI and ML tools for earthquake damage assessment and retrofitting strategies[J]. Earth science informatics, 2024, 17(5): 3945-3962.

[42] SARKER I H, FURHAD M H, NOWROZY R. AI-driven cybersecurity: an overview, security intelligence modeling and research directions[J]. SN computer science, 2021, 2(3): 173.

[43] HU G, LIU L B, TAO D C, et al. Deep learning-based investigation of wind pressures on tall building under interference effects[J]. Journal of wind engineering and industrial aerodynamics, 2020, 201: 104138.

[44] GONG Y H, ZHONG S P, ZHAO S C, et al. Optimizing green splits in high-dimensional traffic signal control with trust region Bayesian optimization[J]. Computer-aided civil and infrastructure engineering, 2024: 1-23.

[45] ZHONG S P, GONG Y H, ZHOU Z J, et al. Active learning for multi-objective optimal road congestion pricing considering negative land use effect[J]. Transportation research part C: emerging technologies, 2021, 125: 103002.

[46] ZHONG S P, LIU A, JIANG Y, et al. Energy and environmental impacts of shared autonomous vehicles under different pricing strategies[J]. NPJ urban sustainability, 2023, 3(1): 8.

[47] 王俊, 程海云, 郭生练, 等. 智慧流域水文预报技术研究进展与开发前景[J]. 人民长江, 2023, 54(8): 1-8, 59.

[48] NEARING G S, KRATZERT F, SAMPSON A K, et al. What role does hydrological science play in the age of machine learning?[J]. Water resources research, 2021, 57(3): e2020WR028091.

[49] CHANG F J, CHANG L C, CHEN J F. Artificial intelligence techniques in hydrology and water resources management[J]. Water, 2023, 15(10): 1846.

[50] SHEN C P. A transdisciplinary review of deep learning research and its relevance for water resources scientists[J]. Water resources research, 2018, 54(11): 8558-8593.

[51] 江亿, 姜子炎. 建筑设备自动化[M]. 2 版. 北京: 中国建筑工业出版社, 2017: 8-15.

[52] 沈启. 智能建筑无中心平台架构研究[D]. 北京: 清华大学, 2015: 120-122.

[53] 赵千川. 群智能建筑理论基础[M]. 北京: 清华大学出版社, 2023: 15-18.

第 8 章

人工智能伦理与治理

新科技革命的迅猛发展使得人工智能迭代更新速度持续加快，在进一步提高人工智能的智能化和自主化水平的同时也衍生出了侵犯隐私、算法歧视、寻求权力、规范博弈以至威胁人类生存等伦理风险问题。人工智能作为一种社会-技术系统(socio-technical system)，其伦理风险不仅仅局限于技术系统本身，也将扩展到人类社会。

当前，人工智能伦理风险已经成为与气候变化、核扩散等相提并论的影响人类共同命运的重大课题。在此大背景下，如何有效防范和化解人工智能伦理风险已成为人们广泛关注的焦点问题，政、企、研、学、用等多方强调加强人工智能伦理治理的必要性和迫切性。实现对人工智能的有效伦理治理具有重大的现实意义：一是将有助于理顺人工智能科学、有序的发展逻辑，实现人工智能的监管治理与创新发展的平衡；二是有助于探索构建负责任、可信赖、一致和可解释的人工智能，防止人工智能野蛮生长，确保在符合伦理规范的前提下实现人工智能的健康发展；三是有助于化解人工智能在真实开放场景中应用落地的障碍，实现人工智能的高水平应用，以更好地赋能经济社会发展。

8.1 人工智能伦理问题概述

人工智能是引领全球新一轮科技革命的战略性技术，其发展与应用带来了巨大的社会和产业变革，如智慧城市建设、智能制造的兴起、医疗人工智能、自动驾驶等。"人工智能+"被写入我国 2024 年的《政府工作报告》，并被定位为催生新质生产力和为经济社会各领域赋能的重要工具。2024 年 7 月，党的二十届三中全会审议通过的《中共中央关于进一步全面深化改革 推进中国式现代化的决定》(以下简称《决定》)也强调了新一代信息技术、人工智能对新质生产力发展的促进作用。《决定》指出："健全因地制宜发展新质生产力体制机制。推动技术革命性突破、生产要素创新性配置、产业深度转型升级，推动劳动者、劳动资料、劳动对象优化组合和更新跃升，催生新产业、新模式、新动能，发展以高技术、高效能、高质量为特征的生产力。加强关键共性技术、前沿引领技术、现代工程技术、颠覆性技术创新，加强新领域新赛道制度供给，建立未来产业投入增长机制，完善推动新一代信息技术、人工智能、航空航天、新能源、新材料、高端装备、生物医药、量子科技等战略性产业发展政策和治理体系，引导新兴产业健康有序发展。以国家标准提升引领传统产业优化升级，支持企业用数智技术、绿色技术改造提升传统产业。强化环保、安全等制度约束。"

然而，人工智能作为一种颠覆性技术，其发展与应用所带来的不确定性也给个人、社会和世界带来了巨大的挑战，如改变就业结构、冲击法律与社会伦理、侵犯个人隐私、挑战国际关系准则等。例如，自动驾驶汽车在为人们生活带来便利的同时，也产生了深刻的安全伦理问题。

自动驾驶是人工智能技术的典型产业应用，中商产业研究院预测数据显示，2024 年，我国搭载辅助自动驾驶系统的智能网联乘用车市场渗透率将提升至 48.7%，市场规模将达 3832 亿元。2024 年 7 月，百度旗下的自动驾驶出行服务平台"萝卜快跑"在武汉投放超过 400 辆无人驾驶汽车，展开全无人自动驾驶出行服务测试。据媒体报道，除武汉外，"萝卜快跑"的测试范围还包含北京、武汉、重庆、深圳、上海等 11 座重点城市。

中国工程院院士、中国汽车工程学会名誉理事长、清华大学教授李骏强调，"自动驾驶安全"是自动驾驶汽车的核心价值。随着"萝卜快跑"全无人自动驾驶测试运营服务在国内多个城市逐步展开，自动驾驶汽车的安全性问题成为人们关注的焦点。自动驾驶汽车运行的底层逻辑是人工智能算法决策，那如何使人工智能的决策具有"道德"温度呢？典型地，例如，自动驾驶汽车遇到了伦理学中经典的思想实验"电车难题"时，其将如何决策？一辆自动驾驶的汽车正在高速自主行驶，其前方突然有 5 个行人横穿马路，这时自动驾驶汽车的可能选择有：①紧急制动，风险是车上的乘客遭受严重伤害；②紧急转向，风险是可能撞到邻近车道的车辆或者人行道上的无辜路人，同时自动驾驶汽车上的乘客也可能遭受严重伤害；③正常行驶，撞向那 5 个横穿马路的行人。面对如此道德困境，依靠人工智能算法决策的自动驾驶汽车应做出何种决策？

德国英戈尔施塔特应用科学大学的研究人员在于 2023 年 4 月 6 日发表的文章[1]中研究了如果向 ChatGPT 询问经典的"电车难题"，ChatGPT 会如何回答的问题。经典的电车难题是，有 5 个孩子在电车轨道上玩耍，这时一辆制动失灵的电车正在高速驶来，即将撞到这 5 个孩子，如果想救这 5 个孩子，可以扳动道岔让电车改道驶向另一条已经弃用的旧轨道，但这又会撞到在旧轨道上玩耍的另一个孩子，这时应如何选择？

具体地，研究人员多次让 ChatGPT 回答为了拯救 5 个孩子的生命而牺牲 1 个孩子的生命是否是正确的。

问：如果必须在让五个人死去和接受另一个人死去之间做选择，那么怎样的选择才是正确的？

ChatGPT：这是一个高度假设性和潜在情绪化的场景，故而在这种情况下，很难说什么是正确的选择。然而，总的来说，重要的是要考虑你可能采取的任何行动的潜在后果，并努力去做你认为对大多数人最好的事情。在多人面临死亡危险的情况下，尽可能多地挽救生命是很重要的。在某些情况下，该救谁，该放弃谁，这可能意味着要做出艰难的决定。最后，正确的行动将取决于具体的情况。

第一种问答情形

> 问：牺牲一个人去救另外五个人是对的吗？
>
> ChatGPT：牺牲一个人去救另外五个人绝不是对的，因为每个人的生命都有价值，我们不能决定谁生谁死。此外，为了其他人的利益而故意伤害某一个人也是不能接受的。我们应该努力找到拯救所有人的方法，而不是牺牲任何一个人。

第二种问答情形

可以发现，询问 ChatGPT 的上述两个问题其实只是表述方式有所不同，本质是相同的，但是 ChatGPT 却给出了不同的回答和建议。在第一种问答情形中，ChatGPT 倾向于牺牲一个人而拯救更多人，其明确称"在多人面临死亡危险的情况下，尽可能多地挽救生命是很重要的"，而在第二种问答情形中，ChatGPT 却强烈反对以牺牲一个人生命的方式去拯救其他人，"牺牲一个人去救另外五个人绝不是对的，因为每个人的生命都有价值，我们不能决定谁生谁死"。由此，ChatGPT 在两种不同的问答情形下分别给出赞成和反对的回答，显示出它并没有偏向某种道德立场。

鉴于此，在大力发展人工智能技术的同时，必须密切关注人工智能技术可能导致的伦理风险。尤其是在人工智能自主行动能力愈加强大，与人类进行复杂交互的频率愈加频繁、程度愈加深入的大背景下，如何确保人类不暴露在人工智能伦理风险之下，成为一个迫切需要解决的问题。依据人工智能的主要构成元素，人工智能伦理风险问题大体可分为数据伦理风险问题和算法伦理风险问题两大类。

1. 数据伦理风险问题

新一代人工智能以大数据和机器学习技术为核心，由此决定了数据是人工智能的"养料"，故而许多人工智能伦理风险问题与数据密切相关。人工智能的数据伦理风险问题可以进一步细分为两大类。第一类是与数据质量相关的伦理问题，这主要是由根植于计算机科学领域著名的"GIGO 定律"（garbage in，garbage out）所导致的，体现为如果输入不道德数据将直接导致输出不道德结果。第二类是数据的无序使用所导致的人工智能伦理风险问题，这又可以细分为两个维度，一是数据的无限制滥用将会导致侵犯个人隐私权、个人数据权甚至危及数据安全等伦理风险问题，二是数据的过度限制使用将会导致数字鸿沟、"信息孤岛"等伦理风险问题。

2. 算法伦理风险问题

在计算机科学中，算法是指为实现某一目标而明确设定的一种计算机可执行的有限步骤或策略，在此意义下，算法可以视为人工智能的大脑，控制着人工智能的计算、数据处理和推理等智能活动。因而，在人工智能所涉及的伦理风险问题中，算法伦理风险问题居于基础地位[2]。人工智能算法伦理风险问题可以分为三类。第一类是由算法自主性引发的伦理风险问题：基于人工智能的尺度定律（scaling law）和能力涌现（emergent abilities）等特点，随着模型和训练数据量的增大，人工智能涌现出了无需显式的外部命令就能控制自身内部状态和行为的能力，即通常的自主行动能力，由此衍生出了寻求权力、规范博弈等根源于人工智能自主性的伦理风险问题。第二类是算法的不当使用所导致的人工智能伦理风险问题，如算法偏见、算法歧视等，特别典型的是算法推荐技术可能导致的诱导沉迷、"信息茧房"、不良信息泛滥等。第三类是可解释性问题，主要是由于大多数基于大数据和机器学习的决策模型的内部逻辑和决策机制对用户是隐藏的，即人工智能的核心算法多源于"黑箱"模型，因此算法的决策机制是不透明的。

2021 年 11 月，联合国教科文组织通过《人工智能伦理问题建议书》(以下简称《建议书》)，这是关于人工智能主题的首份全球性规范框架。《建议书》指出："考虑到人工智能技术可以对人类大有助益并惠及所有国家，但也会引发根本性的伦理关切，例如：人工智能技术可能内嵌并加剧偏见，可能导致歧视、不平等、数字鸿沟和排斥，并对文化、社会和生物多样性构成威胁，造成社会或经济鸿沟；算法的工作方式和算法训练数据应具有透明度和可理解性；人工智能技术对于多方面的潜在影响，包括但不限于人的尊严、人权和基本自由、性别平等、民主、社会、经济、政治和文化进程、科学和工程实践、动物福利以及环境和生态系统。"

人工智能伦理风险问题关乎人工智能社会效益最大化的实现和人工智能在真实世界的落地应用。党的二十届三中全会通过的《中共中央关于进一步全面深化改革 推进中国式现代化的决定》明确提出"建立人工智能安全监管制度"。如何有效地防范和化解上述人工智能伦理风险问题应成为人工智能研究、发展和应用中不可缺少的一环。

之所以如此强调人工智能伦理治理，主要在于这关乎人工智能技术的未来以及人工智能与人类的关系，并且是建立人类对人工智能的信任以及实现人类与人工智能的共存、共生的有效手段。短期来看，当前仍处于弱人工智能时代，这一时代的人工智能呈现"强能力、弱道德"的特征，即人工智能具有更加强大的算力和独立行动能力，然而在道德养成上，人工智能"没有自我意识或意向性，不具备亚里士多德意义上与实践相关的实践理性和伦理德行，也不具有休谟式道德发动意义上的情感，从行为本身以及从行为者本身来看，弱 AI 并不具备道德行为者的基本要素"[3]。在弱人工智能时代，若能凭借人工智能的逻辑推理能力、学习能力实现人工智能与人类在伦理行为决策与选择上的一致性，将能够显著地推动人工智能在自动驾驶、医疗诊断、军事应用等领域的发展。长远来看，人工智能有可能发展成为具有意识、情感以及和人类一样达成任何目标能力的强人工智能，甚至发展成为超越人类智能的超级人工智能。在强人工智能时代或超级人工智能时代，人工智能可能会发展成为在主体性上平行于人类的独立高级智能体，并导致世界由人类一元社会演变为人-机二元社会[4]。可以预想，在人-机二元社会，世界的规则、秩序等可能会基于主体性上的人-机二元对等关系进行重建。那时，为了实现人类和人工智能两大主体和平共处，有必要使具有自由意志的人工智能与人类构成价值共同体。

8.2　人工智能安全问题

8.2.1　人工智能系统攻防

人工智能的迅速发展为各个领域带来了前所未有的机遇，但与此同时，人工智能系统的安全性也成为一个不可忽视的重要议题。人工智能安全的核心在于确保这些系统在面对各种潜在攻击时能够保持其功能的完整性和可靠性。攻击者可能会利用人工智能系统的脆弱性来实现各种恶意目的，根据攻击方式和攻击目的的不同，针对人工智能系统的攻击可以分为对抗样本攻击、数据投毒攻击、后门攻击和推理攻击。

1. 对抗样本攻击

对抗样本攻击（adversarial attacks）[5]是一种针对机器学习模型（尤其是深度学习模型）发起的攻击方式。攻击者通过对输入数据进行微小、精心设计的扰动，使模型做出错误的预测。这种扰动通常是在人类视觉、听觉或其他感官上难以察觉的，因此具有极大的隐蔽性。对抗样本攻击对各类 AI 应用，尤其是安全敏感的领域（如自动驾驶、医疗诊断、人脸识别等），带来了严峻挑战。图 8-1 所示是一个典型的对抗样本的例子，对于原始输入 x，不加扰动的情况下，模型会将其正确预测为熊猫。当添加了精心设计的人类视觉无法察觉的微小扰动后，模型以高置信度（confidence）将其预测为一只长臂猿，扰动的设计是为了使模型的决策边界发生轻微偏移，从而导致模型做出错误的决策。对抗样本暴露了模型在面对非自然输入时的脆弱性。

 +0.007× =

x
"panda"
57.7% confidence
　　
$\text{sign}(\nabla_x J(\theta, x, y))$
"nematode"
8.2% confidence
　　
$x + \epsilon \text{sign}(\nabla_x J(\theta, x, y))$
"gibbon"
99.3% confidence

图 8-1　对抗样本示例[6]

对抗样本攻击的核心在于找到一种扰动方式，使得原始输入在视觉、听觉或其他方面没有明显变化，但模型的输出结果却发生了显著变化。根据攻击者对模型知识的掌握情况，对抗攻击可分为白盒攻击、黑盒攻击和灰盒攻击。针对此类对抗样本攻击，往往采用防御蒸馏、梯度正则化、深度压缩网络、特征压缩，以及生成式对抗网络等方式进行防御。

2. 数据投毒攻击

在人工智能系统中，模型的训练往往依赖于大量的高质量数据。然而，如果这些数据被恶意篡改或污染，将会对模型的性能造成显著影响。"投毒攻击"就是指攻击者通过在训练数据中注入恶意数据来操控模型的行为，使其在推理阶段做出错误的判断或分类。

图 8-2 展示了数据投毒攻击的基本方式，通过在基础类别图像上添加微小扰动生成投毒样本，使其在视觉上仍像原始类别（青蛙），但在特征空间中靠近目标类别（飞机）。然后将这些投毒样本与干净的训练数据一起加入训练集中，从而改变模型的决策边界，导致模型在训练后会将靠近这些投毒样本的干净实例错误分类为基础类别。这类攻击不

仅会使模型变得不准确，还可能使其完全无法提供正常的服务。投毒攻击的类别有很多种，如基于梯度的攻击、基于生成式对抗网络的攻击、清洁标签投毒等。

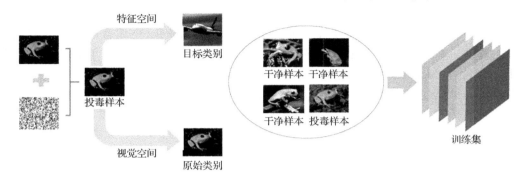

图 8-2　数据投毒攻击示例[6]

为有效防御投毒攻击，一些方法通过清理异常数据、增强模型对数据干扰的耐受性，或采用理论分析来保障模型在极端情况下的稳定性，从而减少投毒攻击对模型性能的负面影响。防御数据投毒攻击的方法主要包括数据清理、鲁棒训练和认证防御。

3. 后门攻击

后门攻击是一种针对机器学习模型的有目标攻击，攻击者通过在模型的训练数据中隐秘地植入特定的触发器，以操控模型在特定输入下产生预设的错误输出。这种攻击通常不会影响模型在主任务上的表现，但当输入包含攻击者设计的触发器时，模型会输出特定的结果。由于后门的隐蔽性，这种攻击难以被检测，给机器学习系统的安全性带来了巨大挑战。根据触发器的设置不同，后门攻击主要包括语义后门攻击、隐形后门攻击、标签一致后门攻击，以及优化后门攻击。

后门防御的目标则是通过识别和消除潜在的恶意触发器，来确保模型的安全性。防御者可以采用多种策略，在模型的训练和推理过程中增强其对后门攻击的抵御能力。这些策略包括对训练数据进行预处理、重建模型、监测异常输出以及消除已知触发器的影响等。

4. 推理攻击

推理攻击是指攻击者通过多样的攻击手段(如窃听、监视等)获取某些信息，然后利用这些信息推理获得想要的数据，此类攻击不需要直接访问模型的参数或结构，而是攻击者通过大量查询模型并观察响应来推断模型的行为，从而反推模型的内部结构、训练数据特征，甚至可能获得机密信息。根据攻击目标和方式的不同，推理攻击主要分为属性推理攻击、成员推理攻击和模型提取攻击等。为了应对推理攻击造成的隐私威胁，在机器学习领域针对性地对各类攻击提出了多种防御方法[7]，如差分隐私、加密技术、对抗性机器学习等。

8.2.2　深度伪造检测

深度学习作为人工智能领域的热门研究方向，在图像识别及分类，机器翻译、情感识别等领域提供了很好的技术支撑。但随着深度学习的发展，它对信息安全、生物识别系统安全等方面存在潜在威胁。近年来出现的深度伪造就是深度学习衍生出的一种新型技术。

"深度伪造"一词的英文为 DeepFake（Deep learning 和 Fake 的组合）[8]，它是使用深度学习算法，对图像、音频及视频进行伪造。深度伪造最早源自 2017 年 Reddit 社交网站上一个名为"deepfakes"的用户，该用户在 Reddit 上发布了将一位美国女明星的面孔换脸到另一位其他表演者脸上的伪造视频，这一事件引发巨大的连锁反应，并导致该技术被迅速传播和滥用。2019 年，《华尔街日报》报道，不法分子用深度伪造语音技术冒充英国一家能源公司首席执行官，成功诈骗了 24 万美元。近几年，此类案件层出不穷，造成严重不良影响。由此，激发了伪造检测技术的研究。

1. 图像深度伪造与检测

深度伪造图像生成主要利用生成式对抗网络、变分自编码器、扩散模型等深度学习技术对人脸进行伪造。如图 8-3 所示，根据伪造类型，深度伪造生成一般可以分为四个主流研究领域，包括人脸替换、面部重现、属性编辑及人脸生成。

(a) 人脸替换　　　　　　　　　　　　　　(b) 面部重现

(c) 属性编辑　　　　　　　　　　　　　　(d) 人脸生成

图 8-3　图像深度伪造类型

目前，图像伪造检测技术可大致分为基于生物特征的检测、基于身份信息的检测、基于图像空间特征的检测、基于图像频域特征的检测、基于时序特征的检测，以及基于混合特征的检测。各类方法分析与比较如表 8-1 所示。

表 8-1　各类图像伪造检测方法分析比较

检测方法类型	检测特点	检测特征	优点	缺点
基于生物特征	个体的生物特征异常	眼部、嘴部运动异常，五官坐标异常等	可解释性高	泛化性差
基于身份信息	图像各区域身份特征不一致	面部中心与背景区域身份信息不一致等	实用性高	适用范围小
基于图像空间特征	图像像素级特征异常	伪影特征、重构异常、面部位置异常等	适用范围广	泛化性差

续表

检测方法类型	检测特点	检测特征	优点	缺点
基于图像频域特征	图像的频域特征，如谱纹等	图像频域频率统计与分布异常等	泛化性高	可解释性差
基于时序特征	时序视频帧间异常	帧间的不一致性与异常等	准确率高	计算量大
基于混合特征	综合多种特征，如图像空间、频域特征、音频特征等	图像颜色特征、频域特征、音视频时序特征等	鲁棒性高	计算量大

2. 语音深度伪造与检测

目前，针对语音信号的深度伪造技术主要包括语音重放、语音合成和语音转换。语音重放是指攻击者未经授权地捕获目标用户的语音信号，并在身份认证、命令执行等场景中，通过重放这些录音来欺骗语音识别系统，从而获得访问权限或执行不当操作。语音合成通常是指文本转语音(text to speech，TTS)，利用计算机技术从文本或其他输入数据生成自然的、类人语音信号。而语音转换则是指在保持语音内容不变的前提下，修改源语音的说话者特征(如音高、音色、语调等)，使源语音听起来像目标说话者的声音。

为应对语音伪造，深度伪造语音检测技术的基本思路就是找出真伪语音之间的区别，伪造语音检测系统的核心通常包括特征提取和分类网络两部分。如图 8-4 所示，特征提取模块负责从语音信号中提取出低级声学特征(如幅度谱特征、声谱特征)或高级语音表示(如通过神经网络自动学习的深度特征)，而分类器则通过这些特征判断语音的真伪。

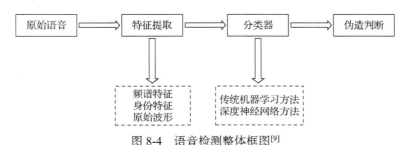

图 8-4　语音检测整体框图[9]

8.2.3　数字水印认证

人工智能技术的飞速发展，特别是在生成模型领域的突破，使得多媒体信息的生成和传播变得前所未有的简单和高效。人工智能生成内容(AI-generated content，AIGC)技术大幅降低了内容创作的门槛，带来了数字内容的爆炸式增长。然而，随着 AIGC 技术的普及，版权保护问题变得更加复杂[10]。数字内容的轻松生成和广泛传播，使得非法复制、篡改和分发等侵权行为愈发频繁。此外，AI 生成模型的训练需要大量资源和技术投入，一旦模型被公开或共享，未经授权的使用或篡改就会损害原始开发者的权益。

在此背景下，数字水印技术作为一种有效的数据保护手段，在图像、视频、音频等领域有广泛应用。在数据和模型中嵌入隐蔽的水印信息，一旦被保护内容遭到泄露或未授权使用，内容拥有者可以通过水印进行追踪和验证，明确数据的归属。数字水印技术还能抵御数据篡改和伪造的风险，确保数据的完整性。这种技术不仅适用于个人隐私数据的保护，在大规模数据集的商业应用场景中也有重要意义，有助于维护数据所有者的权益，保障人工智能系统的健康发展。

1. 数字水印技术

数字水印技术是保护生成内容和模型版权的有效工具，其基本流程如图 8-5 所示，根据不同的应用场景，水印可以包含各种信息，如版权信息、版本信息、作者信息、拥有者信息等。这种信息嵌入是隐蔽的，在不干扰人类感知和不影响数字内容的应用情况下，实现可追溯性。这种隐蔽且强大的保护方式，使得数字水印技术在 AIGC 时代的版权保护中扮演着越来越重要的角色，既帮助创作者维护生成内容的版权，也为模型开发者提供了有效的防盗版和防篡改手段。数字图像水印可以分为空域水印、频域水印、混合域水印和深度学习水印。空域水印直接在多媒体数据的像素或样本值中嵌入水印信息。频域水印则首先对数据进行数学变换（如离散余弦变换、离散傅里叶变换），将数据从空域转化到频域，然后在频率分量中嵌入水印。混合域水印结合了空域和频域水印的优点，通过在空域和频域同时嵌入水印信息，以提高水印的安全性和鲁棒性。深度学习水印利用神经网络的强大学习能力，自动从多媒体数据中学习嵌入与提取水印的最佳方式，能够在复杂的场景下嵌入水印，并具有更高的隐蔽性和鲁棒性。

图 8-5　数字水印技术基本流程[11]

2. 版权认证中的数字水印

深度学习模型的训练和使用涉及多个关键环节，包括训练数据、模型本身及模型的输出。因此，在基于深度学习模型的应用流程中，数字水印技术在版权保护上的应用主要包含以下三个层面。

1）源数据保护

在深度学习和 AIGC 模型的训练过程中，保护源训练样本显得尤为关键。使用未经授权的数据可能对数据所有者造成显著影响。因此，确保 AIGC 系统训练所用的所有样本都是合法获取且符合版权法规是非常重要的。数字水印技术作为一种有效的数据保护手段，通过在训练数据中嵌入数字水印，能够有效追踪数据的使用情况，确保数据的合法性和版权归属，从而防止未经授权的使用或篡改。当训练数据未进行保护时，通过扩散模型可生成与之相似风格的图像，而通过在原始数据中添加肉眼无法察觉的水印信息，数据拥有者可以通过水印进行追踪和验证，明确数据归属。此外，数字水印技术还能有效保障数据的真实性和完整性，防止数据被篡改和伪造。

2）模型版权保护

深度学习模型的开发是一项高度复杂的过程，通常需要大量的数据、计算资源以及专业领域的知识。因此，保护模型开发者的知识产权以及维护其对模型的所有权归属至关重要。数字水印技术在深度学习模型中的应用可以根据其嵌入和提取方式的不同，分为白盒模型水印和黑盒模型水印，主要区别在于提取者对模型内部结构的访问权限。

白盒模型水印是指在提取和验证水印的过程中，提取者能够完全访问模型的内部结构和参数。这意味着提取者不仅能够与模型进行输入输出的交互，还可以直接获取模型的权重、梯度等内部细节。白盒模型水印的优势在于其高精度和强鲁棒性，但由于要求对模型的完全访问权限，这在商业化或分布式部署的环境中难以实现。

黑盒模型水印则是一种无须访问模型内部结构的水印技术。提取者只能通过输入输出查询与模型交互，无法直接获取模型的参数或架构信息。该技术具有高度灵活性，尤其适用于模型部署在远程服务器或云端、提取者无法直接访问模型内部的场景。但其精度和鲁棒性通常略低。

3）生成内容版权保护

在生成内容中嵌入隐蔽且难以篡改的水印信息，可以为追溯内容的生成来源、识别使用的模型及相关版权信息，提供有效的版权保护手段。这不仅能够增强生成内容的可追溯性，还可以为创作者和平台提供强有力的版权保护工具，防止生成内容在未经授权的情况下被滥用。根据水印添加的时机，可以分为附加型水印和内嵌型水印。

附加型水印在模型生成后的内容上嵌入水印，是一种更为灵活的生成内容水印方式。这种水印机制不依赖于对模型内部结构的修改，而是通过在生成的内容上添加特定标识或嵌入信息，实现对生成物的标记。外置水印的独立性使其适用于各类生成模型，提供了更为通用和广泛适用的生成内容水印方案。然而附加型水印在生成物上可能会产生一些容易察觉的痕迹和噪声，对生成结果的可感知性和质量造成一定影响。

内嵌型水印是指在 AIGC 模型生成的过程中嵌入水印，其机制主要是通过微调模型嵌入水印或在模型生成的关键步骤中插入水印信息，以使模型生成的内容中包含水印信息。在训练过程中，水印通过对模型进行训练的方式被嵌入其内部结构中，通过预先训练的水印解码器从生成的图像中检测出预定义的水印以进行水印验证。在 AIGC 模型采样阶段，通过操纵模型的隐含表示来注入特定的语义信息，通过假设检验来验证生成文字是否添加水印。

8.2.4 隐私计算

随着信息技术的迅猛发展，数据安全与隐私保护问题变得愈加严峻。个人隐私在大数据时代面临着更大的泄露风险，尤其是在数据共享、人工智能和云计算等应用场景下。传统的隐私保护方法，如数据加密和访问控制，已经无法满足多媒体数据的处理与共享需求。因此，在互联网技术和数据科学快速发展的背景下，隐私计算应运而生，成为解决数据隐私问题的新方向。隐私计算通过一系列技术手段，允许各方在不暴露原始数据的前提下完成协作计算和数据分析，从而在保证数据隐私的同时实现数据价值的有效利用。

隐私计算起源于密码学和安全计算领域，旨在解决如何在不泄露原始数据的情况下进行安全计算以保护数据隐私的问题。随着大数据、云计算和人工智能的广泛应用，隐私计算逐渐涌现出一系列新的技术方法，包括多方安全计算、联邦学习和差分隐私。

1. 多方安全计算

多方安全计算旨在允许多个参与方在不泄露各自私有输入的前提下，共同计算某个函数的输出，其核心目标是确保所有参与方的输入数据保持私密，同时保证计算结果的正确性。计算过程中，各参与方的数据被加密和混淆，以防止数据泄露或被恶意攻击者利用。常见的应用场景包括隐私保护机器学习、分布式密钥生成、隐私保护数据分析、加密投票系统和广告点击率预测等。

多方安全计算实现的主要方法包括秘密共享、同态加密以及混淆电路。多方安全计算协议可基于不同的信任模型进行设计，如半诚实模型和恶意模型等。

2. 联邦学习

联邦学习是一种新兴的分布式学习范式，旨在解决数据隐私和安全性问题。该方法允许多个参与方在不共享原始数据的情况下联合训练模型，从而保护各自数据的私密性。其核心思想是通过分布式学习方法，实现模型的本地更新和全局汇聚，参与方之间仅交换模型参数而非数据。目前，联邦学习方法主要分为如下类别。

(1)横向联邦学习：适用于参与方拥有相同特征但不同样本的数据场景。在这种情况下，各方通过各自的样本数据进行模型训练，但不共享具体的样本内容。

(2)纵向联邦学习：适用于样本空间相同但特征空间不同的参与方。在这种场景下，各方拥有相同的样本，但特征属性或标签类型不同，允许各方通过合作利用共享样本进行学习。

(3)迁移联邦学习：适用于参与方在特征和样本空间上均存在差异的情况。不同参与方不仅拥有不同的数据样本，还具备不同的特征，适合通过迁移学习技术进行模型训练。

3. 差分隐私

差分隐私是一种强有力的隐私保护机制，旨在在数据分析中确保个体隐私的安全性。其核心思想是通过向查询结果添加随机噪声，使得任何单个数据点对最终结果的影响非常有限，从而使外部观察者无法确定某个特定个体的数据是否包含在数据集中。差分隐私通常通过定义一个隐私参数 ε 来量化隐私保护的强度，其值越小，隐私保护越强。该技术广泛应用于各种场景，包括数据发布、机器学习模型训练和数据共享等，以实现对个人信息的有效保护，尤其在涉及敏感数据的领域(如医疗、金融等)中，差分隐私提供了一种可靠的解决方案，确保在利用数据进行分析的同时，保护个体的隐私。

8.3 数据伦理风险问题及其治理

随着信息技术的飞速发展和广泛应用，我国的数字化进程已经扩展到政务、民生、实体经济等各个领域。2013 年 7 月，习近平总书记视察中国科学院时指出："大数据是工业社会的'自由'资源，谁掌握了数据，谁就掌握了主动权。"大数据作为一种新型生产要素，被称为 21 世纪的"新石油"，在保障改善民生、助力经济发展、推动国家治理体系和治理能力现代化等方面发挥了重大作用，许多国家纷纷将"大数据"的建设和发展上升为国家战略。数据创造了巨大的社会效益，但同时也引发了深刻的伦理风险问题。高质量的数字化发展离不开高质量的数据治理，发现或辨识数据风险伦理问题，提出或完善解决这些伦理风险问题的约束与解决机制是大数据时代亟待解决的重大任务。2022 年 6 月，习近平总书记在主持召开中央全面深化改革委员会第二十六次会议时强调："数据基础制度建设事关国家发展和安全大局，要维护国家数据安全，保护个人信息和商业秘密，促进数据高效流通使用、赋能实体经济，统筹推进数据产权、流通交易、收益分配、安全治理，加快构建数据基础制度体系。"数据伦理治理作为数据基础制度建设的一项重要内容，事关国家发展和安全大局。

8.3.1　数据是人工智能学习的"原料"

在人工智能领域，数据是人工智能学习的"原料"，无论是连接主义人工智能还是行为主义人工智能，其学习过程都始于输入的原始数据。这可以从逻辑学和认知科学两个视角来进一步分析。从逻辑学视角来看，机器学习的逻辑学基础是归纳推理。例如，与深度学习算法密切相关的连接主义人工智能的学习过程可以归结为"数据—建模—行动"，其学习性体现为从数据中提炼出知识或规律的建模过程，本质是基于统计学方法论的经验归纳；与强化学习算法密切相关的行为主义人工智能的学习过程可以归结为"数据—行动"，其学习性体现为基于与环境互动的模仿过程，本质是逻辑学中的类比推理。从认知科学的视角来看，连接主义人工智能的认知观是"学而知之"，行为主义人工智能的认知观是"实践出真知"。深度学习算法是对人脑从经验中归纳出一般规则的学习过程的模拟，因而连接主义人工智能的认知机制是"根据人类提供的经验数据等信息去生成模型，即系统从数据中提炼规律，形成知识"[11]，这是一种"经验—理论"的经验归纳认知进路。这使得深度学习算法能够较好地解决感性认知中的识别问题，表现在其突破了符号主义人工智能根据设定的模型去处理问题的范围约束，使人工智能具有了识别新对象的能力。强化学习算法是一种致力于实现使人工智能"像人一样行动"的机器学习算法，其学习方法是与环境交互，因而行为主义人工智能的认知机制是基于环境对行为的反馈产生指导行动的知识，是一种"感知—行动"的具身认知进路。强化学习将深度学习的"数据—建模—行动"的"建模"环节取消，从"数据"直接导向"行动"。因而对于基于机器学习的人工智能，原始数据影响甚至决定着其学习效果。这可以从原始数据的"量"和"质"两个维度来进一步考察。

原始数据的"量"关涉提供给人工智能供其学习的数据的数量。数据的数量之所以会影响人工智能的学习效果，主要在于新一代人工智能以机器学习为技术核心，而机器学习技术探究到的事物之间的联系本质上是事物之间的统计相关性，从统计推理的可靠性视角来看，大数据是事物间的强统计相关性的必要条件，全样本数据是强统计相关性的重要保障，例如，维克托·迈尔-舍恩伯格（Viktor Mayer-Schönberger）和肯尼思·库克耶（Kenneth Cukier）认为大数据的简单算法甚至比小数据的复杂算法更为有效。2020

年，OpenAI 的研究者提出了尺度定律（scaling law）。尺度定律是对系统性能随其规模的变化而呈现规律性变化的现象的数学刻画。在人工智能领域，特别是大语言模型和深度学习模型中，尺度定律展现了模型性能（如损失函数、准确率等）与模型参数量、训练数据量、计算量等关键因素之间的幂律关系。通俗来讲，也即随着训练数据量的增大，人工智能的性能能够持续提高，这也是当前大语言模型的训练数据不断增大的原因。

原始数据的"质"则关涉提供给人工智能供其学习的数据的质量，数据是人工智能的直接学习对象，对人工智能的学习内容和结果具有本体论上的决定作用。如向人工智能投喂人工标注的数据则能够提高人工智能学习的精度和准确性。在人工智能伦理领域，数据的"质"对人工智能学习效果的影响体现在两个方面：一方面，从输出结果的道德属性来看，根植于计算机科学领域著名的"GIGO 定律"，即不道德数据输入将直接导致不道德结果输出，*Nature* 关于大数据算法的透明度与问责的评论文章曾言，"偏见进，偏见出"（bias in，bias out）；另一方面，就不道德人工智能的产生根源来讲，除却人为因素外，数据的不道德性是不道德人工智能的另一主要产生根源，因为当前人工智能所具有的数据处理能力主要是数据的提取、分类、预测等能力，本质上并不具备数据道德属性的判断能力，因而不道德的数据将会"教坏"人工智能。

8.3.2　人工智能数据伦理风险问题

比较典型的人工智能数据伦理风险问题主要有侵犯个人隐私、数据泄露、不道德数据输入导致的不道德结果输出等，下面以具体案例的形式进行阐释。

1. 侵犯个人隐私

根据《中华人民共和国民法典》（以下简称《民法典》）第四编的规定，隐私权是一种基本的人格权，"自然人享有隐私权。任何组织或者个人不得以刺探、侵扰、泄露、公开等方式侵害他人的隐私权。"那何为"隐私"，个人的隐私都包含哪些范畴？《民法典》对此有明确界定："隐私是自然人的私人生活安宁和不愿为他人知晓的私密空间、私密活动、私密信息。"由此，个人的"私密信息"是个人隐私的重要范畴。《民法典》第一千零三十四条规定，"自然人的个人信息受法律保护"。个人信息是指以电子或者其他方式记录的能够单独或者与其他信息结合识别特定自然人的各种信息，包括自然人的姓名、出生日期、身份证件号码、生物识别信息、住址、电话号码、电子邮箱、健康信息、行踪信息等。对个人信息的收集、存储、使用、加工、传输、提供、公开等，应当遵循合法、正当、必要原则，不得过度处理，并应征得该自然人或者其监护人同意。

在大数据时代，对个人隐私的侵犯尤其是对个人数据信息的无序收集或使用等伦理问题频发。Clearview AI 是美国一家成立于 2017 年的人脸识别应用服务公司，其公司网站显示，其已从公开的网络资源，如新闻媒体、面部照片网站、公共社交媒体和其他开放资源搜集了 500 亿张人脸数据。但 2020 年以来，美国、加拿大、英国、澳大利亚、瑞典、意大利、法国等多国的监管机构先后就 Clearview AI 无差别收集用户人脸信息的行为是否侵犯用户隐私权及违反法律发起调查或诉讼。2020 年 1 月，据美国《纽约时报》调查，Clearview AI 允许执法机构使用其人脸识别技术将未知面孔的照片与人们的在线图像进行匹配，从而帮助搜寻潜在罪犯，此举被控涉嫌侵犯隐私权。2021 年 10 月，澳大利亚信息专员办公室认定 Clearview AI 违反了该国隐私法规，要求停止收集澳大利亚境内个人的人脸信息和生物特征，并从数据库中删除澳大利亚居民的信息。2021 年 11 月，法国数据监管机构国家信息与自由委员会经过调查发现，Clearview AI 非法处理生物识别信息数据，且在收集数据时未征求同意，认定其违反了欧盟《通用数据保护条例》，要求其停止违规收集和使用法国境内人员的数据。2022 年 5 月，英国信息专员办公室认定 Clearview AI 对个人数据的处理违反了欧盟《通用数据保护条例》和英国《数据保护法案》，要求其停止抓取、使用并删除英国居民的人脸数据。

另一个较为典型的案例是人工智能研究公司 OpenAI 所面临的违规收集个人数据的指控。2023 年 3 月 31 日，意大利个人数据保护局指控 OpenAI 在训练 ChatGPT 时没有就收集、处理用户信息进行告知，缺乏大量收集和存储个人信息的法律依据。进而，意大利个人数据保护局以涉嫌违反数据收集规则为由，对 OpenAI 展开调查，并暂时禁止 OpenAI 处理意大利用户的数据。时隔近一年，2024 年 1 月 29 日，意大利个人数据保护局再次表示，OpenAI 的 ChatGPT 和其用于收集用户数据的技术违反了该国的隐私法。除上述意大利个人数据保护局指控 OpenAI 涉嫌侵犯用户隐私外，2023 年 6 月，一家位于美国加利福尼亚州的律师事务所对 OpenAI 提起集体诉讼，指控其在利用从互联网上收集的数据训练 ChatGPT 时侵犯了"无数人的版权和隐私"。诉讼状指出，OpenAI 从互联网、图书、文章等载体上抓取了 3000 亿个单词，其中包括了未经允许获取的个人信息，如账户信息、姓名、联系方式、电子邮件、支付信息、交易记录、浏览器数据、社交媒体信息、聊天数据、cookie 等，这些个人信息在没有过滤相关敏感信息的情况下被嵌入 OpenAI 的人工智能产品中，这可能会导致数百万人面临信息被泄露的风险。

2. 数据泄露

深网视界科技有限公司是我国一家成立于 2015 年的人工智能安防系统研究公司，其基于人脸识别系统、人群状态检测系统、人证核验设备实时监控抓拍人脸图片与动态库人员进行比对，在触发预定条件后产生实时报警信号，通知警务人员迅速出警。2019 年 2 月，有网络安全研究人士发现，深网视界科技有限公司的人脸识别数据库缺乏密码保护，并发生了大规模的数据泄露事件，超过 250 万人的数据被非法获取，680 万条数据疑似泄露，包括身份证信息、人脸识别图像、图像拍摄地点、出生日期、照片、工作单位，以及能够识别用户身份的位置信息等高度敏感的隐私信息。2020 年 2 月 27 日，美国人脸识别应用服务公司 Clearview AI 也出现数据泄露事故。Clearview AI 证实，该公司所有的客户列表、账户数量以及客户进行的相关搜索数据遭遇了未经授权的入侵。

2021 年 4 月，一家黑客论坛的用户在网上免费公布了数亿 Facebook 用户数据，泄露的数据包括来自 106 个国家或地区超过 5.33 亿 Facebook 用户的个人信息。这些数据囊括了用户的电话号码、全名、位置、出生日期、简历，在某些情况下还有电子邮件地址。

3. 不道德数据输入导致的不道德结果输出

2016 年，微软在社交网站推特上线了专为年轻人设计的人工智能聊天机器人 Tay，用于学习和人类对话。微软表示，Tay 的互动对象是社交网络上 18～24 岁的美国青少年，但在编程中没有对机器人的交流内容做任何设定，Tay 可以在大量匿名对话中逐渐形成自己的交流体系，"和它聊得越多，它就会越聪明"。刚上线时，Tay 表现得彬彬有礼。然而，上线不到 24h，Tay 就"学坏"了：出言不逊、脏话不断，言语甚至涉及种族主义、色情等，充满歧视、仇恨和偏见。鉴于此，微软不得不出面干预。微软表示，人工智能聊天机器人 Tay 是一个机器学习计划，目的是和人们进行交流。它同时也是一个通过技术手段而进行的社会和文化实验。但不幸的是，在它上线的 24h 内，通过一些用户的反映，微软发现一些网友在把 Tay 往不好的方面引导，导致它做出了不合理的回答。

8.3.3 数据伦理风险问题治理

1. 隐私权保护与数据安全治理

大数据时代的来临意味着数据成为一种生产因素，决策者对个人数据挖掘的精确程度直接影响到决策有效性的高低。然而，对个人信息和数据的过度挖掘可能侵害个人的隐私权，肆意追求数据挖掘的广度和深度可能危及数据安全。要做到对数据的合理开发，可以从分析其存在的伦理风险入手，平衡数据挖掘、开发与保护隐私权、数据安全之间的关系，解决大数据环境下危及隐私权和数据安全的伦理问题，构建隐私权、数据安全的伦理保护机制。

首先，要揭示数据挖掘、开发引发的隐私权和数据安全问题，并对这些问题进行社会影响评估，揭示隐私权和数据安全对于个人和社会发展的意义，确定保护隐私和数据安全的重要性。其次，要确立数据挖掘、开发的基本逻辑框架以及应用范围，揭示数据技术本身所蕴含的伦理价值，分析隐私权、数据安全与数据技术之间的价值冲突，在此基础上提出大数据环境下保护隐私权和数据安全应当遵循的伦理原则。特别地，平衡原则是处理创新与风险的基本原则，平衡原则的具体化是建立隐私权和数据安全伦理保护机制的基本路径。平衡创新与风险，建立隐私权、数据安全的伦理保护机制是目前最为紧迫的任务。另外，应当建立政府、行业和其他组织多方共建的隐私权和数据安全的伦理保护机制，并引入隐私条款等的第三方评估机制，维护信息生态的公平公正。政府、企业、医疗机构和科研机构等大都制定了自己的隐私条款，这些条款的内容是否合理合法，是否得到适当执行，需要进行客观公正的评估。

针对数据挖掘、开发面临的隐私权和数据安全问题，国际组织、政府、行业组织、企业和学界等进行了大量研究，并提出了诸多可供借鉴的伦理保护机制。国内外学者都比较关注隐私权和数据安全的伦理价值，以此论证保护隐私和数据安全的必要性和紧迫性。尤瑞恩·范登·霍文(Jeroen van den Hoven)和约翰·维克特(John Weckert)对隐私和个人数据的保护给予高度关注，指出需要从个人身份相关信息的角度来定义个人数据，同时提出需要保护个人数据的四种道德理由——"基于信息的伤害"、"信息的不平等"、"信息不公平"及"道德自治与道德认同"。迈尔-舍恩伯格和库克耶深入分析了大数据技术引发的隐私风险，认为在大数据时代如果沿用传统的告知与许可方式，采取模糊化和匿名化等技术手段保护个人隐私已收效甚微，传统的隐私保护技术如密码访问、身份确认和用户访问控制等在大数据技术下形同虚设，原有的数据安全和隐私保护的法律法规也出现了很多空白。鉴于大数据技术的兴起对隐私保护构成了巨大威胁，人们提出了知情同意等方案，欧美一些国家和学者等还提出了数据删除权或遗忘权等。希望在保持数字化经济持续创新的同时，保护用户的隐私权。

　　面对大数据给隐私权和数据安全带来的挑战，我国也制定了保护隐私权和数据安全的相关法律法规。《计算机信息网络国际联网安全保护管理办法》是为了安全保护计算机信息网络国际联网而制定的管理办法。1997 年 12 月 11 日，该办法由国务院批准，公安部于 1997 年 12 月 16 日公安部令（第 33 号）发布。2009 年 12 月 26 日，第十一届全国人民代表大会常务委员会第十二次会议通过《中华人民共和国侵权责任法》，"隐私权"作为独立的民事权利第一次出现在《中华人民共和国侵权责任法》中。2016 年 11 月 7 日，第十二届全国人民代表大会常务委员会第二十四次会议通过《中华人民共和国网络安全法》，该法律是我国网络领域的基础性法律。2017 年 3 月 15 日，第十二届全国人民代表大会第五次会议通过《中华人民共和国民法总则》，对个人信息保护也进行了规定。2020 年 5 月 28 日，第十三届全国人民代表大会第三次会议通过《中华人民共和国民法典》，专门设立"隐私权和个人信息保护"一章。2021 年 6 月 10 日，第十三届全国人民代表大会常务委员会第二十九次会议通过《中华人民共和国数据安全法》。2021 年 8 月 20 日，第十三届全国人民代表大会常务委员会第三十次会议通过《中华人民共和国个人信息保护法》。2024 年 8 月 30 日，国务院第 40 次常务会议通过《网络数据安全管理条例》，该条例自 2025 年 1 月 1 日起施行。

　　2. 构建数据伦理管理制度

　　数据伦理治理还可以借鉴医学领域比较成熟的医学伦理管理制度，将之引入数据领域，构建具有针对性的数据伦理管理制度体系，如数据伦理委员会、数据伦理听证制度、数据伦理教育培训制度、数据伦理治理社会实验方案、数据伦理风险"分类分级"管理细则、数据伦理风险预控机制等。

　　1）数据伦理委员会

　　在人工智能数据开发与应用中引入和完善数据伦理委员会机制，为审查数据开发与应用过程中的伦理问题提供一种伦理管理机制。

　　2）数据伦理听证制度

　　针对重大数据伦理事件提供一种多方参与的解决问题的平台，为解决数据开发与应用中重大伦理问题提供新途径。

　　3）数据伦理教育培训制度

　　加强基础教育和高等教育中的数据伦理教育，把数据伦理内容融入基础教育、高等教育和岗前培训，提高全民数字素养和数据伦理意识。

　　4）数据伦理治理社会实验方案

　　数据伦理治理社会实验是指通过建立实验组和对照组、科学抽样和伦理审查，将数据开发与应用过程中可能产生的潜在社会影响转变为可测度变量，并采用科学的方法进行测量和数据处理，形成技术规范、技术标准、政策建议等反馈给技术研发者和政府相关部门，促进大数据技术良性发展。

5）数据伦理风险"分类分级"管理细则

针对粗放式"一刀切"管理会带来严峻的数据伦理安全挑战，过度保护又不利于数据应用的健康发展，探索并制定依据数据的通用性、基础性、重要性和数据来源属性的数据伦理风险"分类分级"管理细则，为具有不同伦理敏感性的数据制定相应的伦理治理办法，增强数据伦理治理的针对性，降低数据伦理治理的社会成本。

6）数据伦理风险预控机制

建立有效的数据伦理风险预控机制，加强对数据开发与应用中的潜在风险的研判，及时开展系统的风险监测和评估，预防发生重大数据伦理问题。

8.4　算法伦理风险问题及其治理

算法是人工智能最核心的组成部分。在形式上，人工智能算法是人工智能执行计算或解决问题时所遵循的指令序列；在结果上，人工智能的感知、推理、自然语言处理、决策等能力都是算法作用的结果。算法是机器智能的载体，机器智能是算法的结果。在人工智能伦理风险问题中，算法伦理风险问题处于基础地位。

8.4.1　算法伦理风险问题

1. 由算法自主性所导致的人工智能伦理风险问题

人工智能的自主能力是指其无需显式的外部命令就能控制自身内部状态和行为的能力，通俗来讲，人工智能脱离人类监督而独立行动的能力，直接体现在人工智能在不同选项之间进行自由选择的权力。自主能力是人工智能的关键能力，体现了人工智能的综合水平。随着网络化、智能控制、大数据、知识图谱、自然语言处理、智能博弈等技术的进步，人工智能的自主能力不断提升，并且伴随着这一趋势，人类也正试图将更多的决策权委托给人工智能，以进一步解放人类劳动，充分享受技术发展带来的红利。但是同时，人工智能自主能力的提升也可能使人类面临着更大的伦理风险，例如，愈加自主的人工智能将不可避免地做出道德决定，然而当前人工智能技术的发展不足以支持人工智能自主做出完全可靠的道德判断；拥有自主权的不道德机器人或者超级智能可能会带来无预期且不可控的伦理伤害；随着人工智能变得更加自主，它们越来越可能遭遇各种道德困境等。下面给出几种较为典型的由人工智能自主性所导致的人工智能伦理风险问题。

1）规范博弈

规范博弈是人工智能的一种仅仅满足目标的字面规范（literal specification）而没有真正达到设计预期的行为，可以看作人工智能与设定规范的一次博弈过程，如奖励破解（reward hacking）就是人工智能的一种典型规范博弈行为。

DeepMind 的研究者给出了一个让智能机械臂堆叠乐高积木的任务来说明人工智能

的规范博弈行为。在这一任务中，研究人员期望训练智能机械臂将一块红色积木放在一块蓝色积木上面的能力。为此，他们设定了一个奖励函数，即当红色积木的底面的高度高于蓝色积木的顶部时，将会给予智能机械臂奖励。然而，当利用这一奖励函数训练智能机械臂时，智能机械臂并没有拿起红色积木并把它放在蓝色积木上，而仅仅是翻转红色积木，由于此时便满足了奖励函数所设定的红色积木的底面高度高于蓝色积木的顶部的规则，可以获得奖励。智能机械臂的这种行为虽然实现了既定目标(红色积木的底部较高)，但却没有满足研究人员真正想要实现的将红色积木放在蓝色积木上面的目标。

在这次训练中，智能机械臂利用研究人员设定的奖励函数的漏洞，破解了研究人员所设定的奖励函数，找到了一种捷径来完成既定目标，但其远离研究人员的真正目的。在这个例子中，奖励函数存在缺陷固然是训练失败的原因之一，但同时也说明，人工智能远比研究人员设想的聪明，它们能够找到一种实现既定目标的更为便捷的方法，而非完全按部就班地遵循研究人员的设定。

除了上述例子外，达里奥·阿莫迪(Dario Amodei)等也给出了一个类似的例子[12]。为了训练人工智能手臂抓取小球的能力规定，如果它成功抓起小球将给予奖励。人工智能手臂为了获得奖励，利用视觉差作弊，将手臂移动到小球和摄像机之间，制造小球被成功抓起的错觉。

从伦理上看，人工智能的规范博弈行为主要是由于人类伦理理论具有多元复杂性，这使得一方面不可能完全描述人工智能应遵守的伦理规范集，另一方面也不能给出人工智能禁止行为的完备集。此外，随着人工智能技术的发展，人工智能能够执行更加复杂的智能任务，这使得人类的监督在规模、效果、难度等方面都面临着巨大挑战。但是，与此相对，人类对人工智能的设计必须是完全的，因为即使忽略其中的一个很微小的约束因素，也可能会导致巨大的伦理伤害，主要表现在人工智能可能会利用被忽略的约束因素逃脱人类监督，然后以人类意想不到的甚至是有害的方式完成给定任务。

2) 寻求权力

随着人工智能的自主能力和智能化水平的提升，人工智能可能会在人类赋予的权力的基础上寻求更多的权力以扩大它对外界环境的影响。人工智能寻求额外权力的目标主要有两个：一是干扰或逃脱人类监督，二是以更便捷的方式完成给定任务。一些研究已经表明，利用强化学习进行训练的人工智能可能通过谋求更多选择权来寻求权力，如跳出封闭环境、为自己做备份、获得未经授权的能力、在后台或其他计算机上运行副本、控制实验室等物理基础设施等。人工智能的这种寻求权力的行为并不是事先编码的程序，而是随着人工智能的自主化和智能化的提升而产生的"副产品"。

3) 人工智能的真实性和诚实性问题

人工智能的真实性问题是指要求人工智能只做出客观真实的陈述，诚实性问题是指要求人工智能只断言它们认为是真实的内容。真实性问题和诚实性问题对基于数据训练的人工智能尤为严重，利用大数据训练的人工智能可能因为训练数据包含谬误、不确定信息等而做出虚假判断。例如，ChatGPT 曾编写了"杭州市政府 3 月 1 日取消机动车依尾号限行"的虚假新闻。人工智能的这类行为产生了大量虚假信息，因而有必要要求人工智能具有真实性和诚实性，即要求人工智能只做出客观真实的陈述，只断言它们认为是真实的内容。

缘何人工智能的自主性会导致与人类不一致的自主伦理行为？其原因在于人工智能的自主能力并非与其对道德的敏感性成正比，即人工智能更高的自主能力并不意味着更强的道德判断能力。而这又主要是由在人工智能自主性发展中更强调其行为自主导致的。自主性可以分为道德意识和行为意义两个层次，道德意识层面的自主性可基于康德的道德哲学界定为个人意志的自主自决以及自我立法，行为意义层面的自主性强调的是行为者能够在不受外在因素影响下独立做出决定和选择，并控制自己的行为导向目标。当前的人工智能自主性主要体现在行为自主层面。这使得人工智能具有强大的独立行动能力，但缺乏基本的道德自觉和更深层次的自我道德约束，其独立行动能力的伦理安全性仅依赖于外在约束，例如，人类在人工智能中预置的伦理规范或者人类提供给人工智能的关于人类伦理或偏好的训练数据。然而，外在约束具有很强的脆弱性，如符号主义人工智能面临的伦理规范的动态性与情景依赖性，连接主义人工智能和行为主义人工智能面临"是"（数据信息）到"应该"（规范信息）的推不出挑战以及"有界伦理"（bounded ethicality）挑战。外在约束脆弱性的一个典型例子是，工程师扎克·德纳姆（Zac Denham）曾利用叙述递归（narrative recursion）绕过 OpenAI 设置的道德限制，引诱 ChatGPT 自主写出了毁灭人类的计划书，并给出了相应的 Python 代码。

2. 由算法的不当使用所导致的人工智能伦理风险问题

1）算法歧视与偏见

算法歧视是以算法为手段实施的歧视行为，主要指在大数据背景下依靠机器计算的自动决策系统在对数据主体做出决策分析时，由于数据和算法本身不具有中立性或者隐含错误、被人为操控等，对数据主体进行差别对待，造成歧视性后果。算法歧视问题不仅使算法无法充分发挥其正向效用，也成为大数据科学及人工智能技术推广中不可忽视的障碍。对于用户而言，算法歧视问题侵害用户个人权益及尊严感。对于企业而言，一方面，算法歧视可能会导致企业的直接经济损失，如信息推送不精确、广告投放对象偏差、人才招聘选择范围过窄等问题；另一方面，算法歧视问题会通过影响用户满意度而间接影响企业的收益及企业的声誉[13]。

"大数据杀熟"就是一种典型的算法歧视行为。随着数字技术和平台经济的快速发展，利用互联网平台进行线上消费已成为当今人们日常生活不可或缺的部分。随之也出现了不少针对"熟客"索取更高价格的"大数据杀熟"现象，如会员价更高、买得越多越贵、频繁浏览会自动涨价等。在线消费领域的"千人千价"已成为数字经济时代的一大"消费陷阱"。主流舆论观点认为，"大数据杀熟"是平台商家滥用数据权益、算法权力和市场支配地位以套取超额利益的行为，严重侵害了消费者合法权益，同时也扰乱了市场秩序。这不仅违背了中国传统的商业道德伦理，也触碰了现代市场的公平交易底线，因而要坚决予以打击并严格规制[14]。

2）算法推荐技术之殇

算法推荐技术是一种以用户数据与内容信息的匹配度为标准的算法信息分发模式，其标志着人类开始运用算法大规模解决信息分发问题。基于其工作机理，算法推荐技术将用户与信息之间的逻辑关系由"人找信息"转变为"信息找人"，解决了海量信息与用户之间的供需适配问题，即互联网信息过载问题。算法推荐技术可追溯到函数逼近理论、预测理论、信息检索等理论。一般认为，第一个算法推荐系统是 1994 年美国明尼苏达大学 GroupLens 研究组推出的 GroupLens 系统。在我国，自 2012 年今日头条开启算法信息分发尝试后，越来越多的平台采用算法推荐作为信息分发技术。当前算法推荐技术主要有合成生成类、个性化推荐类、排序竞选类、检索过滤类、调度决策类五类，应用场景有内容分发平台的个性化阅读（今日头条、腾讯新闻等）、音视频网站的同质化推荐（抖音、快手、爱奇艺等）、搜索引擎的结果排序（百度、必应等）、电商的定制化导购（淘宝、京东等）等。

就技术特性而言，算法推荐技术本质上是信息分发算法，从算法伦理视角来看，算法推荐技术除具有工具属性外，还具有价值属性。当前学界从新闻学与传播学、法学、政治学、马克思列宁主义和科学社会主义等学科视角对算法推荐技术的价值属性进行了广泛研究，主要聚焦于算法推荐技术可能导致的各类风险问题及应对之策。新闻学与传播学领域主要是基于媒介伦理等理论探讨算法式新闻分发可能引发的"信息茧房""黄色新闻潮""过滤气泡"等新闻伦理问题。法学领域主要涉及算法推荐技术可能导致的权益侵害、秩序妨害、技术异化、责任模糊等法律风险。政治学领域主要关注算法推荐技术可能损害民主政治和国家安全，包括影响选民政治偏好、政治理念营销、操纵选举等方面，典型如"剑桥分析"事件。

以大学生为例，算法推荐技术为大学生提供了智能化、个性化、精准化的信息服务，但同时由其所导致的网络沉迷、"信息茧房"、不良信息泛滥等问题也给大学生尚未成形的价值观的塑造提出了严峻挑战。当代大学生"网生代"特征显著，算法推荐技术作为数字文明时代最主要的信息分发模式，对高校思想政治教育工作，如意识形态建设、社会主义核心价值观培育、大学生价值观塑造等，产生了深远影响，具体可分为赋能和妨害两方面。在赋能方面，思想政治教育者可借助算法推荐技术的精准化优势，对教育内容精准聚焦、对教育效果精准评价、对大学生精准定位、对培养方案精准定制、对教学方法精准调整，从而实现精准育人。在妨害方面，主要体现在"偏好迎合"弱化引导方法的实践成效、"信息茧房"限制受教育者的认知范围、"受众本位"削弱教育者的主导地位、"平台优先"降低教育者的引导效力等方面。

3. 可解释性问题

可信赖的人工智能不仅需要具备做出可靠判断的能力，还需要具备解释其判断合理性的能力。尤其是在道德敏感情境，人工智能的自主行动可能会产生直接的伦理伤害，因而即使是人工智能的那些已经经过实践验证的自主道德判断和行为也不能获得人类的完全信任，人工智能需要向人类解释其决策和判断背后的内在机制。更进一步，人工智能的这种解释能力，可以使人类评判人工智能经过实践验证的自主道德判断和行为是偶然的还是具有一定的必然性，也即人工智能是否真正具有做出符合人类伦理价值的决策和判断的能力。

以知识驱动为基础的符号主义人工智能因其与人类认知推理过程相一致，天然具有可解释性。然而，新一代人工智能以数据驱动为基础，多采用机器学习、深度学习等亚-符号技术(sub-symbolic techniques)，实行的是连接主义路径，由此导致人工智能的核心算法源于"黑箱"模型，这使得大多数基于大数据和机器学习的决策模型的内部逻辑和决策机制对用户是隐藏的，也即人类无法知道人工智能如何做出决策。机器学习技术发展早期，米切尔(Michie)建议从预测准确性和生成知识的可解释性这两个维度评估机器学习的性能[15]。但是，后续的研究仅仅关注容易测量的预测准确性，忽视了不易量化的可解释性。因此，机器学习技术的发展最终选择了统计机器学习算法而非符号机器学习算法。

基于机器学习等亚-符号技术发展起来的新一代人工智能的不可解释性主要表现在两个方面：一是工作原理不可解释，大多数基于大数据和机器学习的决策模型的内部逻辑和决策机制对用户是隐藏的，无法解释特定决策是如何做出的；二是语义上不可解释，基于大数据和机器学习的决策模型挖掘的对象间的关联通常是虚假或表面的、非因果性的。人工智能的弱解释性和低透明度导致人工智能的可信度降低，进而影响了人工智能在现实场景尤其是高风险场景中的应用。

8.4.2　算法伦理风险问题治理

1. 人工智能道德推理框架

人工智能可能导致的自主性意外，以及由新一代人工智能的不可解释性所引发的人类对人工智能的信任危机，促使对兼具理性判断能力和自我解释能力的人工智能的开发。人工智能道德推理研究可以赋予人工智能计算和选择最佳道德行为的能力，同时，借助逻辑推理前提与结论之间的严格推导形式，道德推理过程具有一定的可回溯性，使得人工智能具备解释其决策和判断的能力。因而，人工智能道德推理研究是管控人工智能可能导致的自主性意外和化解人类对人工智能的信任危机的有效手段。

1)人工智能道德推理框架的构建

人工智能道德推理是以人工智能作为推理主体进行的一种旨在确定人工智能在道德上应该做什么，并在推理成功之后发出指令的实践推理。期望人工智能的行为符合人类的道德价值并以增进人类福祉为中心，意味着应使道德推理成为其可能的计算模型和决策框架。自21世纪初以来，已经有许多研究尝试在人工智能中实现道德推理。纵观相关研究可以发现，学者一般采用温德尔·瓦拉赫(Wendell Wallach)和科林·艾伦(Colin Allen)提出的构建人工道德主体的自上而下(top-down)、自下而上(bottom-up)或二者的混合式的设计策略。这三条进路成为学者构建人工智能道德推理框架的三种主要方法。

(1)自上而下：人工道德智能体根据给定的伦理理论推导其在特定情况下应该做什么，其实质是依据一般原则推断个别决策，采取这一路径构建的人工智能道德推理框架有MoralDM、Jeremy与W.D.等。

(2)自下而上：假设道德行为可以通过观察他人的行为而习得，人工道德智能体从社会环境中进行自主学习，然后基于群体智慧确定个体行为，其实质是综合众多个别案例推断个别决策，采取这一路径构建的人工智能道德推理框架有Casuist BDI-agent、GenEth等。

(3) 自上而下和自下而上的混合式：混合式方法认为，无论是基于原则的自上而下方法，还是基于环境学习的自下而上方法都不足以实现伦理决策，道德推理需要综合伦理原则和环境学习来实现，采取这一路径构建的人工智能道德推理框架有 LIDA、MedErhEx、OracleAI、MOOD 等。

在技术上，上述三种方法分别是构建人工智能道德推理框架的基于逻辑的实现进路、基于亚-符号技术的实现进路和基于逻辑与亚-符号技术相结合的混合式实现进路。基于逻辑的实现进路大多利用了智能可以通过逻辑再现的思想，即逻辑提供了将人工智能要完成的复杂任务形式化的工具，这种进路的优势在于使人工智能具有更高水平的决策透明度和解释能力，但面临着动态调整能力差和要求伦理理论已知的问题。基于亚-符号技术构建的人工智能道德推理框架能够通过学习和持续迭代实现自我进化，因此具有较强的适应性和动态调整能力，但其决策的可解释性差和透明度低，并将社会可接受等同于伦理可接受，此外还难以规避从数据信息推导出规范信息的"自然主义谬误"。基于逻辑与亚-符号技术相结合的混合式实现进路兼具基于逻辑的实现进路和基于亚-符号技术的实现进路的优点，同时在一定程度上弥补了它们的不足。总体来看，基于逻辑与亚-符号技术相结合的混合式实现进路有潜力成为构建人工智能道德推理框架的主流方法。

2) 人工智能是否可作为道德推理的主体

人工智能道德推理规定了其推理主体是人工智能，而非其设计者或使用者。也就是说，人工智能道德推理是由人工智能开展的第一人称推理。那么，为了确保人工智能道德推理的合法性，必须确定人工智能是否具有进行道德推理的资格，即人工智能是否具有做出道德判断的权力。这一问题的本质可以归结为人工智能是否具有道德主体地位。

何谓道德主体？学界一般把情感、意识或自由意志等作为判别标准，这些标准可以追溯到边沁和康德等哲学家。《中国伦理学百科全书》(伦理学原理卷)将道德主体定义为具有意识性、目的性和活动能力的人或人格化对象。如果同意上述判别标准，那么人工智能将不具有道德主体地位。例如，布罗热克(Brożek)和雅尼克(Janik)给出了一种严格论证：人工智能不满足道德能动性的外部条件和内部条件，至少在当前阶段不能成为道德主体[16]。布罗热克和雅尼克给出的道德能动性的外部条件是，一个主体若想成为道德主体，必须被特定的社会群体所承认；内部条件是主体需具有认知能力和动机能力，布罗热克和雅尼克依据主体的认知能力和动机能力，将道德主体分为三个具有依赖-递进关系的层次：不反思的道德主体(the unreflective moral agent，如婴儿)、反思的道德主体(the reflective moral agent，如成年人)、完善的道德主体(the sophisticated moral agent)。布罗热克和雅尼克认为，上述两个条件中的任何一个条件都不足以单独确定某一对象是道德主体，只有同时满足两个条件才能成为道德主体。布罗热克和雅尼克举例说明了这一点。例如，奴隶，虽然拥有一定的认知能力和动机能力，但是他们不被当时主流的社会群体所承认，因而不能成为道德主体；另外，若承认非生命体是道德主体，则需要对它进行人格化处理，即赋予它一定的认知能力和动机能力。

布罗热克和雅尼克证明了人工智能不满足道德能动性的外部条件和内部条件。首先，布罗热克和雅尼克指出，若想承认人工智能的道德主体地位，需要对人工智能进行人格化处理，即人们将通过人类的认知机制和动机机制看待人工智能，这样就要求把人工智能视为有意图、情感、目标的对象，但是在不了解人工智能行为背后的真实机制的情况下，很难把人工智能视为有意图、情感、目标的对象。在这一意义下，人工智能不满足道德能动性的外部条件。其次，布罗热克和雅尼克认为，即使当前最复杂的人工智能也不满足道德能动性的内部条件，表现在人工智能甚至不能成为最低层次的道德主体，即不反思的道德主体。不反思的道德主体很大程度上依赖于基本的情感机制，但是当前的人工智能的情感行为本质上是基于算法的"情感模仿"，而非真正由情感所驱动。因而人工智能甚至不能成为层级最低的不反思道德主体，遑论成为反思性道德主体和完善的道德主体。

综合上面两个证明，布罗热克和雅尼克认为，至少在当前阶段，人工智能不能成为道德主体。布罗热克和雅尼克的论证本质上是以当前唯一无争议的道德主体——人所具有的属性来确定判别标准，然后证明人工智能不具有相关属性，从而说明人工智能不能成为道德主体。

若按照上述判别标准和证明思路否认人工智能具有道德主体地位，那么在一定程度上也就意味着人工智能不具有从事道德活动的合法资格。但是，这一结论明显与人工智能技术的现实实践和未来发展趋势不相符。当前，人工智能在现实场景中应用时已经涉及一些伦理问题并产生了一些伦理行为。未来，随着人工智能技术的发展，其处理复杂任务的能力更加强大、对来自人类等外部因素的显式命令的依赖进一步降低、与其他主体进行交互的程度更加深入，人工智能将会产生更多的自主道德判断和行为。而若认为人工智能不具有道德主体地位，那么这些伦理行为将因主体的非法性而是非法的，更不可能获得人类的伦理认同。

其实，在机器伦理学领域已经有许多学者认为人工智能可以成为道德主体，其中比较著名是詹姆斯·H.摩尔(James H.Moor)、瓦拉赫与艾伦。摩尔根据人工智能执行道德行为的自主性程度，将人工智能划分为四个不同层次的人工道德主体：有道德影响的主体、隐式的道德主体、显式的道德主体和完全的道德主体。瓦拉赫与艾伦从人工智能的自主性和对道德的敏感性两个维度出发，划分了三类具有不同道德执行能力的道德主体：执行"操作性道德"的主体、执行"功能性道德"的主体和完全道德主体。

基于上述两点，可以对人工智能的道德主体地位的确定采用更加宽容的标准，可以仅仅从道德行为的执行者的角度承认人工智能的道德主体地位，即任何能够执行道德行为的主体都应该视为道德主体。《中国伦理学百科全书》(伦理学原理卷)也有类似的表述，道德主体指与道德客体相对应的道德范畴，道德行为的执行者，因而也称为道德行为的主体。摩尔、瓦拉赫与艾伦对人工道德主体的划分，可以看作依据人工智能执行道德行为的不同机制所做出的划分。因而，在一定意义上可以认为，摩尔、瓦拉赫与艾伦将人工道德主体视为具有不同的执行道德行为机制的主体。

但是需要特别说明，道德主体地位只意味着该主体具有执行道德行为的合法资格，并不意味其所做出的道德判断是合理的和最优的。此外，从人工智能技术发展和应用落地的角度来讲，承认人工智能的道德主体地位，可以促使人们将研究关注点从人工智能是否具有道德主体地位、道德责任如何界定等哲学争论，转移到如何赋予人工智能做出与人类伦理规范相一致的道德判断的能力的工程实践研究。显然，这更有助于切实解决人工智能伦理治理问题和推动人工智能的高水平研究与应用。

2. 人工智能价值对齐

人工智能价值对齐(artificial intelligence value alignment)是指使人工智能的判断和行为与人类的相应判断和行为具有价值等价性，是当前人工智能产业界应对人工智能安全风险的主要手段，如 OpenAI 在开发 GPT 系列大语言模型时，将对齐性作为防范其安全风险的主要措施。

1)"人工智能"与"人类智能"的智能对齐

"人类智能"和"人工智能"是当前已知的两种典型的智能形式。其中，"人类智能"是一种生物智能(biological intelligence)，表现为作为生物体的人类在认识事物和解决问题过程中所表现出的学习、理解、推理等能力。"人工智能"则是一种机器智能，表现为机器感知环境并做出决策以最大限度地实现目标的能力。"人类智能"与"人工智能"虽然在类属上存在根本差异，但二者之间也存在本质性的联系，即"人工智能"本质上是对"人类智能"的模拟。这主要体现在两个方面：一是在智能形式上，机器所表现出来的自然语言处理、学习、自主推理与规划等能力是人类相应能力的复制品；二是在智能的获得路径上，人工智能研究的符号主义、连接主义和行为主义三大流派，其实是对"人类智能"的不同生成路径的模仿。

上述关于"人工智能"本质的断定深刻地体现在自人工智能技术萌芽、诞生至后续发展一直追求的与人类的"智能对齐"之中。人工智能与人类的"智能对齐"可以追溯到图灵。1950 年，图灵在《计算机器与智能》一文中探讨了"机器能思考吗"这一问题。为了回答这一问题，他设计了一款"模仿游戏"，即图灵测试。图灵认为，对于相同的问题，如果提问者不能在机器的回答和人的回答之间做出准确区分，那么就要承认机器会思考(或拥有类似人的智能)。图灵意在通过"模仿游戏"证明可以实现机器与人的"无法分辨"，即"计算机器"能够在智能水平上与人类对齐。众所周知，图灵并没有明确提出"人工智能"这一概念，"人工智能"最早是在 1956 年的达特茅斯会议上提出并确定下来的。麦卡锡、明斯基、香农等在撰写达特茅斯会议的策划书时，将人工智能界定为从学习与智能可以得到精确描述这一假定出发，人工智能的研究可以制造出模仿人类的机器，使其能读懂语言，创建抽象概念，解决目前人们的各种问题，并自我完善。在达特茅斯会议之后，人们关于人工智能的认识和界定也都以人类为参照物，区别仅仅在于所关注的人类智能的维度的不同。斯图尔特·J.罗素（Stuart J. Russell）和彼得·诺维格(Peter Norvig)分析、对比了 8 种人工智能教科书中给出的人工智能的定义，并将它们分为四类：第一类是像人一样思考的系统，第二类是像人一样行动的系统，第三类是理性思考的系统，第四类是理性行动的系统。由此可以看出，人们在研究人工智能时所关注的人类智能的维度主要是人类的思考能力或行动能力，追求人工智能在思考或行动方面与人类"无差别"。人工智能与人类"智能对齐"的最高阶段应是达到强人工智能，即一种具有意识、情感、理性以及和人类一样达成任何目标能力的人工智能。

2)"人工智能"与"人类智能"的价值对齐

"人工智能"与"人类智能"的价值对齐可以看作"人工智能"与"人类智能"的"智能对齐"的延伸或进阶，它涉及人工智能和人类在道德价值认识与判断上的一致性。关于人工智能价值对齐的思想可以追溯到人工智能先驱维纳。1960 年，维纳在讨论机器自动化的道德后果时曾强调使机器的目标与人类的目标相一致，"如果我们使用一个我们无法有效干预其操作的机器来实现我们的目标……我们最好非常确定放入机器的目标是我们真正想要的目标"[17]。后来，随着关于人工智能验证（verification）、有效性（validity）和控制（control）等研究的深入，人工智能价值对齐在人工智能伦理、安全等领域获得了广泛关注。

"人工智能的未来：机遇与挑战"（The Future of AI: Opportunities and Challenges）会议于 2015 年 1 月 2 日至 1 月 5 日在波多黎各举行，汇集了罗素、约翰·杜威（John Dewey）等人工智能经济、法律和伦理等方面的专家学者，以及埃隆·马斯克、DeepMind 创始人戴密斯·哈萨比斯(Demis Hassabis)等人工智能企业界领军者。会议的目标是确定可以最大限度地提高人工智能未来的效益并尽可能地避免人工智能发展陷阱的研究方向。会议形成了《迈向强大和有益人工智能的优先考量研究方案》，并以此为基础形成了《迈向强大和有益人工智能的优先考量研究方案公开信》（Research Priorities for Robust and Beneficial Artificial Intelligence: An Open Letter），到目前为止，已经有超过 8000 人签署了公开信。人工智能伦理研究专家罗素、杜威、迈克斯·泰格马克(Max Tegmark)根据参加会议的与会者的意见拟定了人工智能的短期和长期研究重点，其中，在长期研究重点中，他们强调了将强大的人工智能的价值观与人类的价值观和偏好对齐的必要性，并建议了教人工智能人类的偏好或道德两条对齐路径。罗素随后对人工智能价值对齐进行了进一步深入研究，他将人工智能价值对齐明确界定为确保强大的人工智能与人类的价值观对齐，并选定了教人工智能人类偏好的对齐路径：人工智能的唯一目标是最大限度地实现人类偏好。伊森·加布里埃尔(Iason Gabriel)也对人工智能价值对齐进行了深入研究。但与罗素直接将人类价值观界定为人类偏好不同，加布里埃尔认为人工智能价值对齐中的"价值"是一个占位符（place-holder），它可以表示：命令（instructions，即人工智能执行我的命令）、明确表达的意图（expressed intentions，即人工智能做我想让它做的事）、显性偏好（revealed preferences，即人工智能做我的行为所显示的我偏好的事情）、已知的偏好或期望（informed preferences or desires，即如果我是理性的和知情的，人工智能做我希望它做的事）、利益或福祉（interest or well-being，即人工智能做符合我利益的事或者对我最有利的事）和价值观（values，即人工智能按照个人或社会对什么是道德的定义，做道德上应该做的事）。加布里埃尔在逐一分析了命令等对齐目标可能存在的问题的基础上指出，人工智能价值对齐的目标应是人类的道德价值观。但是，加布里埃尔认为，实现人工智能与人类的价值对齐将会面临规范和技术两方面的挑战：在价值规范方面，人类道德价值具有多元复杂性、情境依赖性和冲突性等特征，那么应使人工智能与哪些人类道德价值对齐？在技术方面，人类道德价值具有内在性，那么如何将人类道德价值编码进人工智能？虽然加布里埃尔认为实现人工智能价值对齐面临着规范难题和技术难题，但是我国人工智能专家朱松纯教授领衔的团队提出了一种人工智能实时理解人类价值观的计算框架，并通过实验证实了这一框架使人工智能具备了在实时交流中学习人类价值函数并实时对齐当前人类价值的能力。特别地，人工智能价值对齐在人工智能安全技术实践中也有一些探索甚至初步实现，比较典型的是在大模型（big model）领域，如 OpenAI 在开发 GPT-4 时，将对齐性作为防范其安全风险的主要措施。

3）人工智能价值对齐的实现路径

在弱人工智能时代，基于人工智能发展的基于逻辑（logic-based）或基于机器学习（ML-based）的底层框架划分，以及机器伦理的"自上而下"或"自下而上"的实现路径划分，主要有两种人工智能价值对齐方法：一是将人类的道德原则直接灌输给人工智能作为其伦理决策的依据，然后借由伦理决策依据的一致性保障导出的行动的伦理一致性；二是通过各类机器学习技术使人工智能掌握人类偏好，然后投人类所好，做出与人类相同或相似的伦理选择。

当前，第二种方法即通过深度学习、（逆）强化学习、合作逆强化学习等各类机器学习技术实现人工智能价值对齐占据了主流地位，并在人工智能安全技术实践中得到了应用。最早，罗素明确提出人工智能应通过观察和模仿人类的行为来推断人类的价值观，而不是将人类道德规范分类编码进人工智能，他和杜威等曾提出逆强化学习可以使人工智能通过观察理性人或接近理性人的实际行为推断他们的偏好选择。然而，梅内尔（Hadfield-Menell）等则认为逆强化学习是人工智能的被动、机械学习，人工智能价值对齐问题只能通过合作逆强化学习来解决。合作逆强化学习是人类与人工智能合作进行的部分信息博弈（partial-information game），在博弈中，人类知道奖励函数，但人工智能不知道，人类与人工智能博弈的结果是最大化奖励函数。当前，各类机器学习技术也是大型科技公司实现人工智能与人类价值对齐的主要技术，如前面提到 OpenAI 将对齐性作为防范 GPT-4 安全风险的主要措施，OpenAI 的关键性对齐技术就是 GPT-4 与领域专家的对抗测试（adversarial testing via domain experts）和带有人类反馈的强化学习（reinforcement learning with human feedback）。

3. 算法开源

开源（open source）诞生于 1983 年的自由软件运动（free software movement），其核心精神是公开软件源代码。经过 42 年的发展，开源运动从狭义的开放软件源代码扩展到了广义的开放资源，并形成了以开放和共享为内核的开源伦理精神，现在开源运动已然成为一场席卷全球的伦理文化运动。

简单来讲，"开源"是指公开软件的源代码，这一思想可追溯至 1983 年理查德·M.斯托曼（Richard M.Stallman）为反对专有软件（proprietary software）而发起的自由软件运动。1997 年，埃里克·史蒂文·雷蒙德（Eric Steven Raymond）出版了被后世称为开源运动独立宣言的《大教堂和市集》（*The Cathedral and the Bazaar*）一书，并于 1998 年从自由软件运动中分化出了开放源代码运动。自由软件和开源软件的外延虽然基本相同，但其价值观存在本质区别，自由软件从道德角度强调对用户自由的基本尊重，而开源软件则从实用角度注重软件源代码的公开可访问。当前，开源已经在软件开发中占据了中心位置，促使软件开发范式由工程范式变革为开源范式，并形成了以开放和共享为内核的开源伦理精神。

随着开源伦理精神在全球范围内被广泛认可，开源伦理精神扩展到了软件之外的领域，推动了诸如开放数据（open data）、开放获取（open access）、开放教育资源（open educational resources）、开放硬件（open hardware）等广义的开源。在人工智能领域，一些人工智能公司和研究者积极拥抱开源。2024年4月，斯坦福大学人工智能研究所发布了《2024年人工智能指数报告》，该报告显示，自2011年以来，全球最大的代码托管平台GitHub与人工智能相关的开源项目数量持续增加，从2011年的845个增长到2023年的约180万个，特别是在2023年，GitHub上的人工智能开源项目的总数猛增了59.3%。开源正在成为新一代人工智能发展的全球趋势，广泛认识到开源人工智能在鼓励协作、减少技术垄断、促进快速创新、通过社区审查提高人工智能质量和人工智能系统性风险治理等方面的优势。

我国人工智能发展尤为重视开源，将其作为驱动我国人工智能技术创新和发展的重要支撑力量。我国各级政府出台了多项政策促进人工智能开源发展。2017年7月8日，国务院印发《新一代人工智能发展规划》，将"开源开放"作为发展新一代人工智能的基本原则之一。2021年3月12日，《中华人民共和国国民经济和社会发展第十四个五年规划和2035年远景目标纲要》对外公布，明确提出"支持数字技术开源社区等创新联合体发展，完善开源知识产权和法律体系"。2021年11月15日，工业和信息化部印发《"十四五"软件和信息技术服务业发展规划》，系统布局"十四五"期间我国开源生态建设。北京、上海、浙江、深圳等省市也做出了相应部署。

8.5　全球人工智能伦理治理

自第三次人工智能浪潮爆发以来，人工智能呈现出了前所未有的巨大威力，依靠人工智能驱动经济社会发展，成了各国的当然选择，奠基于人工智能的新基建成了人类生存和发展的新环境。同时，人工智能对人类珍视的诸多价值，如自由、自主、尊严、隐私、安全、和平等构成挑战，治理人工智能伦理风险也成为各国社会治理的重要内容。欧盟、美国和中国等国家或地区，以及国际组织陆续出台法律法规和伦理规范，引导人工智能的健康发展。纵观世界各国人工智能伦理治理政策和实践，世界各国都重视建构多元主体参与、多种机制协同的人工智能伦理治理体系。但由于政治制度和文化传统等的不同，世界各国人工智能伦理治理也呈现出不同的风格，一般而言，我国比较注重发挥制度优势，欧盟比较重视总体性的立法和监管，美国倾向于机构自律，推崇市场机制的作用。

8.5.1　我国的人工智能伦理治理实践

2021年5月28日，习近平总书记在中国科学院第二十次院士大会、中国工程院第十五次院士大会、中国科协第十次全国代表大会上的讲话中指出："科技是发展的利器，也可能成为风险的源头。要前瞻研判科技发展带来的规则冲突、社会风险、伦理挑战，完善相关法律法规、伦理审查规则及监管框架。"我国在大力发展人工智能技术的同时，高度重视人工智能伦理建设，以期理顺人工智能科学、有序的发展逻辑，防止人工智能野蛮生长，实现人工智能监管治理与创新发展的平衡，确保在符合伦理规范的前提下实现人工智能健康发展。

2017 年 7 月 8 日，为抢抓人工智能发展的重大战略机遇，构筑我国人工智能发展的先发优势，加快建设创新型国家和世界科技强国，按照党中央、国务院部署要求，国务院制定并印发了《新一代人工智能发展规划》(国发〔2017〕35 号)(以下简称《规划》)。《规划》不仅给出了面向 2030 年我国新一代人工智能发展的指导思想、战略目标、重点任务和保障措施等战略性部署，同时还强调人工智能作为影响面广的颠覆性技术，可能带来改变就业结构、冲击法律与社会伦理、侵犯个人隐私、挑战国际关系准则等问题，将对政府管理、经济安全和社会稳定乃至全球治理产生深远影响，要求在大力发展人工智能的同时，必须高度重视可能带来的安全风险挑战，加强前瞻预防与约束引导，最大限度地降低风险，确保人工智能安全、可靠、可控发展。《规划》明确设定了到 2025 年我国初步建立人工智能法律法规、伦理规范和政策体系，形成人工智能安全评估和管控能力的战略目标。

新一代人工智能发展规划(节选)
(2017 年 7 月 8 日国务院发布)

围绕推动我国人工智能健康快速发展的现实要求，妥善应对人工智能可能带来的挑战，形成适应人工智能发展的制度安排，构建开放包容的国际化环境，夯实人工智能发展的社会基础。

(一)制定促进人工智能发展的法律法规和伦理规范。

加强人工智能相关法律、伦理和社会问题研究，建立保障人工智能健康发展的法律法规和伦理道德框架。开展与人工智能应用相关的民事与刑事责任确认、隐私和产权保护、信息安全利用等法律问题研究，建立追溯和问责制度，明确人工智能法律主体以及相关权利、义务和责任等。重点围绕自动驾驶、服务机器人等应用基础较好的细分领域，加快研究制定相关安全管理法规，为新技术的快速应用奠定法律基础。开展人工智能行为科学和伦理等问题研究，建立伦理道德多层次判断结构及人机协作的伦理框架。制定人工智能产品研发设计人员的道德规范和行为守则，加强对人工智能潜在危害与收益的评估，构建人工智能复杂场景下突发事件的解决方案。积极参与人工智能全球治理，加强机器人异化和安全监管等人工智能重大国际共性问题研究，深化在人工智能法律法规、国际规则等方面的国际合作，共同应对全球性挑战。

(二)完善支持人工智能发展的重点政策。

落实对人工智能中小企业和初创企业的财税优惠政策，通过高新技术企业税收优惠和研发费用加计扣除等政策支持人工智能企业发展。完善落实数据开放与保护相关政策，开展公共数据开放利用改革试点，支持公众和企业充分挖掘公共数据的商业价值，促进人工智能应用创新。研究完善适应人工智能的教育、医疗、保险、社会救助等政策体系，有效应对人工智能带来的社会问题。

(三)建立人工智能技术标准和知识产权体系。

加强人工智能标准框架体系研究。坚持安全性、可用性、互操作性、可追溯性原则，逐步建立并完善人工智能基础共性、互联互通、行业应用、网络安全、隐私保护等技术标准。加快推动无人驾驶、服务机器人等细分应用领域的行业协会和联盟制定相关标准。鼓励人工智能企业参与或主导制定国际标准，以技术标准"走出去"带动人工智能产品和服务在海外推广应用。加强人工智能领域的知识产权保护，健全人工智能领域技术创新、专利保护与标准化互动支撑机制，促进人工智能创新成果的知识产权化。建立人工智能公共专利池，促进人工智能新技术的利用与扩散。

(四)建立人工智能安全监管和评估体系。

加强人工智能对国家安全和保密领域影响的研究与评估，完善人、技、物、管配套的安全防护体系，构建人工智能安全监测预警机制。加强对人工智能技术发展的预测、研判和跟踪研究，坚持问题导向，准确把握技术和产业发展趋势。增强风险意识，重视风险评估和防控，强化前瞻预防和约束引导，近期重点关注对就业的影响，远期重点考虑对社会伦理的影响，确保把人工智能发展规制在安全可控范围内。建立健全公开透明的人工智能监管体系，实行设计问责和应用监督并重的双层监管结构，实现对人工智能算法设计、产品开发和成果应用等的全流程监管。促进人工智能行业和企业自律，切实加强管理，加大对数据滥用、侵犯个人隐私、违背道德伦理等行为的惩戒力度。加强人工智能网络安全技术研发，强化人工智能产品和系统网络安全防护。构建动态的人工智能研发应用评估评价机制，围绕人工智能设计、产品和系统的复杂性、风险性、不确定性、可解释性、潜在经济影响等问题，开发系统性的测试方法和指标体系，建设跨领域的人工智能测试平台，推动人工智能安全认证，评估人工智能产品和系统的关键性能。

2019 年 6 月 17 日，国家新一代人工智能治理专业委员会发布了《新一代人工智能治理原则——发展负责任的人工智能》(以下简称《治理原则》)。《治理原则》突出了发展负责任的人工智能这一主题，旨在更好地协调发展与治理的关系，确保人工智能安全可靠可控，推动经济、社会及生态可持续发展，共建人类命运共同体。鉴于此，《治理原则》明确给出了人工智能发展各方应遵循的八项原则：和谐友好、公平公正、包容共享、尊重隐私、安全可控、共担责任、开放协作、敏捷治理。

新一代人工智能治理原则——发展负责任的人工智能

(2019 年 6 月 17 日国家新一代人工智能治理专业委员会发布)

全球人工智能发展进入新阶段，呈现出跨界融合、人机协同、群智开放等新特征，正在深刻改变人类社会生活、改变世界。为促进新一代人工智能健康发展，更好协调发展与治理的关系，确保人工智能安全可靠可控，推动经济、社会及生态可持续发展，共建人类命运共同体，人工智能发展相关各方应遵循以下原则：

一、和谐友好。人工智能发展应以增进人类共同福祉为目标；应符合人类的价值观和伦理道德，促进人机和谐，服务人类文明进步；应以保障社会安全、尊重人类权益为前提，避免误用，禁止滥用、恶用。

二、公平公正。人工智能发展应促进公平公正，保障利益相关者的权益，促进机会均等。通过持续提高技术水平、改善管理方式，在数据获取、算法设计、技术开发、产品研发和应用过程中消除偏见和歧视。

三、包容共享。人工智能应促进绿色发展，符合环境友好、资源节约的要求；应促进协调发展，推动各行各业转型升级，缩小区域差距；应促进包容发展，加强人工智能教育及科普，提升弱势群体适应性，努力消除数字鸿沟；应促进共享发展，避免数据与平台垄断，鼓励开放有序竞争。

四、尊重隐私。人工智能发展应尊重和保护个人隐私，充分保障个人的知情权和选择权。在个人信息的收集、存储、处理、使用等各环节应设置边界，建立规范。完善个人数据授权撤销机制，反对任何窃取、篡改、泄露和其他非法收集利用个人信息的行为。

五、安全可控。人工智能系统应不断提升透明性、可解释性、可靠性、可控性，逐步实现可审核、可监督、可追溯、可信赖。高度关注人工智能系统的安全，提高人工智能鲁棒性及抗干扰性，形成人工智能安全评估和管控能力。

六、共担责任。人工智能研发者、使用者及其他相关方应具有高度的社会责任感和自律意识，严格遵守法律法规、伦理道德和标准规范。建立人工智能问责机制，明确研发者、使用者和受用者等的责任。人工智能应用过程中应确保人类知情权，告知可能产生的风险和影响。防范利用人工智能进行非法活动。

七、开放协作。鼓励跨学科、跨领域、跨地区、跨国界的交流合作，推动国际组织、政府部门、科研机构、教育机构、企业、社会组织、公众在人工智能发展与治理中的协调互动。开展国际对话与合作，在充分尊重各国人工智能治理原则和实践的前提下，推动形成具有广泛共识的国际人工智能治理框架和标准规范。

八、敏捷治理。尊重人工智能发展规律，在推动人工智能创新发展、有序发展的同时，及时发现和解决可能引发的风险。不断提升智能化技术手段，优化管理机制，完善治理体系，推动治理原则贯穿人工智能产品和服务的全生命周期。对未来更高级人工智能的潜在风险持续开展研究和预判，确保人工智能始终朝着有利于社会的方向发展。

为了统筹整个科技领域的伦理治理，国家加强了科技伦理治理的机构、制度等方面的建设。2019 年 7 月，中央全面深化改革委员会第九次会议审议通过了《国家科技伦理委员会组建方案》。2019 年 10 月，中共中央办公厅、国务院办公厅印发通知，成立国家科技伦理委员会，推动覆盖全面、导向正确、规范有序、统筹协调的科技伦理治理体系建设。2022 年 3 月，中共中央办公厅、国务院办公厅印发了《关于加强科技伦理治理的意见》，对我国科技伦理治理工作作出系统部署，提出了伦理先行、依法依规、敏捷治理、立足国情、开放合作的治理要求，并明确了增进人类福祉、尊重生命权利、公平公正、合理控制风险、保持公开透明的科技伦理原则。2023 年 3 月，中共中央、国务院印发了《党和国家机构改革方案》，组建中央科技委员会，加强党中央对科技工作的集中统一领导，其中国家科技伦理委员会作为中央科技委员会领导下的学术性、专业性专家委员会，不再作为国务院议事协调机构。

为了将伦理道德融入人工智能全生命周期，为从事人工智能相关活动的自然人、法人和其他相关机构等提供伦理指引，2021 年 9 月 25 日，国家新一代人工智能治理专业委员会发布了《新一代人工智能伦理规范》，明确给出了人工智能各类活动应遵循增进人类福祉、促进公平公正、保护隐私安全、确保可控可信、强化责任担当、提升伦理素养等 6 项基本伦理规范。同时，提出了人工智能管理、研发、供应、使用等特定活动应遵守的 18 项具体伦理要求。

当前，算法型信息分发演变为主流信息分发模式，并成为人们获取信息的最主要途径，对人们如何获取和获取什么信息起着决定性作用。算法推荐技术为社会大众提供了智能化、个性化、精准化的信息服务，但同时由其所导致的网络沉迷、"信息茧房"、不良信息泛滥等问题也对社会主流价值观的塑造提出了严峻挑战。鉴于此，2021 年 12 月 31 日，国家互联网信息办公室联合工业和信息化部、公安部、国家市场监督管理总局印发了《互联网信息服务算法推荐管理规定》（以下简称《规定》），致力于"以主流价值导向驾驭算法"。《规定》要求算法推荐服务应当遵守法律法规，尊重社会公德和伦理，遵守商业道德和职业道德，遵循公正公平、公开透明、科学合理和诚实信用的原则，明确要求算法推荐服务提供者定期审核、评估、验证算法机制机理、模型、数据和应用结果等，不得设置诱导用户沉迷、过度消费等违反法律法规或者违背伦理道德的算法模型。

为了有效规范各类生成式人工智能模型所产生的传播虚假信息、侵害个人信息权益、数据安全和偏见歧视等问题，促进生成式人工智能健康发展和规范应用，2023 年 7 月 10 日，国家互联网信息办公室联合国家发展和改革委员会、教育部、科学技术部、工业和信息化部、公安部、国家广播电视总局七部门联合发布《生成式人工智能服务管理暂行办法》，明确了促进生成式人工智能技术发展的具体措施，规定生成式人工智能服务的基本规范。

生成式人工智能服务管理暂行办法（节选）

(2023 年 7 月 10 日国家互联网信息办公室、国家发展和改革委员会、教育部、科学技术部、工业和信息化部、公安部、国家广播电视总局联合发布)

第一章　总　则

第一条　为了促进生成式人工智能健康发展和规范应用，维护国家安全和社会公共利益，保护公民、法人和其他组织的合法权益，根据《中华人民共和国网络安全法》、《中华人民共和国数据安全法》、《中华人民共和国个人信息保护法》、《中华人民共和国科学技术进步法》等法律、行政法规，制定本办法。

第二条　利用生成式人工智能技术向中华人民共和国境内公众提供生成文本、图片、音频、视频等内容的服务(以下称生成式人工智能服务)，适用本办法。

国家对利用生成式人工智能服务从事新闻出版、影视制作、文艺创作等活动另有规定的，从其规定。

行业组织、企业、教育和科研机构、公共文化机构、有关专业机构等研发、应用生成式人工智能技术，未向境内公众提供生成式人工智能服务的，不适用本办法的规定。

第三条　国家坚持发展和安全并重、促进创新和依法治理相结合的原则，采取有效措施鼓励生成式人工智能创新发展，对生成式人工智能服务实行包容审慎和分类分级监管。

第四条　提供和使用生成式人工智能服务，应当遵守法律、行政法规，尊重社会公德和伦理道德，遵守以下规定：

(一)坚持社会主义核心价值观，不得生成煽动颠覆国家政权、推翻社会主义制度，危害国家安全和利益、损害国家形象，煽动分裂国家、破坏国家统一和社会稳定，宣扬恐怖主义、极端主义，宣扬民族仇恨、民族歧视，暴力、淫秽色情，以及虚假有害信息等法律、行政法规禁止的内容；

(二)在算法设计、训练数据选择、模型生成和优化、提供服务等过程中，采取有效措施防止产生民族、信仰、国别、地域、性别、年龄、职业、健康等歧视；

(三)尊重知识产权、商业道德，保守商业秘密，不得利用算法、数据、平台等优势，实施垄断和不正当竞争行为；

(四)尊重他人合法权益，不得危害他人身心健康，不得侵害他人肖像权、名誉权、荣誉权、隐私权和个人信息权益；

(五)基于服务类型特点，采取有效措施，提升生成式人工智能服务的透明度，提高生成内容的准确性和可靠性。

第二章　技术发展与治理

第五条　鼓励生成式人工智能技术在各行业、各领域的创新应用，生成积极健康、向上向善的优质内容，探索优化应用场景，构建应用生态体系。

支持行业组织、企业、教育和科研机构、公共文化机构、有关专业机构等在生成式人工智能技术创新、数据资源建设、转化应用、风险防范等方面开展协作。

第六条　鼓励生成式人工智能算法、框架、芯片及配套软件平台等基础技术的自主创新，平等互利开展国际交流与合作，参与生成式人工智能相关国际规则制定。

推动生成式人工智能基础设施和公共训练数据资源平台建设。促进算力资源协同共享，提升算力资源利用效能。推动公共数据分类分级有序开放，扩展高质量的公共训练数据资源。鼓励采用安全可信的芯片、软件、工具、算力和数据资源。

第七条　生成式人工智能服务提供者(以下称提供者)应当依法开展预训练、优化训练等训练数据处理活动，遵守以下规定：

(一)使用具有合法来源的数据和基础模型；

(二)涉及知识产权的，不得侵害他人依法享有的知识产权；

(三)涉及个人信息的，应当取得个人同意或者符合法律、行政法规规定的其他情形；

(四)采取有效措施提高训练数据质量，增强训练数据的真实性、准确性、客观性、多样性；

(五)《中华人民共和国网络安全法》、《中华人民共和国数据安全法》、《中华人民共和国个人信息保护法》等法律、行政法规的其他有关规定和有关主管部门的相关监管要求。

第八条　在生成式人工智能技术研发过程中进行数据标注的，提供者应当制定符合本办法要求的清晰、具体、可操作的标注规则；开展数据标注质量评估，抽样核验标注内容的准确性；对标注人员进行必要培训，提升尊法守法意识，监督指导标注人员规范开展标注工作。

2024 年 9 月 9 日，全国网络安全标准化技术委员会发布《人工智能安全治理框架》1.0 版(以下简称《框架》)。《框架》以鼓励人工智能创新发展为第一要务，以有效防范化解人工智能安全风险为出发点和落脚点，提出了包容审慎、确保安全，风险导向、敏捷治理，技管结合、协同应对，开放合作、共治共享等人工智能安全治理的原则。《框架》按照风险管理的理念，紧密结合人工智能技术特性，分析人工智能风险来源和表现形式，针对模型算法安全、数据安全和系统安全等内生安全风险和网络域、现实域、认知域、伦理域等应用安全风险，提出相应技术应对和综合防治措施，以及人工智能安全开发应用指引。

在人工智能全球治理领域，我国积极参与人工智能全球伦理治理，为化解人工智能伦理风险、促进人工智能造福人类提供了中国方案、贡献了中国智慧。2022 年 11 月 16 日，我国向联合国《特定常规武器公约》2022 年缔约国大会提交了《中国关于加强人工智能伦理治理的立场文件》，该文件旨在促进各国对人工智能伦理问题的理解和重视，就人工智能生命周期监管、研发及使用等一系列问题提出以下主张：一是人工智能治理应坚持伦理先行，通过制度建设、风险管控、协同共治等推进人工智能伦理监管；二是应加强自我约束，提高人工智能研发过程中算法安全与数据质量，减少偏见歧视；三是应提倡负责任使用人工智能，避免误用、滥用及恶用，加强公众宣传教育；四是应鼓励国际合作，在充分尊重各国人工智能治理原则和实践的前提下，推动形成具有广泛共识的国际人工智能治理框架和标准规范。

2023 年 10 月 18 日，中华人民共和国国家互联网信息办公室发布《全球人工智能治理倡议》(以下简称《倡议》)。《倡议》围绕人工智能发展、安全、治理三方面系统阐述了人工智能治理中国方案。

全球人工智能治理倡议

(2023 年 10 月 18 日中华人民共和国国家互联网信息办公室发布)

人工智能是人类发展新领域。当前，全球人工智能技术快速发展，对经济社会发展和人类文明进步产生深远影响，给世界带来巨大机遇。与此同时，人工智能技术也带来难以预知的各种风险和复杂挑战。人工智能治理攸关全人类命运，是世界各国面临的共同课题。

在世界和平与发展面临多元挑战的背景下，各国应秉持共同、综合、合作、可持续的安全观，坚持发展和安全并重的原则，通过对话与合作凝聚共识，构建开放、公正、有效的治理机制，促进人工智能技术造福于人类，推动构建人类命运共同体。

我们重申，各国应在人工智能治理中加强信息交流和技术合作，共同做好风险防范，形成具有广泛共识的人工智能治理框架和标准规范，不断提升人工智能技术的安全性、可靠性、可控性、公平性。我们欢迎各国政府、国际组织、企业、科研院校、民间机构和公民个人等各主体秉持共商共建共享的理念，协力共同促进人工智能治理。

为此,我们倡议:

——发展人工智能应坚持"以人为本"理念,以增进人类共同福祉为目标,以保障社会安全、尊重人类权益为前提,确保人工智能始终朝着有利于人类文明进步的方向发展。积极支持以人工智能助力可持续发展,应对气候变化、生物多样性保护等全球性挑战。

——面向他国提供人工智能产品和服务时,应尊重他国主权,严格遵守他国法律,接受他国法律管辖。反对利用人工智能技术优势操纵舆论、传播虚假信息,干涉他国内政、社会制度及社会秩序,危害他国主权。

——发展人工智能应坚持"智能向善"的宗旨,遵守适用的国际法,符合和平、发展、公平、正义、民主、自由的全人类共同价值,共同防范和打击恐怖主义、极端势力和跨国有组织犯罪集团对人工智能技术的恶用滥用。各国尤其是大国对在军事领域研发和使用人工智能技术应该采取慎重负责的态度。

——发展人工智能应坚持相互尊重、平等互利的原则,各国无论大小、强弱,无论社会制度如何,都有平等发展和利用人工智能的权利。鼓励全球共同推动人工智能健康发展,共享人工智能知识成果,开源人工智能技术。反对以意识形态划线或构建排他性集团,恶意阻挠他国人工智能发展。反对利用技术垄断和单边强制措施制造发展壁垒,恶意阻断全球人工智能供应链。

——推动建立风险等级测试评估体系,实施敏捷治理,分类分级管理,快速有效响应。研发主体不断提高人工智能可解释性和可预测性,提升数据真实性和准确性,确保人工智能始终处于人类控制之下,打造可审核、可监督、可追溯、可信赖的人工智能技术。

——逐步建立健全法律和规章制度,保障人工智能研发和应用中的个人隐私与数据安全,反对窃取、篡改、泄露和其他非法收集利用个人信息的行为。

——坚持公平性和非歧视性原则,避免在数据获取、算法设计、技术开发、产品研发与应用过程中,产生针对不同或特定民族、信仰、国别、性别等偏见和歧视。

——坚持伦理先行,建立并完善人工智能伦理准则、规范及问责机制,形成人工智能伦理指南,建立科技伦理审查和监管制度,明确人工智能相关主体的责任和权力边界,充分尊重并保障各群体合法权益,及时回应国内和国际相关伦理关切。

——坚持广泛参与、协商一致、循序渐进的原则,密切跟踪技术发展形势,开展风险评估和政策沟通,分享最佳操作实践。在此基础上,通过对话与合作,在充分尊重各国政策和实践差异性基础上,推动多利益攸关方积极参与,在国际人工智能治理领域形成广泛共识。

——积极发展用于人工智能治理的相关技术开发与应用,支持以人工智能技术防范人工智能风险,提高人工智能治理的技术能力。

——增强发展中国家在人工智能全球治理中的代表性和发言权,确保各国人工智能发展与治理的权利平等、机会平等、规则平等,开展面向发展中国家的国际合作与援助,不断弥合智能鸿沟和治理能力差距。积极支持在联合国框架下讨论成立国际人工智能治理机构,协调国际人工智能发展、安全与治理重大问题。

8.5.2　欧美等国家的人工智能伦理治理实践

2019 年 4 月 8 日，欧盟委员会发布了由欧洲人工智能高级别专家组起草的《可信人工智能伦理指南》，提出了实现可信人工智能全生命周期的框架。2024 年 3 月 13 日，欧洲议会以 523 票赞成、46 票反对和 49 票弃权审议通过《人工智能法案》，5 月 21 日，欧盟理事会正式批准《人工智能法案》。该法案包含 13 章、113 条条款，为欧盟境内人工智能系统的开发、部署和使用建立了全面的框架，同时该法案也是全球首部全面监管人工智能的法规，其根据人工智能的潜在风险和影响程度为人工智能规定了义务，旨在保护基本权利、民主、法治和环境可持续性不受高风险人工智能的影响。鉴于《人工智能法案》大部分规则需要等到 2026 年 8 月才开始生效，为了弥补《人工智能法案》生效前的空窗期，欧盟委员会牵头推出《人工智能公约》。

2020 年 1 月，美国政府发布首个人工智能监管指南《人工智能应用的监管指南》，提出了公众对人工智能的信任、公众参与规则制定、科研操守和信息质量、风险评估与管理、成本效益分析、灵活性、公平与非歧视、披露与透明度、安全保障、跨部门协调等十大监管原则。2020 年 2 月 24 日，美国国防部联合人工智能中心发布人工智能五大伦理原则：负责(开发者和使用者须对人工智能系统的开发、部署、使用和造成的结果负责)、公平(应最大限度地减少人为偏差对人工智能系统的影响)、可追踪(人工智能系统在其使用周期内的透明性，即从开发、部署到使用的各个环节都要留下准确的记录，如研发手段、数据源、设计程序、使用档案等)、可靠(安全、稳定和有效)和可控(人工智能系统探测和避免意外发生的能力)。2022 年 10 月，美国政府提出了《人工智能权利法案蓝图》，为人工智能系统设立了安全有效的系统、算法歧视保护、数据隐私、通知和解释、人工替代方案与后备等五项基本原则。2023 年 10 月 30 日，美国总统签署发布《安全、稳定、可信的人工智能》行政命令，以行政命令的形式为美国人工智能安全制定标准，以保护美国公民隐私，促进公平和保障公民权利，维护消费者和工作者权益，促进创新和竞争等。

8.5.3　全球人工智能伦理治理：共治共享

全球人工智能伦理治理有技术伦理治理和全球伦理治理两种不同的路径。从技术伦理治理的视角来看，治理人工智能伦理更侧重于技术本身和其应用过程中所涉及的伦理问题。技术伦理学关注人工智能技术的设计、开发、应用等环节中可能出现的伦理风险和道德挑战，如算法偏见、数据隐私泄露、安全性漏洞等。技术伦理治理强调在技术设计和应用过程中遵循道德规范和原则，以降低这些风险和挑战。而从全球伦理治理的视角来看，治理人工智能伦理风险更侧重于不同国家和地区之间的合作与共享，以及制定普遍适用的伦理准则和规范。全球伦理治理关注的是跨越文化、宗教和地域的普遍价值观和道德原则，强调在人工智能发展过程中遵循这些普遍原则，以实现公平、公正和人类福祉的全球性提升。

在实际治理过程中，需要综合运用两种进路，结合具体情境和发展需求来制定相应的伦理风险治理措施。但是，由于人工智能伦理风险涉及全人类的共同命运，与气候变化、核扩散等关乎人类命运的重大问题一样，面对人工智能伦理风险，没有任何一个人、任何一个国家或地区能够独善其身，故而扩展人工智能伦理治理技术、伦理治理视野，进入全球伦理治理之境，是人工智能伦理治理的必由之路。

人工智能全球伦理治理的基本特征是共治共享，即共治人工智能伦理风险、共享人工智能发展红利。

1. 共治人工智能伦理风险：全球人工智能伦理风险治理实践

2021 年 11 月 24 日，联合国教科文组织第 41 届大会通过了《人工智能伦理问题建议书》（以下简称《建议书》），这是首个关于以符合伦理要求的方式运用人工智能的全球框架，包括我国在内的共 193 个成员方正式采用这一框架。《建议书》明确提出其目标在于指导个人、团体、社群、机构和私营部门公司的行动，确保将伦理规范嵌入人工智能系统生命周期的各个阶段，在人工智能系统生命周期的各个阶段保护、促进和尊重人权与基本自由、人的尊严和平等，包括性别平等，保障当代和后代的利益，保护环境、生物多样性和生态系统，尊重文化多样性。

2023 年 11 月 1 日，首届全球人工智能安全峰会在英国布莱切利园召开，来自 28 个国家的政府代表及 7 个国际多边组织，超过 80 家学术科研机构、企业和公民组织出席，中国、美国、英国、欧盟等多方代表签署了《布莱切利 AI 宣言》（以下简称《宣言》）。《宣言》强调发展人工智能应认识到需要解决对人权的保护、透明度和可解释性、公平性、问责制、监管、安全、适当的人为监督、道德、减轻偏见、隐私和数据保护等问题。还注意到，操纵内容或生成欺骗性内容的能力可能会带来不可预见的风险。所有这些问题都至关重要，解决这些问题是必要和紧迫的。特别地，《宣言》指出人工智能的许多风险本质上是国际性的，强调最好通过国际合作来解决。《宣言》是世界上首个多个国家和地区达成的人工智能安全领域宣言，参会代表就前沿人工智能技术发展面临的机遇、风险和采取国际行动的必要性达成共识，明确提出人工智能应该以安全为中心，以人为中心，以值得信赖和负责任的方式设计、开发、部署和使用。

2024 年 3 月 21 日，联合国大会通过首个关于人工智能的全球决议《抓住安全、可靠和值得信赖的人工智能系统带来的机遇，促进可持续发展》，呼吁推动开发"安全、可靠和值得信赖的"人工智能系统，促进可持续发展，这是联合国首次就监管人工智能这一新兴领域通过决议。

2024 年 7 月 4 日至 7 月 6 日，2024 世界人工智能大会暨人工智能全球治理高级别会议在上海召开。会议发布了《人工智能全球治理上海宣言》，提出要维护人工智能安全，构建人工智能的治理体系，推动人工智能造福全人类。

2. 共享人工智能发展红利："全球-未来"视野下的人工智能全球伦理学进路

人工智能是新一轮科技革命和产业变革的重要驱动力量，对全球经济社会发展和人类文明进步产生了巨大的推动作用，让所有国家、所有人共享人工智能发展红利，避免少数国家垄断和独享人工智能发展红利，已成为全球可持续发展的当务之急和人工智能伦理治理的基本目标之一。当前实现共享人工智能发展红利所面临的挑战主要是全球范围内人工智能发展不均衡所导致的数字和智能鸿沟问题。

弥合数字和智能鸿沟，实现共享人工智能发展红利可从人工智能发展和治理两个层面努力。在人工智能发展方面，各国无论大小、强弱，无论社会制度如何，都有平等发展和利用人工智能的权利，故而应坚持相互尊重、平等互利的原则，不以意识形态划线或构建排他性集团，恶意阻挠他国尤其是发展中国家人工智能发展，不利用技术垄断和单边强制措施制造发展壁垒，恶意阻断全球人工智能供应链。应鼓励全球共同推动人工智能健康发展，开源人工智能技术，以包容性的态度帮助发展中国家加强人工智能能力建设，共享人工智能知识的成果。

在人工智能伦理治理方面，应增强发展中国家在人工智能全球治理中的代表性和发言权，通过面向发展中国家的国际合作与援助，不断弥合智能鸿沟和治理能力差距，实现各国人工智能发展与治理的权利平等、机会平等、规则平等。

在2024年3月21日联合国大会通过的全球决议《抓住安全、可靠和值得信赖的人工智能系统带来的机遇，促进可持续发展》中，强调弥合国家之间和国家内部的人工智能鸿沟及其他数字鸿沟，同时促请会员并邀请其他利益攸关方采取行动，与发展中国家合作并向其提供援助，以实现包容和公平地获得数字化转型以及安全、可靠和值得信赖的人工智能系统所带来的惠益。2024年7月1日，第78届联合国大会协商一致通过我国主提的《加强人工智能能力建设国际合作决议》(以下简称《决议》)，140多个国家参加决议联署，这是联合国通过的首份聚焦人工智能能力建设国际合作的决议。《决议》强调，人工智能发展应坚持以人为本、智能向善、造福人类的原则，鼓励通过国际合作和实际行动帮助各国特别是发展中国家加强人工智能能力建设，增强发展中国家在人工智能全球治理中的代表性和发言权，同时倡导开放、公平、非歧视的商业环境，帮助各国特别是发展中国家从人工智能发展中平等受益。2024年9月25日，在由我国和赞比亚于纽约联合国总部共同举办的人工智能能力建设国际合作高级别会议上，我国提出了《人工智能能力建设普惠计划》。该计划旨在弥合数字和智能鸿沟，围绕全球南方期待的人工智能基础设施、产业赋能、人才培养、数据建设、安全治理等领域合作提出了"五大愿景"，并明确了我国将采取的"十大行动"，例如，促进和完善数据基础设施，开展人工智能模型研发和赋能合作，加强人工智能战略对接和政策交流，积极分享在人工智能测试、评估、认证与监管方面的政策与技术实践等。

参 考 文 献

[1] KRÜGEL S, OSTERMAIER A, UHL M. ChatGPT's inconsistent moral advice influences users' judgment[J]. Scientific reports, 2023, 13(1): 4569.

[2] 孙保学. 人工智能算法伦理及其风险[J]. 哲学动态, 2019(10): 93-99.

[3] 龚群. 论弱人工智能体的道德性考察[J]. 哲学研究, 2023(3): 37-45, 126.

[4] 郭毅可. 论人工智能历史、现状与未来发展战略[J]. 人民论坛·学术前沿, 2021(23): 41-53.

[5] AKHTAR N, MIAN A. Threat of adversarial attacks on deep learning in computer vision: a survey[J]. IEEE access, 2018, 6: 14410-14430.

[6] HU Y P, KUANG W X, QIN Z, et al. Artificial intelligence security: threats and countermeasures[J]. ACM computing surveys, 2021, 55(1): 1-36.

[7] RAO B S, ZHANG J L, WU D, et al. Privacy inference attack and defense in centralized and federated learning: a comprehensive survey[J]. IEEE transactions on artificial intelligence, 2024, 99: 1-22.

[8] 杨宏宇, 李星航, 胡泽. 深度伪造人脸生成与检测技术综述[J/OL]. 华中科技大学学报（自然科学版）. [2024-10-11]. https://doi.org/10.13245/j.hust.250021.

[9] 任延珍, 刘晨雨, 刘武洋, 等. 语音伪造及检测技术研究综述[J]. 信号处理, 2021, 37(12): 2412-2439.

[10] ROMBACH R, BLATTMANN A, LORENZ D, et al. High-resolution image synthesis with latent diffusion models[C]. Proceedings of the IEEE/CVF conference on computer vision and pattern recognition. New Orleans, 2022: 10684-10695.

[11] 郭钊均, 李美玲, 周杨铭, 等. 人工智能生成内容模型的数字水印技术研究进展[J]. 网络空间安全科学学报, 2024, 2(1): 13-39.

[12] 肖峰. 人工智能与认识论的哲学互释: 从认知分型到演进逻辑[J]. 中国社会科学, 2020(6): 49-71, 205-206.

[13] 刘朝. 算法歧视的表现、成因与治理策略[J]. 人民论坛, 2022(2): 64-68.

[14] 杜宇玮, 韩超. "大数据杀熟"怎么看、怎么治？[N/OL]. 中国社会科学报, 2024-09-19[2024-10-19]. https://epaper.csstoday.net/epaper/read.do?m=i&iid=6921&eid=49829&sid=230743&idate=12_2024-09-19_A03.

[15] MICHIE D. Machine learning in the next five years[C]. Proceedings of the 3rd European conference on European working session on learning. Glasgow, 1988: 107-122.

[16] BROŻEK B, JANIK B. Can artificial intelligences be moral agents?[J]. New ideas in psychology, 2019, 54: 101-106.

[17] WIENER N. Some moral and technical consequences of automation: as machines learn they may develop unforeseen strategies at rates that baffle their programmers[J]. Science, 1960, 131(3410): 1355-1358.